职业教育机电类规划教材

设备电气控制及维修

主编　谭有广
参编　何贵　史作有　李建兴　谭有广
主审　陈达昭

U0248494

机 械 工 业 出 版 社

本书是根据机械设备维修与管理专业协作筹备组审定的"设备电气控制与维修教学大纲"编写的。

本书主要内容有：常用低压电器、基本环节电路、典型设备电气维修及可编程序控制器的应用等。根据专业特点，本书以设备的使用与维修为重点，强化了对设备的故障分析与处理方面内容的介绍，并根据我国当前机电一体化发展的特点，对设备电气控制电路设计方法及可编程序控制器应用也作了系统介绍。本书所使用的电路图形及文字符号均采用最新国家标准。

本书作为高职、中职机械设备维修与管理专业教材，也可供其他技术人员参考。

图书在版编目（CIP）数据

设备电气控制及维修/谭有广主编．—北京：机械工业出版社，1999.12（2014.10 重印）

职业教育机电类规划教材

ISBN 978-7-111-04902-9

Ⅰ．设…　Ⅱ．谭…　Ⅲ．①电气控制－理论－专业学校－教材 ②电气控制系统－维修－专业学校－教材　Ⅳ．TM921.5

中国版本图书馆 CIP 数据核字（1999）第 69260 号

机械工业出版社（北京市百万庄大街 22 号　邮政编码 100037）
责任编辑：汪光灿　倪少秋　版式设计：霍永明
责任校对：杨春蕊　责任印制：刘　岚
北京玥实印刷有限公司印刷
2014 年 10 月第 1 版第 15 次印刷
184mm×260mm·14 印张·343 千字
标准书号：ISBN 978-7-111-04902-9
定价：29.00 元

前　　言

本书是根据机械设备维修与管理专业协作筹备组审定的设备"电气控制与维修教学大纲"编写的。

本书以设备的使用与维修为重点，系统介绍了常用低压电器，控制电路基本环节及典型设备的电气控制等。根据本专业特点，本书强化了故障分析和处理方面的内容，以增强维修方面的力度，并根据我国当前机电一体化发展特点，对电气控制电路的设计方法及可编程序控制器的应用也作了系统的介绍。本书所使用的图形符号、文字符号及电路图的绘制均采用最新国家标准。

全书共五章。内容包括：常用低压电器、基本环节电路、典型设备维修及可编程序控制器的应用等。

本书为高职、中职机械设备维修与管理专业教材，也可供其它专业师生及从事现场工作的技术人员参考。

本书由谭有广主编。参加本书编写的有：史作有(第二章)、何贵(第三章)，李建兴(第四章及附录 C)、谭有广(第一章、第五章、附录 A 及附录 B)。

本书由陈达昭主审。

由于编者水平有限，错误和不妥之处，敬请读者批评指正。

目　录

第一章 常用低压电器

低压电器是设备电气控制系统的基本元件，要想能够分析各种设备电气控制系统的工作原理，处理一般故障及维修，必须掌握低压电器的基本知识和常用低压电器的结构及工作原理，并能对常用低压电器元件进行选择、使用和调整。

第一节 低压电器的基本知识

低压电器通常是指工作在交流电压小于 1.2kV、直流电压小于 1.5kV 的电路中，起接通、切断、保护、控制或调节作用的电气设备。

一、低压电器的分类及组成

低压电器种类繁多，按其用途可分为：

（1）低压配电电器 这类电器包括刀开关、转换开关、熔断器和断路器⊖。它们主要用于低压配电系统中，对系统进行控制和保护，使系统在发生故障的情况下动作准确、工作可靠。当系统中出现短路电流时，产生的热效应不会损坏电器。

（2）低压控制电器 这类电器包括接触器、继电器及各种主令电器等，主要用于设备电气控制系统。要求这类电器工作可靠，寿命长，而且体积小，重量轻。

按低压电器的动作方式可分为：

（1）自控电器 这类电器依靠电器本身的参数变化或外来信号（如电流、电压、温度、压力、速度、热量等）而自动接通、分断电路或使电动机进行正转、反转及停止等动作，如接触器及各种继电器等。

（2）手控电器 这类电器依靠外力（人工）直接操作来进行接通、分断电路等动作，如各种开关、按钮等。

按电器的执行机能还可分为有触点电器和无触点电器。

低压电器一般都有两个基本部分：一部分是感受部分。它感受外界信号，作出有规律的反应。在自控电器中，感受部分大多由电磁机构组成，在手控电器中，感受部分通常为电器的操作手柄；另一部分是执行部分，如触点连同灭弧系统。它根据指令执行接通、切断电路等任务。另外，对于自动开关类的低压电器，还具有中间（传递）部分。它的任务是把感受和执行两部分联系起来，使它们协同一致，按着一定的规律动作。

二、灭弧装置

各种有触点电器都是通过触点的开、闭来通、断电路的。触点接通电路时，存在接触电阻，引起触点温升；触点分断电路时，由于热电子发射和强电场的作用，使气体游离，从而在分断瞬间产生电弧。开关电器在开断电路时产生的电弧，一方面使电路仍旧保持导通状态延迟了电路的开断，另一方面会烧损触点，缩短电器的使用寿命，所以不少电器采取了灭弧措施，归纳起来主要有以下几种：

⊖ GB2900.18—82《电工名词术语 低压电器》曾并用自动开关，专业标准 JB1284—85 已改用断路器。

1. 电动力灭弧　如图 1-1a、b、c 所示。当触点断开时，在断口中产生电弧，根据右手螺旋定则，产生如图所示的磁场，此时电弧可以看作一载流导体，又根据电动力左手定则，对电弧产生图示电动力，将电弧拉断，从而起到灭弧作用。

2. 磁吹灭弧　为了加强弧区的磁场强度，可采用如图 1-1d 所示的串联线圈磁吹装置。由于磁吹线圈产生的磁场经过导磁片，磁通比较集中，电弧将在磁场中产生更大的电动力，使电弧拉长并拉断，从而达到灭弧的目的。这种灭弧装置，由于磁吹线圈同主电路串联，所以其电弧电流越大，灭弧能力就越强，并且磁吹力的方向与电流方向无关，故一般都用于直流电路中。

3. 纵缝灭弧　纵缝灭弧是依靠磁场产生的电动力将电弧拉入用耐弧材料制成的狭缝中，以加快电弧冷却，达到灭弧的目的，如图 1-1e、f。

4. 栅片灭弧　如图 1-1g 所示，当电器的触点分开时，所产生的电弧在电动力的作用下被拉入一组静止的金属片中。这组金属片称为栅片，是互相绝缘的。电弧进入栅片后被分割成数段，并被冷却以达到灭弧目的。

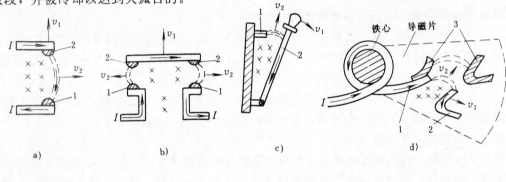

a)　　　　b)　　　　c)　　　　d)

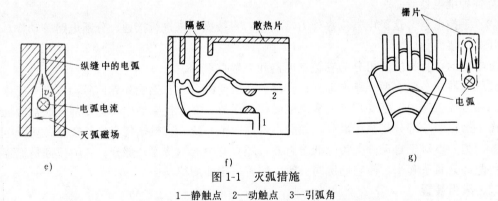

e)　　　　f)　　　　g)

图 1-1　灭弧措施

1—静触点　2—动触点　3—引弧角

v_1—动触点移动速度　v_2—电弧在电磁力作用下的移动速度

5. 熔断器的灭弧　有些熔断器为了加快熔断速度，将熔片制成变截面的形状，如图 1-2所示，放在密封的管内，管内充满石英砂。当出现短路电流时，熔片在狭颈处熔断，气化形成几个串联短弧，熔片气化后产生很高的压力，此压力推动弧隙中游离气体迅速向周围石英砂中扩散，并受到石英砂的冷却作用，从而有较强的灭弧能力。

三、电磁机构

电磁机构的作用是将电磁能转换成机械能并带动触点闭合或断开。

（一）结构形式

电磁机构通常采用电磁铁的形式，由吸引线圈、铁心（亦称静铁心或磁轭）和衔铁（也称动铁心）三部分组成，如图1-3所示。其工作原理如下：

当线圈通入电流后，磁通 Φ 通过铁心。衔铁和工作气隙形成闭合回路，如图中虚线所示。因衔铁受到电磁力，便吸向铁心，但衔铁的运动受到反作用弹簧的拉力，故只有当电磁力大于弹簧反力时，衔铁才能可靠地被铁心吸住。电磁吸力应大于弹簧反力，以便吸牢，但吸力又不宜过大，过大会在吸合时使衔铁与铁心产生严重撞击。

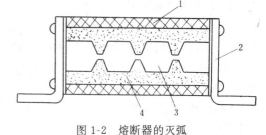

图1-2 熔断器的灭弧
1—熔管 2—端盖及接线板 3—熔片 4—石英砂

电磁铁有各种形式。铁心有E形、U形。动作方式有直动式和转动式。它们各有不同的机电性能，适用于不同的场合。图1-4列出了几种常用铁心的结构形式。

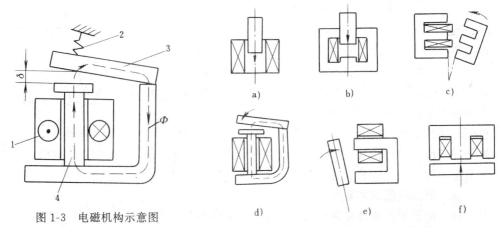

图1-3 电磁机构示意图
1—线圈 2—弹簧 3—衔铁 4—铁心

图1-4 电磁铁心的结构形式

直流励磁的电磁铁和交流激磁的电磁铁在结构上也不相同。直流电磁铁在稳定状态下通过恒定磁通，铁心中没有磁滞损耗和涡流损耗，也就不产生热量，只有线圈是产生热量的热源。因此，直流线圈通常没有骨架，且成细长形，以增加它和铁心直接接触的面积，从而使线圈产生的热量通过铁心散发出去。交流铁心中因为通过交变磁通，铁心中有磁滞损耗和涡流损耗，所以产生热量。为此，一方面铁心用硅钢片叠成，以减少铁心损耗，另一方面将线圈制成短粗形，并由线圈骨架把它和铁心分开，以免铁心的热量传给线圈，使其过热烧坏。

大多数电磁铁的线圈跨接在电源电压两端，获得额定电压吸合，称电压线圈。其电流值由电路电压和线圈本身的电阻或阻抗所决定。由于电压线圈匝数多、导线细、电流小而匝间电压高，所以一般用绝缘性能好的漆包线绕制。当需要反映主电路电流值时，常采用电磁线圈串入主电路的接法。当主电路电流超过或低于某一规定值时，铁心动作，故称其为电流线圈。通过电流线圈的电流不由线圈本身电阻或阻抗决定，而由电路负载的大小决定。由于主电路电流比较大，所以线圈比较粗，匝数比较少，所以，常用较粗的紫铜条或铜线绕制。

交流电磁机构工作时，其线圈电流是由线圈本身阻抗决定的，该阻抗受铁心磁路的影响。当线圈通电，铁心未吸合时，阻抗小、电流大，铁心吸合后，阻抗大、电流小，故交流电磁机构吸合瞬间存在一个类似电动机的"起动电流"，如果通、断电过于频繁，会使线圈过热，并且，一旦衔铁被卡住吸合不上时，铁心线圈还有被烧毁的危险。而直流电磁机构其线圈电流是由其本身纯电阻决定的，与铁心磁路无关，所以，工作时即使衔铁被卡住，也不会影响线圈电流。因此，直流电磁铁运行可靠、平稳、无噪声，一般用于较重要的控制场合。

（二）交流电磁铁的分磁环

对于单相交流电磁机构，一般在铁心端面上安置一个铜制的分磁环（或称短路环），以便改善工作状况，如图1-5所示。因为电磁机构的磁通是交变的，而电磁吸力与磁通的平方成正比，当磁通为零时，吸力也为零，这时衔铁在弹簧反力作用下被拉开，磁通大于零后，吸力增大，当吸力大于反力时，衔铁又吸合，在如此反复循环过程中，衔铁产生强烈的振动和噪声。振动会使电器寿命缩短，使触点接触不良、磨损或熔焊。所以为了消除振动，单相交流电磁机构必须加分磁环。在铁心端面安置了分磁环后，将气隙磁通 Φ 分成了 Φ_1 和 Φ_2 两部分，其中，Φ_2 穿过分磁环，在环内产生感应电动势、感应电流，产生磁通 Φ_k，Φ_k 分别与 Φ_1、Φ_2 相量相加，使穿过气隙的磁通成为 Φ_{1k}、Φ_{2k}，它们不仅相位不同而且幅值也不一样。由这样两个磁通产生的电磁力 F_{1k}、F_{2k} 就不再同时通过零点，如图1-5所示。如

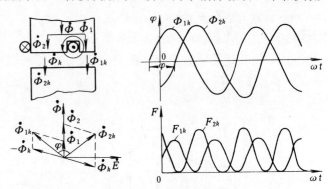

图 1-5　交流电磁铁分磁环

果分磁环设计得比较理想，使 $\varphi = 90°$，并且 F_{1k}、F_{2k} 近乎相等，这时，合成磁力就相当平坦，只要最小吸力大于弹簧反力，衔铁就会被牢牢吸住，不会产生振动和噪声。

四、低压电器的主要参数

因为电器要可靠地接通和分断被控电路，所以对电器提出了各种技术要求。例如：触点在分断电路时要有一定的耐压能力以防止漏电或绝缘击穿，因而电器应有额定电压这一基本参数；触点闭合时，要存在一定的接触电阻，负载电流在接触电阻上产生的压降和热量不应过大，因此对电器触点规定了额定电流值。另外有些配电电器担负着接通和分断短路电流的任务，于是相应规定了极限分断能力、使用寿命等。

下面仅介绍控制电器几个常用主要技术参数，供选用电器时参考。

1. 额定电压和额定电流　额定电压是指在规定条件下，能保证电器正常工作的电压值，通常指触点的额定电压。选用电器时，其工作电压应小于该额定电压值，有电磁机构的控制电器还规定了电磁线圈的额定电压，如接触器，其线圈额定电压应与工作电压相等，以保证其可靠工作。

额定电流是根据电器的具体使用条件确定的电流值。它和工作电压、额定工作制（见本章第四节），触点寿命、使用环境等诸因素有关，同一开关电器在不同的使用条件下，可以规定出不同的电流值。

2. 通断能力　通断能力是以非正常工作负载时能接通和断开的电流值来衡量的。接通能力是指开关闭合时不会造成触点熔焊的能力。断开能力是指开关断开时能可靠灭弧的能力。

3. 寿命　包括机械寿命和电寿命。机械寿命是指电器在无电流的情况下能操作的次数；

电寿命是指电器在有负载电流情况下，按规定的使用条件，不需修理或更换零件时的操作次数。

第二节 熔 断 器

熔断器在低压配电线路中主要做为短路保护用。它具有结构简单、体积小、重量轻、工作可靠、价格低廉等优点，所以，在强电、弱电系统都得到广泛的应用。

一、熔断器的原理及保护特性

熔断器主要由熔体和放置熔体的绝缘管或绝缘底座（亦称熔壳）组成。熔体是熔断器的核心，主要是由铅、铅锡合金、锌、铜及银质等材料制成的丝状或片状物。熔丝的熔点一般在 200～300℃左右。当熔断器串入电路时，负载电流流过熔体，熔体温度上升，当电路正常工作时，其发热温度低于熔化温度，故长期不熔断。当电路发生过载或短路时，电流大于熔体允许的正常发热电流，使熔体温度急剧上升，超过其熔点而熔断，从而分断电路，保护了电路和设备。熔体熔断后，更换上新熔体，电路可重新工作。

每个熔断体都有一个额定电流值，熔体允许长期通过额定电流而不熔断。当通过熔体的电流为额定电流的 1.3 倍时，熔体熔断时间约在 1h 以上；通过 1.6 倍额定电流时，应在 1h 以内熔断；通过 2 倍额定电流时，熔体差不多是瞬间熔断。由此可见，通过熔体的电流 I 与熔断时间 t 具有反时限特性，如图 1-6 所示。熔断器做为电路的短路保护元件是非常理想的，但不宜作为电动机的过载保护，因为交流电动机的起动电流很大，要使熔体在电动机起动时不熔断，其熔体额定电流选择要比电动机的额定电流大很多，这样，电动机运行中过载时，熔断器就不能起到过载保护作用。

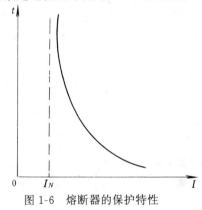

图 1-6 熔断器的保护特性

二、熔断器的主要技术参数

在选择熔断器时，主要考虑以下几个主要技术参数：

1. 额定电压 这是从灭弧角度出发，规定熔断器所在电路工作电压的最高极限。如果熔断器的实际工作电压超过该额定电压，一旦熔体熔断时，可能发生电弧不能及时熄灭的现象。

2. 熔体额定电流 这是指熔体长期通电而不会熔断的最大电流。厂家生产的熔体有大小不同的若干标准值，选用时可根据负载电流的大小来选定。

3. 熔断器额定电流 这是熔断器长期工作所允许的由温升决定的电流值。该额定电流应不小于所选熔体的额定电流。并且在此额定电流范围内的不同规格的熔体可装入同一熔壳内。

4. 极限分断能力 指熔断器所能分断的最大短路电流值。它取决于熔断器的灭弧能力，与熔体的额定电流大小无关。一般有填料的熔断器分断能力较高，可大至数十到数百千安。较重要的负载或距离变压器较近时，应选用分断能力较大的熔断器。

熔断器型号的意义：

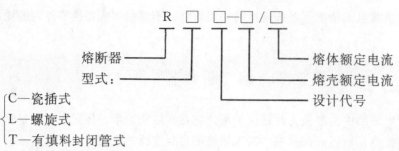

熔断器
型式：

- C—瓷插式
- L—螺旋式
- T—有填料封闭管式

熔体额定电流
熔壳额定电流
设计代号

三、熔断器的选用

选用熔断器时主要选择熔断器类型和熔体额定电流。熔断器类型应根据控制系统的要求来确定，熔体额定电流则应根据负载的性质来选择，一般：①电炉、照明等负载，熔体额定电流应大于或等于实际负载电流；②电动机负载，熔体额定电流应等于电动机额定电流的1.5～2.5倍。

四、几种常用的熔断器

1. 瓷插式熔断器　它是一种最常见的结构简单的熔断器。其外形结构如图1-7所示，广泛用于中、小容量的控制系统。

常见的瓷插式熔断器有RC1A系列。其额定电压为380V，额定电流有5、10、15、30、60、100、200A七个等级。其技术数据见附表B-1。

2. 螺旋式熔断器　其外形结构如图1-8所示。它由熔管及支持件组成，熔管内装有熔丝，并充满石英砂，是一种有填料封闭管式熔断器。其体积小，更换熔体方便，同时还有熔体熔断的指示装置，熔体熔断后，带色标的指示头弹出，便于发现并更换。

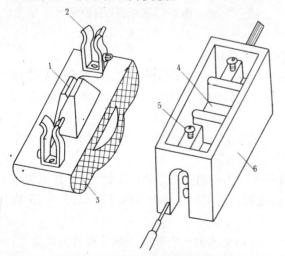

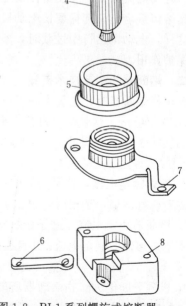

图 1-7　RC1A 系列瓷插式熔断器

1—熔丝　2—动触头　3—瓷盖　4—空腔
5—静触头　6—瓷座

图 1-8　RL1 系列螺旋式熔断器

1—瓷帽　2—金属管　3—指示器　4—熔管
5—瓷套　6—下接线管　7—上接线端　8—瓷座

目前全国统一设计的螺旋式熔断器有 RL6、RL7（取代 RL1、RL2）、RLS2（取代 RLS1）等系列。RL6 系列电流有 25、63、100、200A 四个等级，RL7 系列有 25、63、100A 三个等级，RLS2 系列有 30、63、100A 三个等级。RLS2 系列是螺旋式快速熔断器，用于半导体器件的保护。其技术数据见附表 B-1。

3. 有填料封闭管式熔断器　这是一种大分断能力的熔断器，广泛用于供电线路及要求分断能力较高的场合，如发电厂或变电所的主回路及电力变压器出线端的供电线路、成套配电装置中。这种熔断器断流能力强，使用安全，分断规定短路电流时，无声光现象，并有醒目的熔断标记，同时，它还附有活动的绝缘手柄，可在带电情况下调换熔体。

有填料封闭管式熔断器的常见型号有 RT12、RT14、RT15、RT17 等系列。其中 RT14 系列有 20、32、63A 三个等级，RT12 有 20、32、63、100A 四个等级，RT15 系列有 100、200、315、400A 四个等级，RT17 有 1000A 的等级。其技术数据见附表 B-1。

熔断器的一般图形符号及文字符号如图 1-9 所示。

图 1-9　熔断器的图形及文字符号

第三节　手控电器及主令电器

这类电器包括刀开关、转换开关、按钮、行程开关（位置开关）和主令控制器等，属于非自动切换的控制电器。它们在控制电路中执行发布命令、改变系统工作状态等任务。

一、刀开关

刀开关是一种手控电器，主要用来手动接通或断开交、直流电路。刀开关按极数分有单极、双极与三极几种，一般由刀片、触点座、手柄和底板组成。如胶盖开关和铁壳开关装有熔断器，兼有短路保护功能。刀开关的一般图形符号及文字符号如图 1-10 所示。

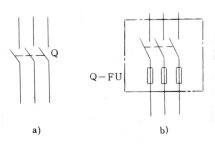

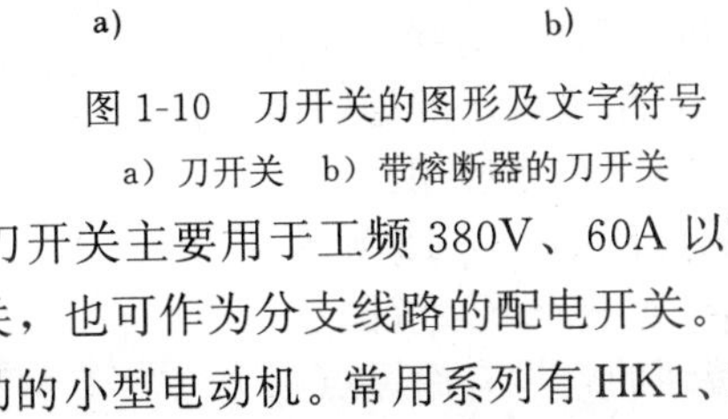

图 1-10　刀开关的图形及文字符号
a）刀开关　b）带熔断器的刀开关

1. 胶盖刀开关　胶盖刀开关主要用于工频 380V、60A 以下的电力线路中，作为一般照明、电热等回路的控制开关，也可作为分支线路的配电开关。三极胶盖刀开关适当降低容量时也可直接用于不频繁起动的小型电动机。常用系列有 HK1、HK2 系列。其技术数据见附表 B-2。

2. 铁壳开关（熔断器式刀开关）　铁壳开关适用于配电线路，作电源开关、隔离开关及电路保护用，一般不用于直接通断电动机。常用的型号有 HR5、HH10、HH11 等系列。型号意义如下：

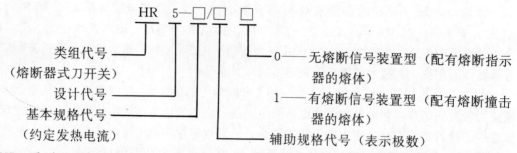

类组代号
（熔断器式刀开关）

设计代号

基本规格代号
（约定发热电流）

辅助规格代号（表示极数）

0——无熔断信号装置型（配有熔断指示器的熔体）

1——有熔断信号装置型（配有熔断撞击器的熔体）

HR5 系列开关由底座和盖两大部分组成，底座由钢板制成，其上装有插座组、灭弧室和极间隔板。塑料盖的背面卡装有熔断体，盖兼做操作手柄，拉动盖的上部把手，它就绕底座下部铰链旋转而通断电路。

开关底座上有片状弹簧，使开关具有快速闭合和断开的功能。灭弧室具有防止电弧吹向操作者和防止发生闪路的作用。

有熔断信号装置的开关侧面还装有 LX19K 位置开关，当某熔体熔断时，熔断撞击器弹出，通过传动轴，触动位置开关，以便发出信号或切断电动机电路，防止电动机缺相运行。其技术数据见附表 B-3。

二、组合开关

组合开关也是一种刀开关，不过它的刀片（动触片）是转动的，比刀开关轻巧且组合性强，因此，可用于不同线路。

组合开关由若干分别装在数层绝缘件内的双断电桥式动触片、静触片（它与盒外接线相联）组成。如图 1-11 所示，动触片装在附加有手柄的绝缘方轴上，方轴随手柄而旋转，于是动触片也随方轴转动并变更其与静触片分、合位置。所以，组合开关实际上是一个多触点、多位置、可以控制多个回路的主令电器，故亦称转换开关。

组合开关可分为单极、双极和多极三类。其主要参数有额定电压、额定电流、极数、允许操作次数等。其中额定电流有 10、20、40、60A 等几个等级。常用型号 HZ5、HZ10、HZ15 等系列，引进生产的德国西门子公司的 3ST、3LB 系列组合开关也有应用。

组合开关在电气原理图中的画法如图 1-12 所示。图中虚线表示操作位置，若在其相应触点下涂黑圆点，即表示该触点在此操作位置是接通的，没有涂黑点则表示断开状态。另一种是用触点通断状态表来表示，表中以"＋"（或"×"）表示触点闭合，"－"（或无记号）表示分断。

组合开关型号意义：

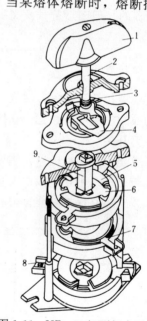

图 1-11　HZ—10/3 型组合开关

1—手柄　2—转轴　3—弹簧　4—凸轮
5—绝缘垫板　6—动触点　7—静触点
8—接线柱　9—绝缘方轴

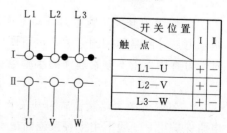

图 1-12　组合开关的图形符号

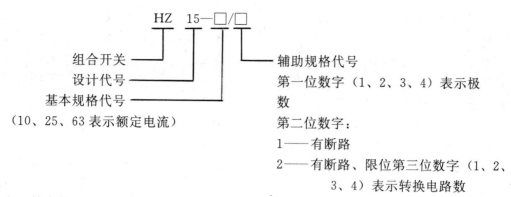

主要技术数据见附表 B-4。

三、万能转换开关

万能转换开关是具有更多操作位置和触点，能换接多个电路的一种手控电器。由于它能控制多个回路，适应复杂电路的要求，故称"万能"转换开关。

典型的万能转换开关如图 1-13 所示。它由触点座、凸轮、转轴、定位机构、螺杆和手柄等组成，并由 1～20 层触点底座叠装起来。其中每层底座均可装三对触点，并由触点底座中的凸轮（套在转轴上）来控制三对触点的接通和断开。由于凸轮可制成不同的形状，因此，转动手柄到不同位置时，通过凸轮的作用，可使各对触点按所需的变化规律接通和断开，以适应不同的线路需要。

表征万能转换开关特性的有额定电压、额定电流、手柄形式、触点座数、触点对数、触点座排列形式、定位特征代号、手柄定位角度等。常用的万能转换开关有 LW8、LW6、LW5、LW2 等系列。

万能转换开关主要用于控制电路换接，也可用于小容量电动机不频繁起动、换接或改变转向等。

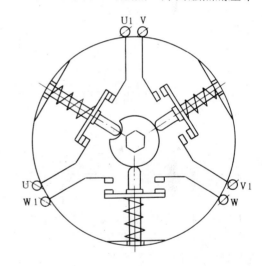

图 1-13 LW6 系列万能转换开关结构示意图

万能转换开关型号意义：

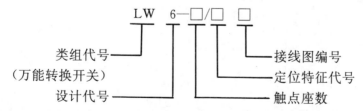

如 LW6—3/B097 型万能转换开关，共有三个触点座，每个触点座内有三对触点，总共有九对触点，定位特征代号为 B（手柄有三个位置），接线图编号 097，从产品样本手册查得触点通断状态如图 1-14 所示，左边是用于电动机变速控制的接线图。其主要技术数据见附表 B-5。

四、控制按钮

控制按钮主要用于操纵接触、继电器或电气联锁电路，以实现对各种运动的控制，是一种接通或分断小电流的主令电器。

图 1-15 为控制按钮结构图，常态（未受外力）时，在复位弹簧 2 作用下，静态触点 3、7 与动触点 4 闭合，称常闭（动断）触点。静触点 5、6 与动触点 4 分断，称常开（动合）触点。

当按下按钮帽 1 时，动触点 4 先和静触点 3、7 分断，然后再和静触点 5、6 闭合。

控制按钮的主要技术数据如下：规格、结构形式、触点对数和颜色。其规格一般为交流额定电压 500V，允许持续电流 5A。其结构型式有多种，以适于不同的工作场合，如紧急式装有红色突出蘑菇形钮帽，以便紧急操作；旋钮式用手旋转操作；钥匙式为使用安全起见，须用钥匙插入方可转动操作；指示灯式，在透明钮帽内装有指示灯，以做信号显示。按钮帽有红、绿、黑、黄、白、蓝等多种颜色，以供不同场合选用。按钮的图形符号及文字符号如图 1-16 所示。

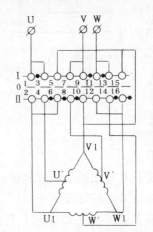

触　点	手柄位置		
	Ⅰ	0	Ⅱ
1—2	+	—	—
3—4	—	—	+
5—6	—	—	+
7—8	—	—	+
9—10	—	—	+
11—12	+	—	—
13—14	—	—	+
15—16	—	—	+

图 1-14　LW6—3/B097 用于电动机变速控制的接线方法

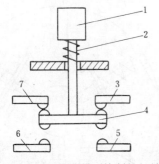

图 1-15　LA19 系列控制按钮结构示意图

1—按钮帽　2—复位弹簧　3、5、6、7—静触点　4—动触点

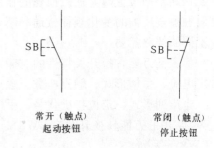

常开（触点）
起动按钮　　　常闭（触点）
停止按钮

图 1-16　按钮的图形及文字符号

按钮的常用型号有 LA2、LA10、LA18、LA19、LA20、LA25 等系列。引进生产的有德国 BBC 公司的 LAZ 系列。

按钮的型号意义：

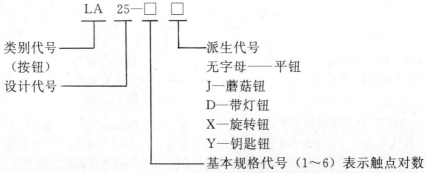

LA 25—□ □

类别代号
（按钮）

设计代号

派生代号

无字母——平钮

J—蘑菇钮

D—带灯钮

X—旋转钮

Y—钥匙钮

基本规格代号（1～6）表示触点对数

LA25 系列按钮是全国统一设计的新型号。它采用组合结构插接连接方式。其接触系统采用独立的接触单元，用户可以根据需要任意组合常开、常闭触点对数，最多可以组成六个单

元。常用按钮的技术数据见附表 B-6、附表 B-7。

五、位置开关

位置开关又称行程开关或限位开关，能将机械信号转换为电信号，以实现对机械运动的控制。通常这类开关被用来反映机械动作或位置，并能实现运动部件极限位置的保护。

位置开关的种类很多，按运动形式可分为直动式和转动式；按结构可分为直动式、滚动式和微动式。下面仅介绍几种常用的结构形式。

1. 直动式位置开关　图 1-17 为直动式位置开关结构图。其动作原理与控制按钮类似，只是它用运动部件上的撞块来碰撞位置开关的推杆。其优点是结构简单、成本较低，缺点是触点的分合速度取决于撞块移动的速度。若撞块移动速度太慢，触点就不能瞬时切断电路，使电弧在触点上停留时间过长，易于烧蚀触点。因此，这种开关不宜用于撞块移动速度小于 0.4m/min 的场合。

2. 微动开关　为克服直动式结构的缺点，微动开关采用具有弯片状弹簧的瞬动机构，如图 1-18 所示。当推杆压下时，弓簧片发生变形且储存能量并产生位移，当达到预定临界点时，弹簧片连同动触点产生瞬时跳跃，从而使（常开）触点接通，（常闭）触点断开。同样，减少操作力，弹簧片向相反方向移动到另一临界点时，触点便瞬时复位。采用瞬动机不仅可以减轻电弧对触点的烧蚀，而且也能提高触点动作的准确性。

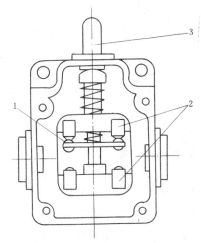

图 1-17　直动式位置开关
1—动触点　2—静触点　3—推杆

微动开关体积小、动作灵敏，适合在小型电器及电气设备中使用，但由于推杆允许行程小，结构强度不高，因此，在使用时必须对推杆的最大行程在机构上加以限制，以免压坏开关。

3. 滚轮旋转式位置开关　为克服直动式位置开关的缺点，还常采用如图 1-19 所示的滚轮旋转式结构。

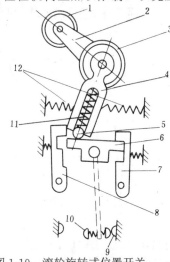

图 1-19　滚轮旋转式位置开关
1—滚轮　2—上转臂　3—转轮　4—推杆　5—滚球
6—操纵件　7、8—摆杆　9—静触点　10—动触点
11—压缩弹簧　12—弹簧

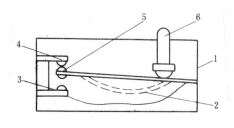

图 1-18　LX31 微动开关结构示意图
1—壳体　2—弓簧片　3—常开触点　4—常闭触点
5—动触点　6—推杆

当滚轮 1 受到向左的外力作用时，上转臂 2 向左下方转动，推杆 4 向右转动，并压缩右边弹簧 11，同时下面的小滚球 5 也很快沿操纵件 6 向右转动，小滚轮滚动又压缩弹簧 10，当滚球 5 走过操纵件 6 的中点时，弹簧 10 使操纵件 6 迅速转动，因而使动触点 10 迅速与右边静触点 9 分开，并与左边的静触点 9 闭合，这样就减少了电弧对触点的烧蚀，并保证了动作的可靠性。这类开关适用于低速运动的机械。

上述位置开关有两种结构形式，即单轮结构和双轮结构。

（1）单轮结构　其原理如上所述，当外力作用于滚轮时，触点动作；外力撤除时，触点便自动复位，故称可复位结构。

（2）双轮结构　工作原理和单轮相似，只是其头部 V 形摆件上有两个互成 90°的两只滚轮。当外力作用于其中一滚轮时，其相应触点动作，外力撤除时，其滚轮和触点保持动作后状态，要想复位，必须以同力作用于另一只滚轮。因此，该结构称不可复位结构。

位置开关的图形及文字符号如图 1-20 所示。

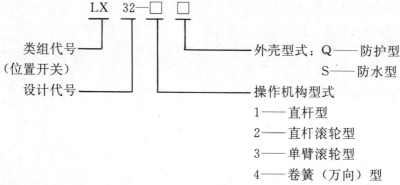

常开触点　　　常闭触点　　　常开及常闭触点
（亦称动合触点）（亦称动断触点）（亦称动合及动断触点）

图 1-20　位置开关的图形符号及文字符号

4. 位置开关的技术参数和型号举例　位置开关的主要技术参数有额定电压、额定电流、触点换接时间、动作力、动作角度或工作行程、触点数量等。结构型式中有自动复位（如直动式、微动式及单轮旋转式）和非自动复位（如双轮结构）两种。常用型号有 LX32、LX33、LX31 系列，另外还有 LX19、LXW-11、JLXK1（快速型）、LX5、LX10 等系列。国外引进生产的有 3SE（德国西门子公司）和 831（法国柯赞公司）。位置开关的型号意义如下：

```
         LX  32— □ □
          │   │   │ │
  类组代号─┘   │   │ └─外壳型式：Q——防护型
 （位置开关）  │   │            S——防水型
              │   │
    设计代号───┘   └─操作机构型式
                    1——直杆型
                    2——直杆滚轮型
                    3——单臂滚轮型
                    4——卷簧（万向）型
```

位置开关的有关技术参数见附表 B-8～附表 B-11。

六、接近开关

接近开关是一种非接触型检测开关。它克服了有触点位置开关可靠性差、使用寿命短和频率低的缺点，采用了无触点电子结构型式，因而具有工作可靠、操作频率高及能适应恶劣工作环境等特点，因而在工业生产方面逐渐得到广泛应用。

从工作原理来分，接近开关有高频振荡型、电容型、感应电桥型、永久磁铁型、霍尔效应型等，其中以高频振荡型为常用。高频振荡型接近开关的工作原理是以高频振荡线路为基础的，如图 1-21 所示。振荡器振荡后，在开关的感应面上产生交变磁场，当金属物体接近感应面时，金属体产生涡流，吸收了振荡能量，使振荡减弱以致停振。两种不同的状态振荡与停振，由整形放大器转换成开关信号，从而达到检测位置的目的。

接近开关的外形结构多种多样。电子线路装调后用环氧树脂密封，具有良好的防潮、防腐蚀性能。

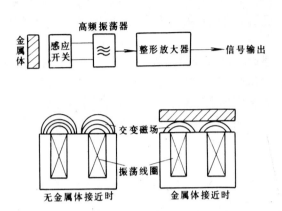

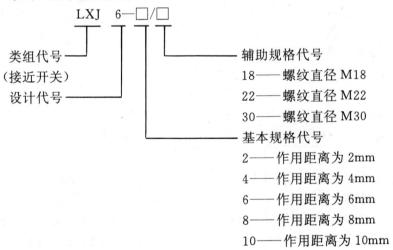

图 1-21　接近开关工作原理

目前应用较多的接近开关有 LJ5、LXJ6、LXJ7 等系列，引进生产的有 3SG、LXT3（德国西门子公司）系列。型号意义如下：

LXJ 6—□/□

类组代号——（接近开关）

设计代号——

辅助规格代号
18——螺纹直径 M18
22——螺纹直径 M22
30——螺纹直径 M30

基本规格代号
2——作用距离为 2mm
4——作用距离为 4mm
6——作用距离为 6mm
8——作用距离为 8mm
10——作用距离为 10mm

LXJ6 系列接近开关主要技术数据见附表 B-12。

第四节　接　触　器

接触器是用来频繁接通和分断电动机或其它负载主电路的一种自动切换电器。它主要由触点系统、电磁机构及灭弧装置组成。接触器分交流接触器和直流接触器两大类。

一、接触器的主要技术数据和型号

（一）主要技术数据

1. 额定电压　指主触点的额定电压。选用时应使主触点工作电压小于或等于接触器的额定电压。

2. 额定电流　指主触点的额定电流。该电流是指接触器装在敞开的控制屏上，在间断—长期工作制下，温升不超过额定温升时，流过主触点的允许电流值。所谓间断—长期工作制是指接触器工作时间最长不超过 8h，如果超过 8h，其接触器应在主触点不通过电流的情况下接通、断开三次。

3. 线圈额定电压　它是指使接触器可靠吸合的工作电压，其值应等于控制回路电压，一般分几种规格。

4. 电气寿命与机械寿命　电气寿命是指接触器主触点在额定负载条件下所允许的极限操作次数。机械寿命是指接触器在不需要修理的条件下所能承受的无负载操作次数。

5. 操作频率　指接触器每小时的操作次数。对于交流接触器，吸合时瞬间电流较大，故接电次数过多，将会使线圈过热，电气寿命缩短，所以交流接触器操作频率最高不能超过 600次/h，而直流接触器不应超过 1200 次/h。

（二）常用型号

常用的交流接触器有 CJ20、CJX1、CJ12 和 CJ10 等系列，直流接触器有 CZ18、CZ21、CZ10和 CZ2 等系列。其型号含义如下：

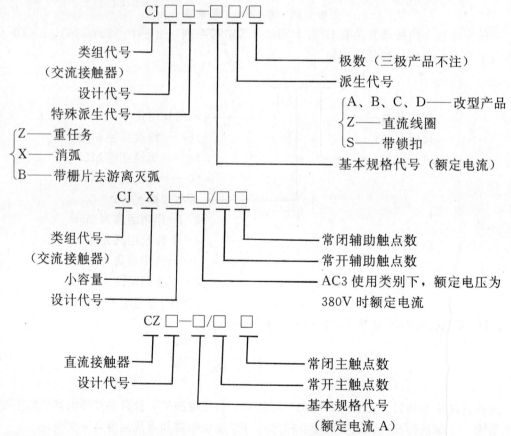

图 1-22 是 CJ20 系列交流接触器，主要适用交流 50Hz、电压 660V 以下（其中部分等级可用于 1140V）、电流 630A 以下设备电气控制系统及电力线路中。

直流接触器主要用于额定电压至 440V、额定电流至 600A 的直流控制电路中，用作远距离接通和分断电路，控制直流电动机的起动、停止及反向等。它多用于起重、冶金和运输等设备中，分单极和双极、常开和常闭主触点等多种形式。其主要特点是在其静触点下方均装有串联的磁吹式灭弧装置。使用时应注意磁吹线圈在轻载时灭弧能力较差，电流越大，其灭弧能力越强。接触器的主要技术数据见附表 B-13～附表 B-16。

二、接触器的选用

应根据以下原则选用接触器：

（1）根据被接通或分断的电流种类选择接触器类型。

（2）根据被控电路电流大小和使用类别选择接触器的额定电流。

（3）根据被控电路电压等级选择接触器的额定电压。

（4）根据控制电路电压等级选择接触器线圈电压。

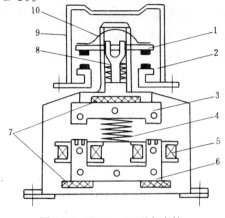

图 1-22　CJ20—63 型交流接
触器结构示意图

1—动触点　2—静触点　3—衔接　4—缓冲
弹簧　5—电磁线圈　6—铁心　7—垫毡
8—触点弹簧　9—灭弧室　10—触点压力弹簧

三、接触器的常见故障及维修

（一）接触器的常见故障

接触器的常见故障主要表现在触点装置和电磁机构两个方面。

1. 触点的故障

（1）触点过热　主要由触点接触压力不足；触点表面接触不良、表面氧化或积垢；触点表面被电弧灼伤起毛所引起。

（2）触点磨损　包括电弧或电火花造成的电磨损和触点闭合撞击、相对滑动摩擦造成的机械磨损。

（3）触点熔焊　当触点闭合时，由于撞击和产生振动，在动、静触点间的小间隙中产生短电弧，电弧温度很高，可使触点表面被灼伤以致烧熔，熔化的金属使动、静触点焊在一起，这种现象称为触点熔焊。

2. 电磁机构的主要故障

（1）吸合噪声大　主要由铁心与衔铁的接触面接触不良，接触面积有锈蚀、油污、尘垢；活动部件受卡而使衔铁不能完全吸合；分磁环损坏等所引起。

（2）线圈过热、烧毁等

（二）触点装置的修理

1. 触点的表面修理　触点因表面氧化、积垢而造成接触不良时，可用小刀或细锉清除表面，但应保持原来的形状。银或银合金触点在分断电弧时，生成的黑色氧化膜接触电阻很低，不会造成接触不良现象，因此不必锉修，否则将会大大缩短触点寿命。触点的积垢可用汽油或四氯化碳清洗。

2. 触点的整形　当触点被电弧灼伤引起毛刺时，会使触点表面形成凸凹不平的斑痕或飞溅的金属熔渣，造成接触不良。修理时，可将触头拆下来，用细锉先清理一下凸出的小点或金属熔渣，然后用小锤将凸凹不平处轻轻敲平，再用细锉细心地将触头表面锉平并整形，使触点表面的形状和原来一样，切勿锉得太多，否则经过几次修理就不能用了。

3. 触点的更换　镀银的触点若银层被磨损而露出铜或触点严重磨损超过厚度的1/2以上

时，应更换新触点。更换新触点以后要重新检查触点的压力、开距、超程，使之保持在规定的范围内。

4. 触点开距、超程、压力的检查与调整　接触器检修后，应根据技术要求进行开距、超程、压力的检查与调整。这是保证接触器可靠运行的重要条件。图 1-23、图 1-24 分别为桥形触点和指形触点开距与超程的检查方法。触点的开距主要考虑电弧熄灭可靠、闭合与断开的时间、断开时触点的绝缘间隙等因素。超程的作用是保证触点磨损后仍能可靠的接触。超程大小与触点寿命有关，对于单断点的铜触点一般取动、静触点厚度之和的（1/3～1/2）；对银或银基触点一般取动、静触点厚度之和的（1/2～1）。更换触点后还应检查一下弹簧及触点的压力。对于交流接触器，更换触点后，应保证三相同时接触，其先后误差不应超过 0.5mm。

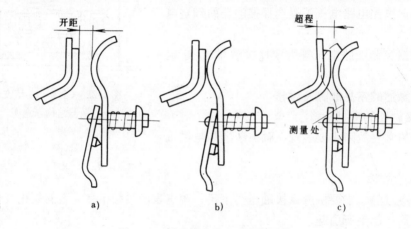

图 1-23　桥式触点的开距与超程

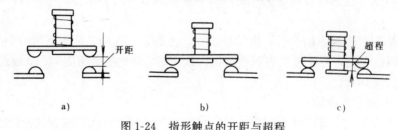

图 1-24　指形触点的开距与超程
a）完全分开位置　b）刚刚接触位置　c）完全闭合位置

（三）电磁机构的修理

针对上述电磁机构出现的故障，检修时，应拆下线圈，若线圈烧毁应更换新线圈；检查动、静铁心的接触面是否平整、干净，如不平或有锈蚀应用细锉锉平或磨平；校正衔铁的歪斜现象，紧固松动的铁心；更换断裂的分磁环；用手检查接触器运动系统是否灵活，当发现运动系统有卡住等不灵活现象时，应加以调整，使其运动灵活；对于直流接触器，还应检查非磁性垫片是否损坏，若损坏应更换新垫片。

第五节　继　电　器

继电器是根据某一输入量来控制电路的"通"与"断"的自动切换电器。在电路中，继电器主要来反映各种控制信号，从而改变电路的工作状态，实现既定的控制程序，达到预定的控制目的，同时也提供一定的保护。目前，继电器被广泛用于各种控制领域。

继电器种类很多，一般按用途可分为：控制用继电器和保护用继电器。按反映的不同信号，可分为电压继电器、电流继电器、时间继电器、热与温度继电器、速度继电器和压力继电器等。按工作原理可分为电磁式、感应式、电动式、电子式继电器和热继电器等。

本节主要介绍设备电气控制电路中几种常用的继电器。

一、电流继电器、电压继电器和中间继电器

（一）工作原理与特性

电磁式继电器的结构动作原理与接触器大致相同，只是较前者体积小，动作灵敏，没有灭弧装置，触点的种类和数量也较多。

继电器的主要特性可用如图 1-25 所示的矩形曲线来描述。通常将使继电器开始动作并顺利吸合的输入量（电量或其它物理量）称为"动作值"，记作 X_r；使继电器开始释放并顺利分开的输入量称为"释放值"，记作 X_i。触点闭合后被控电路中流过的电流称为继电器的"输出量"，记作 Y_0。触点断开后的输出量记 Y_0'。将 X 与 Y 的关系画出来，即为继电器的"继电器特性"。图中 X_w 为正常工作值，它必须大于 X_i，以免输入量发生波动时引起继电器误动作。X_w/X_i 称作"储备系数"或"安全系数"。X_y/X_r 称作"返回系数"，是反映继电器吸力特性和反力特性配合程度 的 一 个参数。

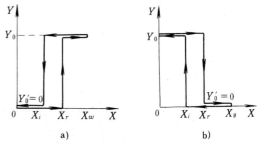

图 1-25　电磁式继电器的继电器特性
a）常开触点　b）常闭触点

电流继电器是反映电流变化的继电器，而电压继电器是反映电压变化的继电器。当继电器线圈上的电流或电压达到动作值时，电磁机构就将衔铁吸合，使触点动作；当电流或电压减小到释放值时，电磁机构释放，触点就复位。

电流和电压继电器分别有两种，一种是反映上限值的，即当电流或电压超过某一规定值时衔铁吸合，称之为过电流或过电压继电器；另一种是反映下限值的，当电流或电压低于某一规定值时衔铁就打开，该继电器就称为欠电流或欠电压继电器。

电流继电器与电压继电器的区别主要是线圈。电流继电器的线圈与负载串联，以反映负载电流，故它的线圈匝数少而粗；电压继电器的线圈与负载并联，以反映负载电压，其线圈匝数多而细。

中间继电器实质上是一种电压继电器。它的触点数量及容量都较大，在电路中起相当于放大（触点数量和容量的）作用。新的国家标准定义了接触器式继电器，是指作为控制开关使用的接触器。实际上，各种和接触器动作原理相同的继电器，如中间继电器、控制继电器、20A 以下的接触器都可作为继电器式接触器使用。它在电路中的作用主要是扩展控制点数和增大触点容量。

（二）主要技术参数及型号

电流、电压和中间继电器的主要参数有：动作电压、动作电流、返回系数、动作时间及释放时间。动作时间是指继电器从线圈通电开始，到常开触点闭合所需的时间；释放时间是指线圈从断电开始，到常开触点打开所需的时间。例如中间继电器的动作及释放时间约为几

十毫秒。

设备电气控制系统中常用继电器型号有：JZ15、JZ14、JZ17（交、直流）及 JZ7（交流）等系列，用作中间继电器；JT17 系列用作交流过电流继电器；JT18 系列用作直流电压、欠电流和延时继电器（取代 JT3）；JL18 系列交直流过电流继电器（取代 JL14、JL15）。其中 JZ17 是从日本立石电机公司引入的产品。另外引进的电磁式继电器还有德国西门子的 3TH 系列、BBC 公司的 K 系列等。

电磁式继电器的型号意义：

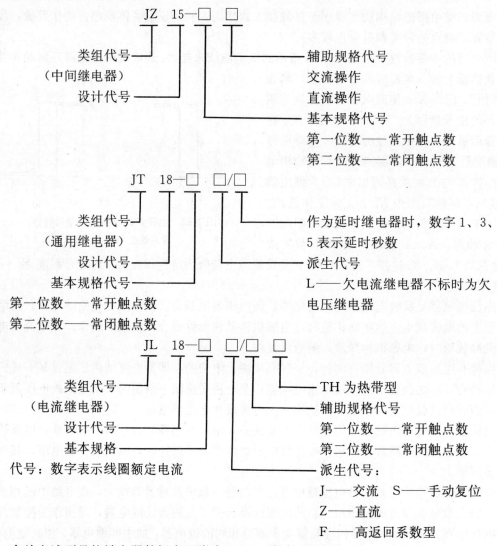

有关上述型号的继电器数据参见附表 B-17～附表 B-26。

图 1-26 是 JZ15 系列中间继电器的内部接线图示例。

继电器接触器的符号见图 1-27。

二、时间继电器

时间继电器是一种利用电磁原理或机械动作原理来延时接通或分断的自动控制电器。它的种类繁多，有电磁式、空气式、电动式和电子式等几大类，延时方式有通电延时和断电延

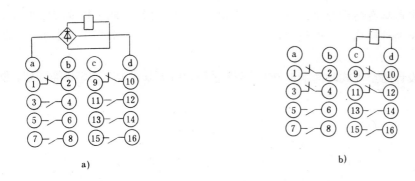

图 1-26　JZ15 系列中间继电器内部接线图

a)JZ15—62J　b)JZ15—44Z

时两种。

（一）空气式时间继电器

空气式时间继电器是利用空气阻尼原理制成的。以 JS23 时间继电器为例，它由一个具有四个瞬动触点的中间继电器作为主体。延时组件包括波纹状气囊及排气阀门，刻有细长环形槽的延时片，调时旋钮及动作弹簧等，如图 1-28 所示。通电延时时间继电器断电时，衔铁处于释放状态（图 1-28a），顶动阀杆并压缩波纹状气囊，压缩阀门弹簧打开阀门，排出气囊内空气；当线圈通电后，衔铁吸合，阀杆松开，阀门弹簧复原，阀门关闭，气囊在动作弹簧作用下有伸长趋势，外界空气在气囊的内外压力差作用下经过滤气片，通过延时片的延时环形槽渐渐进气囊，当气囊伸长至触动脱勾件时，延时触点动作。从线圈通电起，至延时触点完成动作为止的时间，称为延时时间。转动调时旋钮可改变空气经过环形槽的长度，从而改变延时时间（这种结构称为平面圆盘可调空气道延时结构），调时钮牌的刻度能粗略地指示出整定延时值。

空气式时间继电器有通电延时型和断电延时型两种。

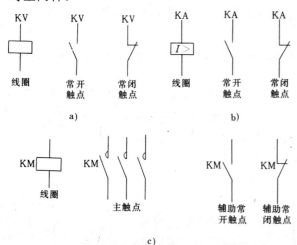

图 1-27　继电器、接触器的图形及文字符号

a）电压继电器　b）电流继电器　c）接触器

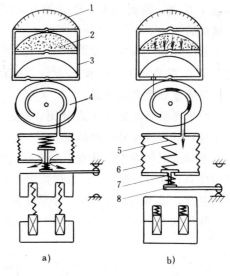

图 1-28　JS23 系列空气式时间继电器延时原理

a）排气阶段　b）进气延时动作阶段

1—钮牌　2—滤气片　3—调时旋钮　4—延时片

5—动作弹簧　6—波纹状气囊组件　7—阀门弹簧

8—阀杆

空气式时间继电器具有结构简单、调整方便、价格较低等特点，既可构成通电延时型也可以构成断电延时型两种结构，因而应用较广，但延时精度较低，一般用于要求不高的场合。

目前全国统一设计的空气式时间继电器有 JS23 系列，用于取代 JS7、JS16 等系列。型号意义如下：

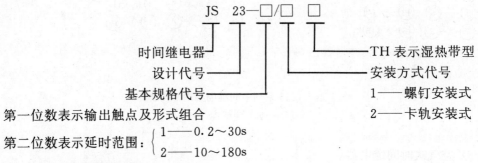

第一位数表示输出触点及形式组合

第二位数表示延时范围：$\begin{cases} 1 & —— 0.2\sim30\text{s} \\ 2 & —— 10\sim180\text{s} \end{cases}$

（二）电动式时间继电器

电动式时间继电器通常由带减速器的同步电动机、离合电磁铁和能带动触点的凸轮三部分组成。其工作原理如图 1-29 所示，当开关 Q 闭合后，离合电磁铁使齿轮 z_1 和 z_2 啮合，由于同步电动机转动，在 z_1 轴上装着的凸轮就按图中箭头方向转动，当转到凸轮的低凹部位时，杠杆在弹簧 F_3 的作用下就会转动，于是触点ⓐ、ⓑ断开，而触点ⓒ、ⓓ闭合。由于触点 a、b 断开，电动机 M 就停业转动。在 Q 打开之前，凸轮就一直保持在这个位置。触点 c、d 闭合后被控电路就被接通。

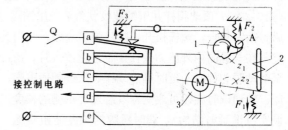

图 1-29　电动式时间继电器示意图
1—凸轮　2—离合电磁铁　3—减速器
A—挡柱　z_1、z_2—齿轮　F_1、F_2、F_3—弹簧

若打开 Q，离合电磁铁释放，在反作用弹簧 F_1 的作用下，z_1 和 z_2 就脱离啮合，凸轮在弹簧 F_2 的作用下回挂到挡柱 A 的位置，继电器又恢复到原来的状态。

继电器的延时是从开关 Q 闭合时起，到杠杆转到触点闭合为止的一段时间。调节挡柱 A 的位置，即可改变延时的长短。

电动式时间继电器具有下列优点：延时值不受电源电压波动及环境温度变化的影响，重复精度高；延时范围宽，可长达数十小时，延时过程能通过指针直观地表示出来。其缺点是：结构复杂，成本高，寿命低，不适于频繁操作，延时误差受电源频率的影响。

常用的是 JS11 系列电动式时间继电器。其型号意义如下：

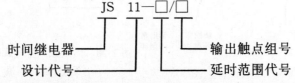

（三）直流电磁式时间继电器

直流电磁式时间继电器是利用阻尼方法来延缓磁通变化速度，以达到延时目的的。常见

的结构如图 1-30 所示。它是在直流电磁式继电器的铁心上附加一个阻尼铜套组成的。当铁心线圈从电源上断开后，主磁通要减小，由于磁通的变化，在阻尼铜套中产生感应电流。由楞次定律可知，感应电流所产生的磁通总是阻碍主磁通的变化，即阻碍主磁通的减小，于是就延长了衔铁的释放时间。

同理，当工作线圈接通电源时，阻尼铜套感应电流阻碍主磁通增加，使衔铁的吸合时间延长。不过，由于线圈通电前的衔铁是释放状态，磁路气隙很大，线圈电感小，电磁惯性小，故不能得到较长延时。一般通电延时仅为 0.1s，而断电延时可达 0.2～10s。因此，直流电磁式时间继电器主要用于断电延时。

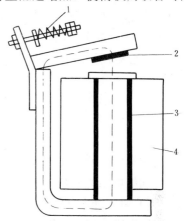

延时时间的调整方法有两种：

（1）利用非磁性垫片（磷铜片）改变衔铁与铁心间气隙进行粗调。增厚垫片时，由于气隙增大，电感减小，故磁通衰减速度增快，延时缩短。同时，气隙大剩磁小，也使延时缩短。反之延时增大。但是垫片不能太薄，因为太薄易损坏，并且剩磁可能使衔铁吸住不放。

（2）调节反作用弹簧的紧度，可使衔铁释放磁通值发生变化，延时时间可以得到平滑调节。弹簧越紧，释放磁通值越大，延时越短。反时延时越长。但弹簧不能过松，过松会使衔铁因剩磁作用而吸住不放。

图 1-30　直流电磁式时间继
电器的结构

1—调整弹簧　2—非磁性垫片
3—阻尼铜套　4—工作线圈

电磁式时间继电器的延时精度和稳定性不是很高，但继电器本身适应能力较强，因而得到了广泛应用。

（四）电子式时间继电器

电子式时间继电器具有体积小、精度高、延时范围较宽、功耗小、调节方便等优点。所以，近年来发展很快，使用日益广泛。过去其它结构的时间继电器有许多现在被改成了电子式结构，并加了数显方式，因而在许多领域得到了更广泛的应用。

电子式时间继电器同样有通电延时和断电延时两种。从原理上可分为阻容式和数字式。阻容式是利用 RC 电路充放电原理构成的延时电路。图 1-31 便是一种用单结晶体管构成的 RC 充放电式时间继电器的原理电路。其工作原理为：当电源接通后，经二极管 VD1 整流、电容器 C1 滤波及稳压器稳压后的直流电压经电位器 RP1 和电阻 R2 向 C3 充电，电容器 C3 两端电压按指数规律上升。当此电压大于单结晶体管 V 的峰点电压时，V 导通，输出脉冲使晶闸管 VT 导通，继电器线圈得电，触点动作，接通或分断外电路。它主要用于中等延时（0.05s～1h)场合。数字式时间继电器是采用数字脉冲计数电路。它不但延时长，而且精度很高，一般主要用于长延时的场合。

常用的电子式时间继电器有 JS20 系列以及 JS13、JS14、JS15 等系列。此外，还有由日本富士公司引进生产的 3ST、HH、AR、RT 等系列。JS20 的型号意义如下：

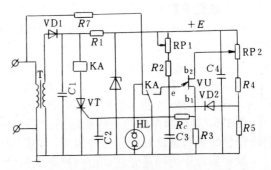

图 1-31　用单结晶体管组成的通电延时电路原理

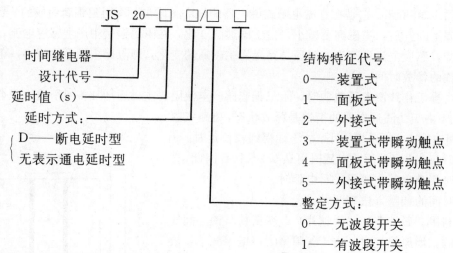

时间继电器的图形符号如图 1-32 所示。

时间继电器的主要技术数据见附表 B-27～附表 B-31。

（五）时间继电器的选用

时间继电器型式多种多样，各具特点，选择时应从以下几个方面考虑：

（1）根据控制电路中对延时触点要求来选择延时方式，即选择通电延时型或断电延时型。

（2）根据延时精确和延时范围要求，选择时间继电器类型。一般对延时时间较短，延时精确度要求不高的

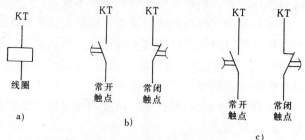

图 1-32　时间继电器的图形符号

a）线圈　b）通电延时触点　c）断电延时触点

场合，可选用空气式或电磁式，否则，宜选用电动式或电子式时间继电器。

（3）根据电路的工作状态，在操作较频繁的场合，常选用电磁式时间继电器，在动作频率较高的场合，可选用电子式时间继电器。

（4）要考虑温度的影响。通常，在温度变化较大场合，不宜采用电子式或空气式，最好采用电动式或电磁式时间继电器。

（5）根据使用场合、工作环境选择。对于电源电压波动较大的场合可选用空气式或电动式时间继电器，而在电源频率不稳的场合，则不宜选用电动式时间继电器。

三、热继电器

热继电器是电流通过发热元件加热使双金属片弯曲，推动执行机构动作的继电器，主要用来保护电动机或其它负载免于过载以及三相电动机的断相保护。

（一）热继电器的结构及工作原理

热继电器常采用双金属片式。它结构小，成本低，选择适当的热元件即可得良好的反时限性。所谓反时限特性，是指热继电器的动作时间随电流增大而减小的特性。

图 1-33 是热继电器的结构原理图。它主要由双金属片、加热元件、动作机构、触点装置、整定调整装置和温度补偿元件等组成，它是利用电流热效应原理来工作的。

双金属片作为测量元件，由两种膨胀系数不同的金属压焊而成，受热后，因两层金属伸长率不同而弯曲。

在图 1-33 中，主双金属片 2 与加热元件 3 串接在负载（电动机）端的主回路中，当电动机过载时，主双金属片受热弯曲推动导板 4，并通过补偿双金属片 5 与推杆 11 将动触点 7 和静触点 6 分开，以切断电源保护电动机。

调节旋钮 14 是一个偏心轮，它与支撑件 12 构成一个杠杆，转动偏心轮，以改变它的半径即改变补偿的双金属片 5 与导板 4 的接触距离，从而达到调节整定动作电流值的目的。此外，靠调节复位螺钉 9 来改变常开触点 8 的位置，即可使热继电器工作在自动复位或手动复位两种状态。当继电器工作在手动复位时，在故障排除后，要按下复位按钮 10 才能使动触点 7 恢复与静触点 6 相接触的位置。

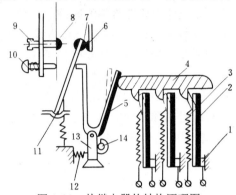

图 1-33　热继电器的结构原理图

1—双金属片固定端　2—主双金属片　3—加热元件　4—导板　5—补偿双金属片　6、8—静触点　7—动触点　9—复位螺钉　10—复位按钮　11—推杆　12—弹簧　13—支撑件　14—调节旋钮

热继电器通常有一常开一常闭触点。一般使用时，常闭触点串入控制回路，常开触点可用来做信号指示或空起来不用。

（二）带断相保护的热继电器

当电动机的某一相接线松动接触不良或熔丝熔断时，将会造成电动机缺相运行。这是三相异步电动机烧坏的主要原因之一。断相后，若外加负载不变，则电动机输出转矩就会减小，绕组中电流就会增大，使电动机烧毁。

由于继电器的动作电流是按电动机的额定电流整定的，因而星形联结的电动机采用一般的三热元件继电器就可得到保护。但是，当三角形联结的电动机一相断线后，就会出现流过热元件的线电流刚达到额定值时，热继电器不动作、而电动机某相绕组的相电流就会超过其额定值，于是就会有烧毁电动机的危险。所以，三角形联结的电动机要采用断相保护型热断电器才能获得可靠保护。

带断相保护的热断电器是在普通双金属片热继电器基础上增加一个差动机构，对三个电流进行比较。当三相电流不平衡，或其中有一断相时，差动机构就会起作用，使热继电器触点提前动作。图 1-34 示出了双导板通过杠杆放大的差动机构及其动作的情况。断相时，由于两个导板位移的差动，使杠杆端部的位移 s 放大了 λ 倍，从而比普通热继电器提前动作。

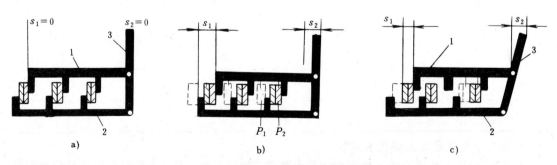

图 1-34　带断相保护的热继电器的动作

a）空载 $s_1=s_2=0$　b）三相过载 $s_1=s_2$　c）断相时两极通电 $s_2=\lambda s_1$

1、2—导板　3—杠杆　P_1—初始位置　P_2—受热后位置

（三）热继电器的保护特性

电动机本身有一定的过载能力，尤其能承受瞬时大电流而不致损坏。但对于较轻微的过载，如果时间过长，也能将电动机损坏，也就是说，电动机的过载电流越大，可能维持的时间就越短。图 1-35 中的曲线 1 是电动机的安—秒特性曲线，曲线上某点的纵坐标值表示电动机通过该电流时所能维持的时间。因此，用热继电器对电动机作过载保护，必须保证在电动机通过过载电流时，能在安—秒曲线上对应的时间内，利用热继电器的触点及时切断电源。热继电器的安—秒特性曲线要略低于并尽量接近被保护电动机的安—秒曲线。图 1-35 中曲线 2 是热继电器的保护特性曲线。例如，当电动机通过某一过载电流 I' 时，得到电动机的维持时间 t' 及热继电器的动作时间 t''，因为 $t'' < t'$，所以可对电动机进行有效的保护。表 1-1 是三相平衡负载时对热继电器保护特性的要求。表 1-2 是带断相保护功能的 JRS1 系列热继电器的保护特性。表中 6 倍于额定电流的热继电器动作时间，称为可返回时间，记作 t_F，指电动机起动尖峰电流过后，双金属片不能使触点动作而仍能恢复的时间。可返回时间长的热继电器适用于对起动时间长的电动机进行保护。

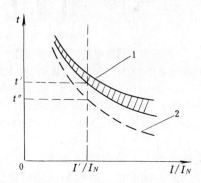

图 1-35　热继电器的保护特性曲线
1—电动机的过载特性曲线　2—继电器的保护特性曲线

表 1-1　热继电器的保护特性

整定电流倍数	动 作 时 间	起 始 条 件
1.05	>1~2h	从冷态开始
1.2	<20min	从热态开始
1.5	<2min	从热态开始
6	可返回时间 (t_F) ｛ >3s >5s >8s	从冷态开始

表 1-2　JRS1 系列热继电器的保护特性

整 定 电 流 倍 数	动 作 时 间	起 始 条 件	周围空气温度（℃）
1.05	>2h	冷态	
1.20	<20min	热态	
1.50	<3min	热态	
6	>5s	冷态	20±5
任两相 1.0 ｝另一相 0.9	>2h	冷态	
任两相 1.1 ｝另一相 0	<20min	热态	
1.00	>2h	冷态	55±2
1.20	<20min	热态	
1.05	>2h	冷态	−10±2
1.30	<20min	热态	

（四）热继电器的主要技术参数

1. 额定电流　指可能装入热元件的最大整定（额定）电流值。每种额定电流的热继电器可装入几种不同整定电流的热元件。

2. 整定电流　指热元件能够长期通过电流而不致引起热继电器动作的电流值。

3. 电流调节范围　手动调节整定电流的范围,称电流调节范围。主要用来更好地对电动机实现过载保护。

4. 相数　即热继电器的热元件数。

5. 热元件编号　指热继电器不同整定电流的热元件以不同编号的形式表示。热继电器的主要技术数据见附表 B-32 和附表 B-33。

常用的热继电器有 JR20、JRS1 以及 JR16、JR10、JR0 等系列。引进产品有 T 系列(德国 BBC 公司)、3UA(西门子)、LR1—D(法国 TE 公司)等系列。JRS1 和 JR20 系列具有断相保护、温度补偿、整定电流值可调、能手动脱扣及手动断开常闭触点、手动复位、动作信号指示等功能。它与交流接触器在安装方式上,除保留传统的分立式结构外,还增加了组合结构,可以通过导电杆和挂钩直接插接连接在接触器上(JRS1 可与 CJX1、CJX2 相接,JR20 可与 CJ20 相接)。

热继电器的型号意义如下:

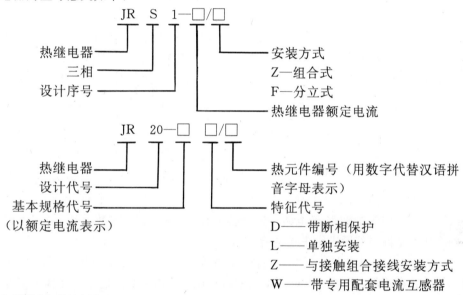

热继电器的图形符号如图 1-36 所示。

(五)热继电器的选用与调整方法

1. 热继电器的选用　热继电器主要用作电动机的过载保护,所以应按电动机的工作环境、起动情况、负载性质等因素来选用热继电器。

(1)热继电器结构型式的选择　星形联接的电动机可选用两相或三相结构的热继电器;三角形联结的电动机应选用带断相保护装置的三相结构的热继电器。

(2)热元件额定电流的选取　热元件额定电流一般按下式选取;

$$I_N = (0.95 \sim 1.05) I_{NM}$$

式中　I_N——热元件的额定电流(A);

　　　I_{NM}——电动机的额定电流(A)。

对于工作环境恶劣,起动频繁的电动机,则按

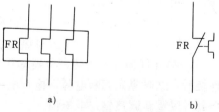

图 1-36　热继电器的图形符号

a)热元件　b)热继电器常闭触点

下式选取：

$$I_N = （1.15\sim1.5）I_{NM}$$

热元件选好后，还需用电动机额定电流来调整它的整定值。

(3) 可返回时间的选择 一般根据被保护电动机的实际起动时间选取 6 倍额定电流下具有相应可返回时间的热继电器。通常热继电器的可返回时间大约为 6 倍额定电流下动作时间的 50%～70%。

(4) 关于重复短时工作电动机过载保护的选择 对于重复短时工作的电动机（如起重机），由于电动机不断重复升温，热继电器的双金属片跟不上电动机绕组的温升，电动机将得不到可靠的保护。因此，不宜采用双金属片热继电器，而应用过电流继电器或能反映绕组实际温度的温度继电器进行保护。

2. 热继电器的调整方法 热继电器是电动机最基本的保护电器之一，因此要求其性能稳定，动作可靠。这不仅取决于技术性能，而且与精心调整有关。调整时可采用如图 1-37 所示电路。

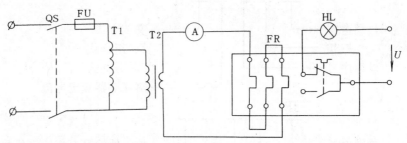

图 1-37 热继电器试验电路

T1—自耦变压器 T2—升流变压器 QS—开关 HL—指示灯 FU—熔断器 FR—热继电器

(1) 预试 按图 1-37 所示电路，先通以 2 倍、3 倍或更高倍数的额定电流，使其脱扣三次，再冷却至室温，然后进行正式试验。

(2) 校验 将热继电器的刻度盘调整至所需的电流值，然后将热继电器通入该整定电流，热继电器应长期不动。接着通入最低倍数的动作电流（如 1.2 倍整定电流），热继电器应在规定的时间内动作（例如 JRS1 应在 20min 内动作）。动作后冷却至室温。如此反复试验三次，各次均符合要求者为合格。

有时为了节省时间，可按继电器的安—秒特性曲线试验，即先不通入整定电流，而是在室温下直接通入动作电流（例如 1.2 倍、1.3 倍、1.5 倍整定电流），其动作时间应符合安—秒特性曲线的规定。应该指出，试验电流倍数越高，试验的时间越短，其准确性越差。因此，最好采用 2 倍以下电流进行试验。

(六) 热继电器的常见故障及维修

热继电器的常见故障主要有热元件损坏、热继电器误动作和热继电器不动作三种情况。

1. 热元件损坏 当热继电器动作频率太高，或负载侧发生短路时，因电流过大而使热元件烧断。这时应先切断电源，检查电路，排除短路故障，重新选用合适的继电器。更换热继电器后应重新调整整定电流值。

2. 热继电器误动作 这种故障原因一般有以下几种：

(1) 整定值偏小，以致未过载就动作。

（2）电动机起动时间过长，使热继电器在起动过程中可能动作。

（3）操作频率太高，使热继电器经常受起动电流冲击。

（4）使用场合有强烈的冲击及振动，使热继电器动作机构松动而脱扣。

为此应调换适合于上述工作性质的继电器，并合理调整整定值。调整时只能调整调节旋钮，绝不能弯折双金属片。

3. 热继电器不动作　由于热元件烧断或脱焊，或电流整定值偏大，以致过载时间很长，热继电器仍不动作；发生上述故障时，可进行针对性处理。对于使用时间较长的热继电器，应定期检查其动作是否可靠。

热继电器动作脱扣后，不要立即手动复位，应待双金属片冷却复原后再使常闭触点复位。按手动复位按钮时，不要用力过猛，以免损坏操作机构。

四、其它继电器

为了能适应各种控制要求，设备电气控制系统要对不同的物理参数进行检测，于是就需要有能反映各种物理参数的继电器。例如电动机反接制动时需要有反映转速的速度继电器，产品的统计及位置检测常需要光电继电器等，这里仅把最常用的几种介绍如下。

（一）速度继电器

它是根据电磁感应原理制成的（见图1-38）。它的转子用永久磁铁制成。其轴与电动机的轴相联，用于接受转速信号。当继电器的轴由电动机带动旋转时，（永久磁铁）转子磁通就会切割圆环内的笼型导体，于是就会产生感应电流。此电流在圆环内产生磁场，该磁场与转子磁场相互作用产生电磁转矩。在这个转矩的推动下，圆环带动摆杆克服弹簧力顺电动机转向偏转，并拨动触点改变其通断状态。调节弹簧的松紧程度可调节速度继电器的触点在电动机不同转速时的切换。一般速度继电器的转轴在120r/min左右动作，在40r/min时其触点即可恢复正常位置。

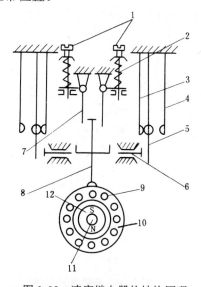

图1-38　速度继电器的结构原理

1—调节螺钉　2—反力弹簧　3—常用触点　4—常开触点
5—动触点　6—推杆　7—返回杠杆　8—摆杆　9—笼型
导体　10—圆环　11—转轴　12—永久磁铁转子

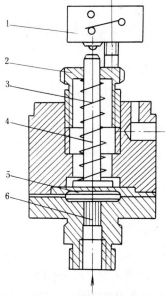

图1-39　压力继电器的结构

1—微动开关　2—螺母　3—压缩弹簧
4—顶杆　5—橡皮膜　6—缓冲器

（二）压力继电器

图 1-39 是一种常用的压力继电器结构。它的原理是利用被控介质（如压力油）在橡皮膜上产生的压力与弹簧的反力相平衡而工作的。当被控介质的压力超过（或低于）整定压力（弹簧反力）时，顶杆就会使微动开关触点动作（或复位）。

（三）温度继电器

它是利用温度敏感元件，如热敏电阻阻值随被测温度变化而改变的原理，经电子线路比较放大，驱动小型继电器动作，从而迅速而准确地直接反映某点的温度。

（四）光电继电器

它是将发光元件（发光管）和作为感测环节的接收元件（光电管）分别置于被测部位的两侧，当接收元件接收到发光元件的信号时，继电器就动作，一旦光线被遮断，继电器就释放。

第六节　断路器与电动机的综合保护

一、断路器的结构、原理及特点

断路器相当于刀开关、熔断器、热继电器和欠压继电器的组合，是一种既有手动开关作用，又有能进行欠压、失压、过载短路保护的电器。

断路器主要由触点、操作机构、脱扣器和灭弧装置等组成。操作机构分直接手柄操作、杠杆操作、电磁铁操作和电动机操作四种。脱扣器有电流脱扣器、热脱扣器、复式脱扣器、欠压脱扣器、分励脱扣器等类型。

图 1-40 为断路器的原理图。图中触点有三对，串联在被保护的三相主电路中。手动按钮（或扳手）处于"合"（图中未画出）时，触点 2 由锁键 3 保持在闭合状态，锁键由搭钩 4 支持着。要使开关分断时，按下按钮为"分"位置（图中未画出），搭钩 4 被杠杆 8 顶开（搭钩可绕轴 5 转动），触点 2 就被弹簧 1 拉开，电路分断。

断路器的自动分断，是由电流脱扣器 6、欠压脱扣器 11 和热脱扣器 12 使搭钩 4 被杠杆 8 顶开而完成的。电流脱扣器 6 的线圈和主电路串联，当线路工作正常时，所产生的电磁吸力不能将衔铁 7 吸合，只有当电路发生短路或过电流（超过整定电流）时，其电磁吸力才能将衔铁 7 吸合，推动杠杆 8，顶开搭钩 4，使触点 2 断开，从而将电路分断。

欠压脱扣器 11 的线圈并联在主电路上，当线路电压正常时，电磁铁吸合，当线路电压低于某一值时，电磁吸力小于弹簧 9 的拉力，衔铁 10 释放并推动杠杆 8 使搭钩顶开，分断电路。

当电路发生过载时，过载电流通过热脱扣器发热元件 3 使双金属片 12 受热弯曲，推动杠杆 8 顶开搭钩，使触点断开，从而起到过载保护作用。根据不同的用途，断路器可配备不同的脱扣器。

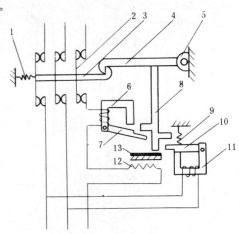

图 1-40　断路器的原理图

1、9—弹簧　2—触点　3—锁键　4—搭钩
5—轴　6—过流脱扣器　7、10—衔铁
8—杠杆　11　欠压脱扣器　12—电阻丝
13—双金属片

按结构断路器可分为框架式和塑料外壳式两种。机床线路中常用塑料外壳式断路器做为电源引入开关或作为控制和保护不频繁起动的电动机开关。其操作方式多为手动；主要有扳动式和按钮式两种。

由于断路器具有多种完善的保护，因此与刀开关和熔断器相比，具有以下优点：结构紧凑，安装方便，使用完全可靠，而且在短路时，电流脱扣器将电源同时切断，避免了电动机缺相运行的可能性。

图 1-41 是断路器的图形符号及文字符号。

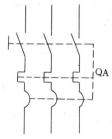

图 1-41　断路器的图形符号及文字符号

二、断路器的技术参数及型号

断路器的主要技术参数有：额定电压、额定电流、极数、脱扣器类型、脱扣器额定电流和脱扣器整定电流、主触点与辅助触点的分断能力、以及动作时间等。动作时间是指电路出现短路的瞬间开始至触点分离、电弧熄灭、电路完全分断所需的全部时间。一般型号的断路器的动作时间约为 30～60ms，限流型断路器小于 20ms。

常用的塑壳式断路器有：DZ15、DZ20、DZ5、DZ10、DZX10、DZX19 等系列，引进生产的有 SO606 系列（德国 BBC 公司）等。其中 DZ5 的壳架额定电流为 10～50A。DZ10 壳架电流（100～600A）已被 DZ15（壳架电流 40～63A）和 DZ20（壳架电流为 100～1250A）系列所取代。DZX10（壳架电流 100～630A）和 DZX19（壳架电流 63A）系列是限流型断路器（壳架电流 100～630A）。限流型断路器在正常情况下与普通断路器一样，用于线路不频繁切换的场合。当线路短路时，有限流特性，利用短路电流产生的电动力使触点在 8～10ms 内迅速断开，限制了线路上可能出现的最大短路电流。限流型断路器适用于分断能力高的场合。

断路器的型号意义如下：

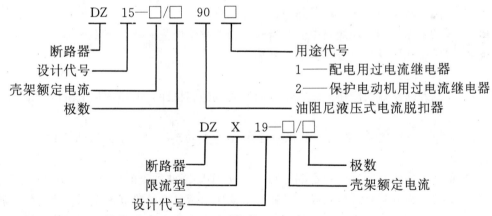

有关断路器的技术数据参见附表 B-34～附表 B-43。

三、漏电保护断路器

漏电保护断路器是为了防止低压线路中发生人身触电和设备漏电等事故而研制的一种新型电路。当人身触电或设备漏电时，断路器能够迅速切断故障电路，从而避免人身和设备受到伤害。这种漏电断路器实际上是装有能够检测漏电保护元件的塑壳式断路器。常见的有电磁式电流动作型、电压动作型和晶体管（集成电路）电流动作型。

电磁式电流动作型断路器原理见图 1-42。其结构是在一般的塑壳式断路器中增加一个漏电检测元件（零序电流互感器）和漏电脱扣器。图中主电路的三相导线一起穿过零序电流互感器的环形铁心，零序电流互感器的输出端和漏电脱扣器线圈相接，漏电脱扣器因永久磁铁的磁力而被吸住，拉紧了释放弹簧。电网正常运行时，三相电流的相量和为零，零序电流互感器二次侧无输出。当出现漏电或人身触电时，漏电或触电电流通过大地回到变压器的中性点，因而，三相电流的相量和就不等于零，于是零序电流互感器的二次回路就会产生感应电流 I_s，这时漏电脱扣器铁心中出现感应电流 I_s 的交变磁通，这个交变磁通正半波或负半波总要抵消永久磁铁对衔铁的吸力，当 I_s 达到一定值时，漏电脱扣器动作释放，使触点断开，切断主电路。采用这种释放式电磁脱扣器，可以提高灵敏度、动作快、体积小。以零序电流互感器检测到漏电信号到切断故障电路的全部动作时间一般在 0.1s 以内，所以它能有效地起到漏电保护作用。

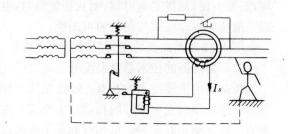

图 1-42　电磁式电流动作型漏电
保护断路器原理图

为了能经常检查漏电保护断路器的动作性能，漏电保护断路器装有试验按钮，在断路器闭合后，按下试验按钮，如果开关断开，则漏电保护断路器工作正常。

常用的漏电保护断路器有 DZ15L—40、DZ5—20L 等，其主要技术数据参见附表 B-44。

四、断路器的选用及维护

（一）断路器的选用原则

（1）断路器的额定电压应不低于额定电压。

（2）断路器的额定电流应不小于负载电流。

（3）脱扣器的额定电流应不小于负载电流。

（4）极限分断能力应不小于线路中最大短路电流。

（5）线路末端单相对地短路电流与瞬时脱扣器整定电流之比应不小于 1.25。

（6）欠压脱扣器额定电压应等于线路额定电压。

（二）断路器的维护

（1）使用新断路器前应将电磁铁工作面的防锈油脂抹净，以免增加电磁机构动作的阻力。

（2）工作一定次数后（约 1/4 的机械寿命），主要转动机构应加润滑油（小容量塑壳型不需要）。

（3）每经过一定时间（例如定期维修时），应消除断路器上的灰尘，以保证良好的绝缘。

（4）灭弧室在分断短路电流或经过较长时期使用后，应清除其内壁和栅片上的金属颗粒和烟垢。长期未使用的灭弧室（如配件）在使用前应先烘一次，以保证良好的绝缘。

（5）断路器的触点在使用一定次数后，如表面发现毛刺、颗粒等，应当予以修整，以保证良好的接触。当触点磨损至原来厚度的 1/3 时，应考虑更换触点。

（6）定期检查各脱扣器的电流整定值和延时，以及动作情况。

五、电动机的综合保护

三相异步电动机以其结构简单、成本低、运行维护方便而被广泛地使用。电动机的运行与保护也越来越引起人们的高度重视。

（一）电动机的运行与保护

从电动机的制造发展过程来看，由于采用新型电磁材料与绝缘材料，在增加转矩的同时，其体积、重量不断下降，现代电动机与30年代相比，体积相对减小约1/3，重量不到原来的1/2。目前，电动机的设计思想正走向所谓的极限设计。这意味着新型电动机的额定电流与耐热限度电流（即允许过载电流）的差值、起动电流与耐热限度电流的差值均较小，这说明新型高效小型电动机的热容量开始减小，于是，电动机的耐热限度将随其体积和重量的减小而下降。

从电动机的运行与使用情况看，由于生产自动化及各种自动控制设备的出现，要求电动机经常运行在频繁起动、制动、正反转、间歇负载以及变负荷等状态下，电动机的发热情况及其所受到的电动力和热力的冲击对电动机寿命的影响越来越突出。因此，除要求使用人员了解有关电动机的运行知识并合理使用外，还应当装设相应可靠的保护装置，以确保电动机的正常运行。

造成电动机故障的原因主要有：过负荷、堵转、断相、轴承轴磨损、通风不良与绝缘老化等。统计资料表明，异步电动机最易受到损坏的是定子绕组，其故障占总故障的90%。在各种故障中，以过负荷，堵转和断相为最多。

选择和设置保护装置的目的不仅是使电动机免受损坏，同时还应使电动机得到充分利用，因此，一个正确的保护方案，不但应使电动机充分发挥过载能力，还应提高设备连续生产的可靠性。

传统的保护方式，即采用双金属片的热保护方式已经越来越不适应生产发展对电动机的保护要求。例如，由于现代电动机工作时绕组电流密度显著增大，当电动机过载时，绕组温度增长速率比过去大2～2.5倍。这就要求温度检测元件具有更小的发热时间常数，保护装置具有更高的灵敏度和精度。电子式保护装置在这方面具有极大的优越性。

由于过载、断相、短路和绝缘损坏都对电动机造成极大威胁，所以，近几年出现了许多电动机多功能保护装置。该装置将电动机的过载、断相及堵转瞬动等功能融为一体，从而对电动机进行了全面的综合保护。由于这种装置大都由电子线路组成，故体积小，性能可靠，使用中取得了较良好的效果。

（二）电动机多功能保护器工作原理

图1-43为电动机多功能保护器工作原理图。保护器的信号由电流互感器TA1、TA2、TA3串联后取得。这种互感器选用具有较低饱和磁通密度的磁环（例如用软磁铁氧体MXO—2000型锰锌磁环）做成。电动机运行时，磁环处于饱和状态，因此互感器二绕组中的感应电动势，除基波外还有三次谐波成分。

电动机正常运行时，三相线电流基本平衡（即大小相等、相位互差120°），因此在互感器二次侧绕组中的基波合成电势为零，但三次谐波由于是同相位的，所以其合成电势为每相电动势的三倍。该电势经二极管VD1整流、VD2稳压（利用二极管的正向特性）、

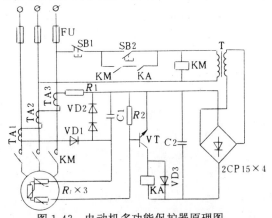

图1-43　电动机多功能保护器原理图

电容器 C1 滤波，再经过 R1 与 R2 分压后，供给晶体管 VT 的基极，使之饱和导通。于是继电器 KA 吸合，其常开触点闭合。按下 SB2 时，接触器 KM 得电自锁，电动机起动旋转。

当电动机电源断开一线时，两线电流大小相等、方向相反，互感器三个串联的二次绕组中也对应有两相产生感应电动势，其大小相等、方向相反，结果，互感器二次绕组总电动势为零。既不存在基波电势，也不存在三次谐波电势，于是晶体管 VT 的基极电流为零，VT 截止，接在 VT 集电极电路中的 KA 释放，接触器 KM 断电，其主触点切断电动机电源，于是对电动机实现了断相保护。

当电动机由于故障或其它原因使其绕组温度升高，如果温度超过允许值时，PTC 热敏电阻 R_t 的阻值急剧上升，这样就改变了 R1 和 R3 的分压比，使晶体管 VT 的基极电流下降到很低的数值（实际上接近于零），VT 截止，继电器 KA 释放，其常开触点断开，接触器 KM 线圈断电，电动机脱离电源，实现电动机的过载或热保护。

习　题

1-1　从结构特征上怎样区分交流电磁机构和直流电磁机构?怎样区分电压线圈和电流线圈?电压线圈和电流线圈各应如何接入电源回路?

1-2　三相交流电磁铁的铁心上是否也有分磁环? 为什么?

1-3　观察实验室内的各种接触器，指出它们各采用了何种灭弧装置?

1-4　交流接触器的线圈已通电而衔铁尚未闭合的瞬间，为什么会出现很大的冲击电流?

1-5　从接触器的结构特征上如何区分是交流接触器还是直流接触器?

1-6　线圈电压为 220V 的交流接触器误接入 220V 直流电源上会发生什么问题? 为什么?

1-7　线圈电压为 220V 的直流接触器误接入 220V 交流电源上会出现什么问题? 为什么?

1-8　熔断器的额定电流、熔体额定电流、熔断器的极限分断电流三者有何区别?

1-9　接触器断电不能释放或延时释放常见的故障是什么?

1-10　热继电器能否用来进行短路保护?

1-11　是否可用过电流继电器来作电动机的过载保护，为什么?

1-12　叙述断路器的功能、工作原理和使用场合。与采用刀开关和熔断器的控制和保护方式相比，断路器有何优点?

1-13　说明熔断器和热继电器的保护功能与原理、保护特性以及这两种保护的区别?

1-14　指出下列型号电器的名称、规格和主要技术数据:

1) CJ20—63Z
2) CJX2—16/12
3) CZ18—40/20
4) JZ15—62J
5) JT18—22/5
6) JL18—2.5/22
7) JS23—32/2
8) JS11—42
9) JS20—180D/04
10) JRS1—25/Z
11) RL7—25/6
12) RT14—63/40
13) DZ15—40/3902
14) DZ15L—40

第二章　继电器接触器控制基本环节电路

当前，工矿企业的生产机械和设备主要是由电动机来拖动的。而对电动机控制的最广泛、最基本、为数最多的方式是继电器接触器的控制方式。

继电器接触器的控制电路由多种有触点的低压电器，如继电器、接触器、按钮及开关等，根据不同的控制要求以及生产机械对电气控制电路的要求连接而成。这种控制电路结构简单直观，能实现对电力拖动系统的起动、反向、制动、调速等运行过程的控制，也能对电力拖动系统进行有效的电气保护，满足生产工艺的要求与实现生产过程自动化。

由于各种生产机械对电气控制要求的不同，因而电气控制电路也不相同，有的比较简单，有的比较复杂。在长期实践中，人们已将这些控制电路总结为最基本的单元电路供选用。任何复杂的控制系统都由一些比较简单的基本控制环节和保护环节有机地组合而成，所以，掌握基本控制环节电路是电气控制电路分析和设计的基础。本章主要介绍三相异步电动机、直流电动机的起动、运行、调速及制动等主要基本环节控制电路。

第一节　三相笼型异步电动机的全压起动控制电路

三相笼型异步电动机的应用非常广泛，对它的起动控制有全压起动和降压起动两种方式。通过开关或接触器将额定电压直接加到电动机的定子绕组上，使电动机旋转的方法称为全压起动，又叫直接起动。这种方法所需的电器设备少，电路简单，工作可靠，维修方便。在变压器容量允许的条件下，电动机应尽可能采用全压起动。中、小型机床上的电动机，其功率多在 10kW 以内，所以通常采用全压起动方式。电动机全压起动的缺点是起动电流大，一般为额定电流的 4~7 倍。如果电动机的功率过大，则很大的起动电流就会在供电线路上产生很大的电压降，致使该供电线路上的其它电气设备不能正常工作，所以，全压起动电动机的功率要受到一定限制。

电动机能否在电源容量允许的条件下全压起动，可根据下面的经验公式确定：

$$\frac{I_{sr}}{I_N} \leqslant \frac{3}{4} + \frac{S}{4P} \tag{2-1}$$

式中　I_{sr}——电动机全压起动电流（A）；

　　　I_N——电动机的额定电流（A）；

　　　S——电源变压器的容量（kVA）；

　　　P——电动机的额定功率（kW）。

一、单向旋转全压起动控制电路

三相笼型异步电动机单向旋转的全压起动控制电路，根据使用控制电器的不同，可分为开关控制电路和接触器控制电路两种。其控制电路的选用可根据被控电动机的具体情况及要求而确定。

（一）开关控制电路

图 2-1 为开关控制的电动机单向旋转控制电路。其中，图 2-1a 为刀开关控制电路，图 2-1b 为断路器控制电路。根据生产机械的不同，可分别选用胶盖瓷底刀开关、铁壳开关、转换开关或空气断路器等对电动机进行控制。

采用开关控制的电路仅适用起动不频繁的小容量电动机。它不能对电动机进行自动控制，也不能对电动机进行零压和失压保护。因此，对起动和停车频繁的电动机，以及需设置必要电气保护环节的控制电路，常采用电器控制的方式来对电动机的起动进行控制。

（二）接触器控制电路

1. 接触器控制电路的构成　图 2-2 是三相笼型异步电动机单向全压起动控制电路。它由停止按钮 SB1、起动按钮 SB2、接触器 KM、热继电器 FR、刀开关 Q、熔断器 FU1 和 FU2 与电动机 M 等组成。其中由 Q、FU1、KM 主触点、FR 的热元件与 M 构成主电路；由 SB1、SB2、KM 的线圈及常开辅助触点、FR 的常闭触点与 FU2 构成控制电路。

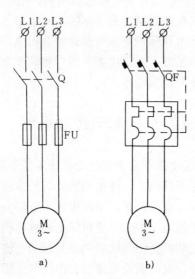

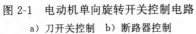

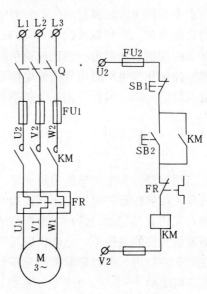

图 2-1　电动机单向旋转开关控制电路　　　　图 2-2　接触器控制单向全压起动电路

a）刀开关控制　b）断路器控制

2. 接触器控制电路的工作过程　起动时，合上电源开关 Q，按下起动按钮 SB2，接触器 KM 线圈通电，KM 的常开主触点闭合，电动机 M 得电旋转。同时，由于与 SB2 并联的 KM 辅助常开触点闭合，使 KM 的线圈经两路通电，以致放开 SB2 后，其 KM 线圈仍可以依靠自己闭合的辅助常开触头而保持通电状态，从而使电动机连续运行。这种依靠接触器自身辅助触点保持其线圈通电的电路，称为自锁（或自保）电路。这一对起自锁作用的辅助常开触点称为自锁触点。

当需要电动机停止运转时，按下停止按钮 SB1，KM 的线圈断电，其常开主触点和辅助触点复位，电动机断电停转。

由于电路采用了熔断器、热继电器、接触器和按钮开关等保护电器和控制电器，所以该电路具有短路、过载、失压和零压保护功能。

二、点动控制电路

在生产实际中，有的生产机械需要进行点动控制，有的产生机械除需要正常运行外，在进行调整工作时还需要进行点动控制。图 2-3 列出具有点动控制功能的几种典型电路。

图 2-3a 是最基本的点动控制电路。当合上电源开关 QS，按下点动按钮 SB 时，接触器 KM 的线圈得电，其常开主触点闭合，电动机 M 接入三相电源而旋转；当松开 SB 时，KM 的线圈断电，主触点断开，电动机断电停止旋转，实现了对电动机的点动控制。

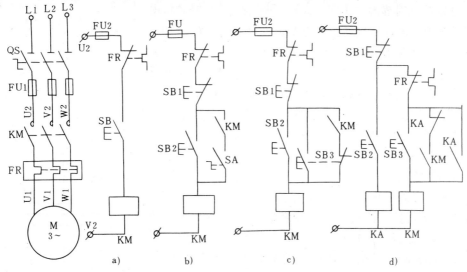

图 2-3　实现点动的几种控制电路

图 2-3b 是手动开关断开自锁电路的点动控制电路。当需要点动时，将开关 SA 断开，切断自锁电路，此时 SB2 具有点动按钮的功能，按下 SB2 即可实现对电动机的点动控制。当需要连续工作时，合上开关 SA，接通自锁电路，按下 SB2 后，即可实现电动机连续运行的起动控制。

图 2-3c 是用点动复合按钮的常闭触点断开自锁电路的点动控制电路。当需进行点动控制时，按下点动按钮 SB3，其常闭触点先断开，切断自锁电路，而常开触点后闭合，接通了 KM 的线圈电路，KM 的主触点闭合，电动机起动旋转。当松开 SB3 时，在其常开触点断开而常闭触点尚未闭合瞬间，KM 的线圈处于断电状态，自锁触头复位，故当 SB3 的常闭触点恢复闭合时就不可能使 KM 的线圈通电，实现点动控制。若需电动机连续运行，只要按连续运行的起动按钮 SB2 即可，停机时则按停止按钮 SB1。

图 2-3d 是利用中间继电器实现的点动控制电路。由于增加了中间继电器 KA，因而电路工作更加可靠。当点动控制时，按下点按钮 SB2，KA 的线圈得电工作，其常开触点闭合接通 KM 的线圈电路，KM 的主触点闭合，电动机得电起动旋转。当松开 SB2 时，KA、KM 的线圈先后断电，电动机停止旋转，实现了点动控制。当需要对电动机进行连续运行控制时，只要按下连续运行控制按钮 SB3 即可。当需要电动机停转时，则需按下停止按钮 SB1。

三、电动机的可逆旋转控制电路

上面介绍的电动机控制电路都只能使电动机单向旋转。但是许多生产机械要求某些运动部件能够进行正反两个方向的运动，这就要求实现对电动机可逆旋转的控制。根据电机学原理，任意对调电动机三相电源进线中的其中两相，电动机的转向就会改变，常用的电动机可逆旋转控制电路有如下几种。

（一）倒顺开关控制的可逆旋转控制电路

图 2-4 是直接操作倒顺开关实现电动机可逆旋转的电路。因为电路无过载、零电压和欠电压保护功能，而且转换开关无灭弧装置，所以该电路仅适用对电动机的电气保护要求不高以及电动机容量在 5.5kW 以下的场合。

当将倒顺开关 SA 的手柄置于"顺转"位置时，其手柄通过转轴带动鼓轮，使动触片 Ⅰ1、Ⅰ2、Ⅰ3 分别与三对静触点①②、③④、⑤⑥接通。此时若将电源开关 QS 合上，电动机接通正向电源，进行正向旋转。

当将 SA 手柄置于"倒转"位置时，则动触片 Ⅱ1、Ⅱ2、Ⅱ3 分别与三对静触点①②、③⑤、④⑥接通，此时电动机接通反时电源，进行反向旋转。可见，通过对倒顺开关 SA "顺转"与"倒转"位置的转换，即可对电动机的可逆旋转进行控制。

为了避免电动机由于电源突然反接时造成很大的冲击电流及对电动机的过热损坏，在进行正、反转的转换时，应注意将开关手柄扳至"停止"位置时稍加停留。

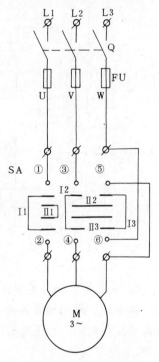

（二）按钮控制的可逆旋转控制电路

图 2-5 为按钮控制的可逆旋转控制电路。图 2-5a 最为简单。通过正转（或反转）按钮开关 SB2（或 SB3），控制正转（或反转）接触器 KM1（或 KM2），从而使电动机接通正向（或反向）电源，实现电动机的正（或反）转。在进行相反方向转换操作控制时，必须先按下停止按钮 SB1，然后才能向相反方向起动，否则，因误操作可使两个接触器的线圈同时得电，造成电源两相短路。因此，有必要在正、反两个单向运行控制电路中设置必要的保护措施，防止电源两相短路，提高电路实用价值。图 2-5b 电路就是在图 2-5a 电路的基础上改进而成的，该电

图 2-4　倒顺开关控制
的可逆旋转电路

路将两个接触器的常闭触头串接在对方线圈电路中，当一个接触器通电工作时，利用其常闭触点的断开来锁住对方线圈的电路，使两个接触器的线圈不可能同时通电，这种互相制约的控制方法叫做互锁。而两对起互锁作用的触点叫做互锁触点。这种利用接触器（或继电器）常闭触点的互锁又叫做电气互锁。图 2-5b 所示电路在进行相反方向转换操作控制时，必须先按下停止按钮 SB1，然后再按下和原旋转方向相反的起动按钮，才能使电动机改变转向旋转。也就是该电路只能实现正（反）转—停止—反（正）转的控制。

对于需要直接进行正反转变换控制的电动机，可用图 2-5c 所示控制电路来实现。它是在图 2-5b 电路的基础上进一步改进和完善而得到的。具体方法是将正转起动按钮 SB2 和反转起动按钮 SB3 的常闭触点串接在对方常开触点控制的接触器线圈电路中，利用其常闭、常开触点动作先后顺序，确保首先切断受控起动按钮常闭触点所串接的相应接触器线圈电路，使该接触器释放，并使另一接触器的线圈通电工作，实现电动机旋转方向的直接变换。可见，该电路不但能实现对电动机正转—停止—反转的控制，也能实现正转—反转—停止的控制。

图 2-5c 电路利用按钮的常开、常闭触点的机械联接，在电路中互相制约的接法，叫做机械互锁。图 2-5c 电路不但采用了接触器的电气互锁，而且还采用了按钮的机械互锁，所以电路又叫做双重互锁的电动机可逆旋转控制电路，这种电路不仅工作可靠而且操作方便，因此在电气控制电路中应用较广。

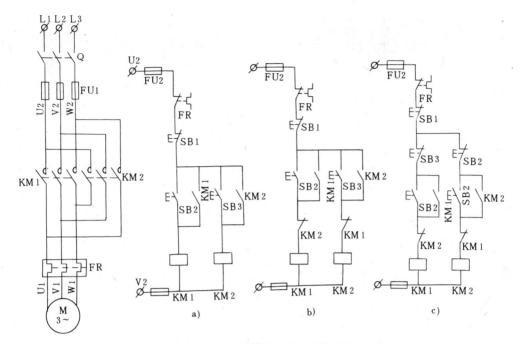

图 2-5　按钮控制的可逆旋转控制电路

a) 无互锁的按钮控制　b) 电气互锁的按钮控制　c) 双重互锁的按钮控制

（三）自动往复循环控制电路

在生产实践中，有些生产机械的工作台需要在一定距离内进行自动往复的循环运动，这就要求控制电路能根据工作台的位置，对电动机适时进行正反转自动转换的控制。工作台自动往复循环控制电路如图 2-6a 所示，它是通过位置开关实现自动往复循环运动控制的，通常被叫做行程控制原则。这个电路是在图 2-5c 电路的基础上，增设四个位置开关 SQ1、SQ2、SQ3 和 SQ4 而得到的。

SQ1 安装在右端需反向位置，SQ2 安装在左端需反向位置，SQ3 和 SQ4 安装在工作台运动的极限位置上，而机械撞块 A、B 安装在工作台的右、左端，如图 2-6b 所示。

起动时，利用正向或反向起动按钮，如按下正转起动按钮 SB2，正转接触器 KM1 通电并自锁，电动机正向旋转，通过机械传动装置使工作台向左运动，当运动到需改变运动方向的位置时，撞块 B 压下位置开关 SQ2，其常闭触点断开，切断了正向接触器 KM1 线圈的控制电路，电动机断电停转。但是 SQ2 的常开触点闭合，又接通了反转接触器 KM2 线圈的控制电路，使电动机反向旋转，工作台向右运动。如撞块 A 压下位置开关 SQ1，电动机将由反转变正转，工作台又将向左运动，实现工作台自动往复的循环运动，直至按下停止按钮 SB1 才能使往返运动停止。若换向用的位置开关 SQ1、SQ2 失灵，则由极限保护位置开关 SQ3、SQ4 实现终端保护，及时切断电动机的控制电路，停止工作台的运动，保证生产设备安全。

在该控制电路中，由于电动机自动转换旋转方向时要经历反接制动过程，将出现较大的反接制动电流和机械冲击，所以此电路仅适用于运动部件循环周期较长，电动机转轴具有足够刚性的电力拖动系统。

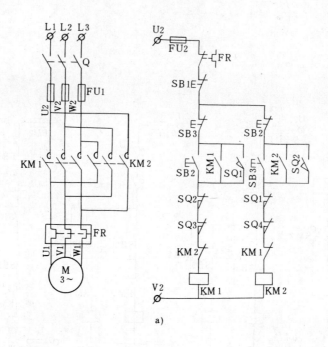

a)

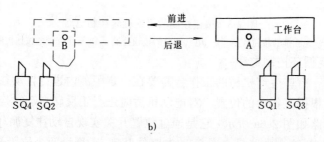

b)

图 2-6　工作自动往复循环控制电路

a）往复自动循环控制电路　b）工作台往复运动示意图

第二节　三相笼型异步电动机的减压起动控制电路

对于容量在 10kW 以上或不满足式（2-1）条件的中、大型三相笼型异步电动机，因起动电流较大，一般都应采用降压起动。此外，为减小起动电流对生产设备的冲击，减少电动机及电器故障率，延长使用寿命，即使允许直接起动的电动机，也常采用减压运动。所谓减压起动即是起动时降低加在电动机定子绕组上的电压，以减小起动电流，直动后再将电压恢复到额定值，使之转入正常运行的这种电动机的起动过程。一般减压起动时的起动电流控制在电动机额定电流的 2～3 倍。常用的减压起动有定子绕组电路串接电阻或电抗器、Y-△联结、△-△联结以及用自耦变压器起动等起动方法。

一、定子电路串电阻（电抗器）起动控制电路

（一）定子串电阻减压起动控制电路

图 2-7 为电动机定子电路串电阻减压起动控制电路。图中 KM1 为起动接触器，KM2 为运行

接触器，KT 为通电延时型时间继电器，*R* 为减压起动电阻，现将图 2-7 所示电路的工作过程分析如下：

起动时，合上电源开关 QS，按下起动按钮 SB2，接触器 KM1 通电并自锁，其主触点闭合，电动机的定子电路串电阻 *R* 后起动。在 KM1 通电的同时，时间继电器 KT 也通电工作，经延时，KT 延时闭合的常开触点闭合，使接触器 KM2 通电触头动作，将电阻 *R* 短接，电动机便可进入全电压下正常运行。

该控制电路延时时间的整定，可根据电动机开始起动到接近额定转速所需的时间来进行。

（二）具有手动与自动控制的定子串电阻起动控制电路

图 2-8 为具有手动与自动控制的串电阻减压起动控制电路。图中 SA 为选择开关，SB3 为手控升压按钮。

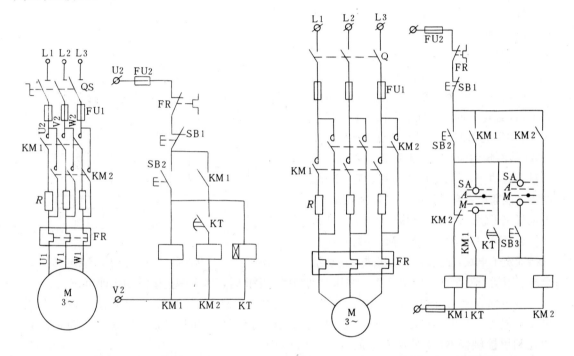

图 2-7　定子串电阻减压起动控制电路　　　图 2-8　自动与手动串电阻减压起动控制电路

当进行电动机起动的自动控制时，将选择开关 SA 的手柄置于图上所示 A 位，控制电路可通过起动按钮 SB2、接触器 KM1 和 KM2、时间继电器 KT 的相互配合，实现定子电路串电阻减压起动的自动控制。

当进行电动机起动的手动控制时，将 SA 手柄置于图上所示 M 位，按下起动按钮 SB2，KM1 通电触点动作，电动机定子电路串电阻 *R* 减压起动。当其转速接近额定转速时，则按下手控按钮 SB3，KM2 通电并自锁，其主触点将电阻 *R* 和 KM1 主触点短接，电动机便进入全电压下正常运行，实现手控串电阻减压起动。

定子电路串电阻减压起动的方法具有起动平稳、运行可靠、构造简单等优点。但是，由于起动电压的降低，将使起动转矩减小，所以这种方法仅适用于空载起动或轻载起动的场合。

二、Y-△减压起动控制电路

对于正常旋转时定子绕组△联结的三相笼型异步电动机，常采用 Y-△的减压起动方法，以达到限制起动电流的目的。

电动机起动时，首先将定子绕组 Y 联结，进行减压起动。当电动机转速接近额定转速时，再将定子绕组△联结，电动机即进入全电压下正常运行。这就是电动机 Y-△减压起动方法。因功率在 4kW 以上的三相笼型异步电动机的定子绕组一般为△联结，所以在需要进行减压起动时都可以采用 Y-△方法。

（一）两个接触器的 Y-△减压起动控制电路

图 2-9 为电动机功率在 4～13kW 时常用的两个接触器的 Y-△减压起动控制电路。图中 KM1 为电源接触器，KM2 为 Y-△换接接触器，KT 为时间继电器。

起动时，按下起动按钮 SB2，其常闭触点先断开，互锁接触器 KM2 线圈电路。利用 KM2 常闭触点将电动机 Y 联结，而 SB2 后闭合的常开触点随即接通接触器 KM1 的线圈电路，KM1 主触头动作，接通电动机的定子电路，这时，电动机进行 Y 联结减压起动。在 KM1 通电的同时时间继电器 KT 也通电工作，KT 延时断开的常闭触点先动作，使 KM1 线圈瞬时断电，而 KT 延时闭合的常开触点后动作，待 KM1 触点释放后，KM2 线圈才能通电并自锁。由于 KM2 触点动作，电动机定子绕组由 Y 联结换成△联结，并再次接通 KM1 线圈电路，使 KM1 主触点闭合并接通定子电路，此时，电动机进入△联结全电压下运行。至此，电动机 Y-△减压起动结束。停止时，按下停止按钮 SB1 即可。

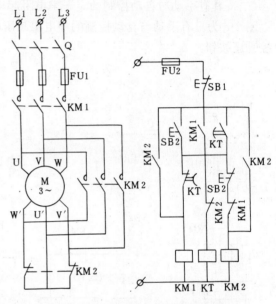

图 2-9　两个接触器 Y-△减压起动控制电路

该电路在起动过程中，由于电动机 Y-△的换接使 KM1 有短时断电，为此会出现二次起动电流，但是这时电动机已具有一定转速，因此该电流不会对电网造成多大影响。同时，电路中还利用接触器 KM2 的两对常闭辅助触点参加 Y-△换接，由于电动机三相定子绕组对称，因而星点电流很小，该触点的容量是允许的。

（二）三个接触器的 Y-△减压起动控制电路

图 2-10 为三个接触器的 Y-△减压起动控制电路。当电动机容量在 13kW 以上时，可采用该电路。图中 KM1 为电源接触器，KM2 为△联结接触器，KM3 为 Y 联结接触器。

由于该电路采用了三个接触器的主触头来对电动机进行 Y-△换

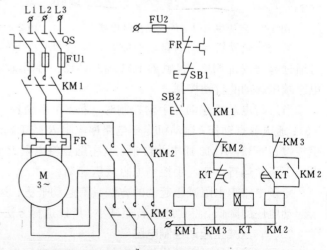

图 2-10　三个接触器的 Y-△减压起动控制电路

接，故电路工作可靠性高。同时因接触器 KM1 通电工作后，接触器 KM2 主触点的一端始终与电源相联接，故在 Y-△换接中不会出现二次起动现象，电路工作情况由读者自行分析。

Y-△起动是一种常用的减压起动方法，但是电动机 Y 联结状态下的起动电压只有△联结全压起动时电压的 $1/\sqrt{3}$，故电动机 Y 联结状态下的起动电流和起动转矩也只有△联结全压起动时的 1/3。因此，这种方法只适用于空载和轻载状态下起动。为提高起动转矩，可采用电动机 ⅄-△减压起动等方法。

三、⅄-△减压起动控制电路

三相笼型异步电动机 ⅄-△起动，是在起动过程中将定子绕组的一部分△联结，而另一部分 Y 联结，使整个绕组成为 ⅄ 联结，待起动结束后，再将其绕组接成△联结的一种减压起动方法。为此，电动机每相绕组至少有三个抽头，其原始、起动、运行状态的联接情况如图 2-11 所示。

当电动机定子绕组为 ⅄ 联结时，每相绕组承受的相电压在其绕组为 Y 联结与△联结时的相电压之间，即 220~380V。因此，⅄-△起动时电动机的起动转矩可大于 Y-△起动时的起动转矩。电动机 ⅄ 联结时定子绕组相电压与电源线电压的数量关系，由定子绕组三条延边中任何一条边的匝数（N_1）与三角形内任何一边的匝数（N_2）之比来决定。当改变 ⅄ 联结中间抽头时，即改变 N_1 与 N_2 之比，就可改变定子绕组相电压的大小，从而改变电动机 ⅄-△起动时起动转矩的大小。在实际应用中，可根据对电动机起动转矩的要求，选用不同的抽头比，以进行减压起动。

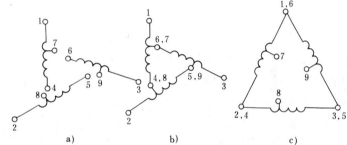

图 2-11 ⅄-△减压起动电动机抽头联接方式
a) 原始状态 b) 起动状态 c) 运行状态

图 2-12 为 ⅄-△减压起动控制电路，图中 KM1 为电源接触器，KM2 为△联结接触器，KM3 为 ⅄ 联结接触

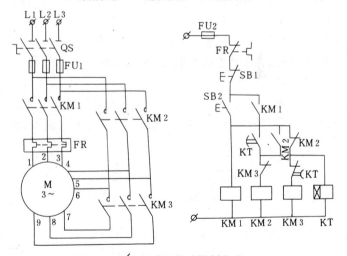

图 2-12 ⅄-△减压起动控制电路

器，KM3 为 ⅄ 联结接触器，KT 为时间继电器。由图可知，电动机起动时，首先是接触器 KM1、KM3 和时间继电器 KT 工作，将电动机接成 ⅄ 联结进行减压起动。当 KT 的延时整定时间一到，则 KT 触头动作，使 KM3 断电触点释放，同时使 KM2 通电吸合，此时，电动机由 ⅄ 联结换接成△联结进入全电压下正常运行，⅄-△减压起动过程到此结束。

⅄-△减压起动方法具有起动转矩大，允许频繁起动以及起动转矩可在一定范围内选择等优点。但是，使用这种起动方法的电动机不但应备有9个出线端，而且还应备有一定数量的

42

抽头,其制造工艺复杂,而一般电动机只有 6 个出线端,因此不能使用 Ⅴ△减压起动方法,所以, Ⅴ-△减压起动方法目前尚未被广泛应用。

四、自耦变压器减压起动控制电路

自耦变压器减压起动方法是指利用自耦变压器来降低电动机起动电压、限制电动机起动电流的一种三相笼型异步电动机的起动方法。

电动机起动时,使定子绕组和自耦变压器副边相联接,进行减压起动,起动完毕,则定子绕组与自耦变压器脱离,而直接和电源相联接,电动机便进入全电压下正常运行。对于正常运行时其定子绕组为 Y 联结或△联结的容量较大的三相笼型异步电动机均可采用此种减压起动方法。

(一)自耦变压器减压起动控制电路

图 2-13 为自耦变压器减压起动控制电路。图中 KM1 为减压接触器,KM2 为运行接触器,KT 为时间继电器,T 为自耦变压器。

起动时,合上电源开关 QS,按下起动按钮 SB2,时间继电器 KT 通电并经瞬时动作触点自锁。接触器 KM1 经 KT 延时断开的常闭触点通电吸合,将自耦变压器 TA 接入电路。此时,电动机定子电路由自耦变压器 T 供电进行减压起动。经延时,KT 延时断开的常闭触点断开,使 KM1 断电触头释放,将自耦变压器 T 从电路上切除。而 KT 延时闭合的常开触点闭合又使 KM2 通电吸合,这样电动机定子电路就经 KM2 主触点直接和电源相联接,进入全电压下正常运行。

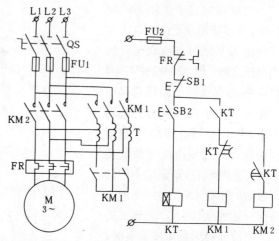

图 2-13 自耦变压器减压起动控制电路

该电路在起动时,考虑到 KM1 的两对辅助常开触点参加接通自耦变压器三相绕组电路,其触点容量有限,当变压器容量过大时,容易造成该触点磨损或损坏,因此,该控制电路对

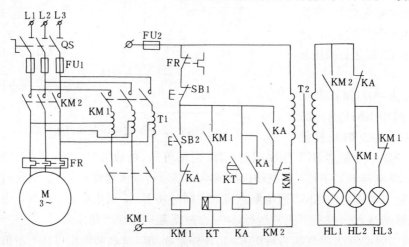

图 2-14 XJ01 型补偿器减压起动控制电路

于较大容量的自耦变压器是不适用的。

（二）XJ01 型补偿器减压起动控制电路

工厂常用的自耦变压器减压起动方法多采用定型产品的补偿减压起动器。XJ01 型补偿器是一种可用于 14～28kW 三相笼型异步电动机减压起动自动控制的定型产品，其控制电路见图 2-14。图中 KM1 为减压接触器，KM2 为运行接触器，KA 为中间继电器，KT 为时间继电器，T1 为自耦变压器，HL1 为正常运行指示灯，HL2 为减压起动指示灯，HL3 为电源指示灯。

电动机减压起动时，KM1、KT、TA 通电工作，减压起动指示灯 HL2 亮；电动机全电压下正常运行时，KM2、KA 通电吸合，正常运行指示灯 HL1 亮。

自耦变压器减压起动方法具有适用范围广，起动转矩大并可调整等优点，是一种实用的三相笼型异步电动机减压起动方法。但是，自耦变压器价格较贵，而且这种减压起动方法不允许频繁起动。

第三节　三相绕线转子异步电动机的起动控制电路

三相绕线转子异步电动机的转子电路可通过滑环在外串起动电阻或频敏变阻器，用以限制起动电流、增大起动转矩和提高转子电路的功率因数。在要求电动机起动转矩大以及调速平稳的场合，常采用三相绕线转子异步电动机。

一、转子绕组串电阻的起动控制电路

在绕线转子异步电动机的起动过程中，转子电路电流会发生变化，完成起动需要一定时间。根据电流及时间变化，对电动机起动进行控制的电路有电流原则和时间原则两种自动控制电路。

（一）电流原则转子串电阻起动控制电路

图 2-15 为电流原则的绕线转子异步电动机转子串电阻起动控制电路。图中 KA1～KA3 为电流继电器，KA4 为中间继电器，KM1～KM3 为短接电阻接触器，KM4 为电源接触器，$R1$～$R3$ 为起动电阻。

该电路是利用转子电路电流的变化，通过电流继电器 KA1～KA3 来控制接触器 KM1～KM3 通电吸合及起动电阻 $R1$～$R3$ 的逐段切除，实现绕线转子异步电动机的起动。电流继电器 KA1～KA3 的吸合电流均一样，但释放电流不一样。其中 KA1 的释放电流最大，KA2 次之，KA3 最小。将它们的线圈分别串接在电动机转子各段起动电阻的电路中，并用其常闭触点控制对应的短接起动电阻接触器的通电吸合。起动时，因转子电路电流很大，使 KA1～KA3 均吸合，其常闭

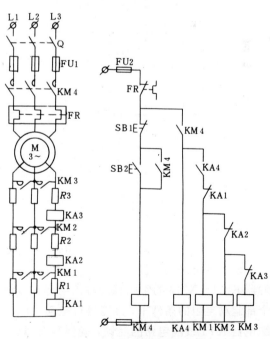

图 2-15　电流原则的绕线转子异步电动机转子串电阻起动控制电路

触点动作并切断 KM1～KM3 的线圈电路,这时绕线转子异步电动机转子串入全部电阻起动。当电动机转速升高后,转子电流将减小,首先导致 KA1 释放,使 KM1 通电吸合,短接起动电阻 $R1$。这时转子电流又会重新升高,随转速上升,转子电流又会下降,使 KA2 释放及 KM2 通电吸合,短接电阻 $R2$。如此继续下去,最后将全部电阻短接,到此,电动机起动过程结束,进入全电压下正常运行。

在电路中设置了中间继电器 KA4,可保证从电动机开始起动到 KM1 开始通电工作的时间间隔大于对应的 KA1 开始吸合时的时间间隔,从而确保电动机起动时全部起动电阻串入转子电路,为绕线转子异步电动机的正常起动创造必要条件。

(二)时间原则转子串电阻起动控制电路

图 2-16 为时间原则控制绕线转子异步电动机转子串电阻起动控制电路。图中 KT1～KT3 为时间继电器,KM1～KM3 为短接起动电阻接触器,KM4 为电源接触器,$R1～R3$ 为起动电阻。

由图 2-16 电路可知,当按下起动按钮 SB2 起动控制电路后,接触器 KM4 通电并自锁,时间继电器 KT1～KT3 则依次先后通电工作,通过其延时闭合的常开触点对接触器 KM1～KM3 的通电吸合进行控制,实现对起动电阻 $R1～R3$ 的逐段切除,完成绕线转子异步电动机的起动。

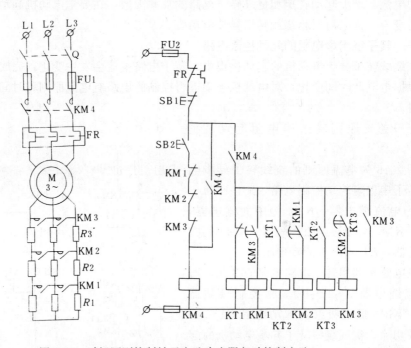

图 2-16 时间原则控制转子电路串电阻起动控制电路

该控制电路还设置了保证电动机正常起动与延长有关电器使用寿命的两项措施。第一,接触器 KM1～KM3 的常闭辅助触点与起动按钮 SB1 相串联,可保证只有在转子电路已经接入全部起动电阻的条件下,方能进行电动机起动。第二,利用接触器 KM3 常闭触点设置对时间继电器 KT1 线圈电路的互锁,确保当 KM3 通电后,使电路中的 KT1、KT2、KT3、KM1 和 KM2 均断电。这样在电动机正常运行时,控制电路中仅 KM3 和 KM4 长期通电工作,不但有利于延长有关电器的使用寿命,而且有利于节能。

二、转子绕组串频敏变阻器起动控制电路

用绕线转子异步电动机用转子绕组串电阻的起动方法，在起动过程中，因为起动电阻是逐段被切除的，所以在电阻切除瞬间会产生起动电流、起动转矩的突然变大，导致一定的机械冲击。为改善电动机的起动性能，获取较理想的机械特性，简化控制电路及提高工作可靠性，绕线转子异步电动机可用转子绕组串频敏变阻器的方法来起动。

（一）频敏变阻器简介

从 60 年代开始，我国开始应用与推广自己设计与制造的频敏变阻器。频敏变阻器实质上是一个铁心损耗非常大的三相电抗器。它由铁心和线圈两个主要部件构成，制成开启式。三相线圈 Y 联结，安装在由几块 E 形钢板或铸铁板叠成的三柱铁心上，并将其串接在绕线转子异步电动机转子电路中。这时频敏变阻器的等效电路及其与电动机的联接电路如图 2-17 所示。图中 R_b 为绕组直流电阻，R 为涡流损耗的等值电阻，L 为等值电感。

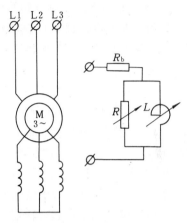

等值电阻 R、等值电感 L 都是因为转子电路流过交变电流而产生的，其大小和电流频率相关，并随频率变化而显著变化。异步电动机在起动过程中，转子电路的频率随转速升高而下降，因而在转速低时电流频率高，电阻 R 和感抗 X_L 值大；在转速高时电流频率低，电阻 R 和感抗 X_L 值小。理论分析和实践证明频敏变阻器的等值电阻与等值感抗的数值均与转差率的平方根成正比。因此频敏变阻器

图 2-17　频敏变阻器等值电路及其与电动机的联接电路

的频率特性非常适合控制绕线转子异步电动机的起动过程，完全可取代定子绕组串电阻起动控制电路中的各段电阻。当绕线转子异步电动机用串频敏变阻器方法起动时，其阻抗随转速升高自动减小，因而可实现平滑无级的起动。所以频敏变阻器是绕线转子异步电动机较理想的起动装置，常用于较大容量的此种类型电动机的起动控制中。

（二）转子串频敏变阻器起动控制电路

图 2-18 为绕线转子异步电动机应用频敏变阻器的起动控制电路。该电路能实现自动和手动控制。图中 KM1 为电源接触器，KM2 为短接频敏变阻器接触器，KA 为中间继电器，KT 为时间继电器，TA 为电流互感器。

当进行电动机起动的自动控制时，将选择开关 SA 扳向自动。合上电源开关 QS 并按下起动按钮 SB2，接触器 KM1 通电吸合，电动机定子电路接

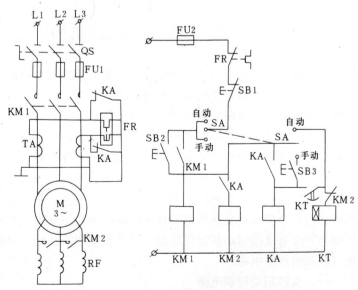

图 2-18　绕线转子异步电动机应用频敏变阻器的起动控制电路

通电源、转子绕组接入频敏变阻器，电动机开始起动，与此同时时间继电器 KT 也通电工作。随电动机转速上升，频敏变阻器阻抗逐渐自动减小，当转速上升到接近额定转速时，KT 延时整定时间到，其延时闭合的常开触点动作，使继电器 KA 通电并自锁，KM2 随之通电吸合，利用其常开主触点动作将频敏变阻器短接，电动机进入正常运行。

当进行电动机起动的手动控制时，将选择开关 SA 扳向手动，合上电源开关 QS，按下起动按钮 SB2，接触器 KM1 通电吸合，此时定子电路接通电源，转了绕组接入频敏变阻器，电动机开始起动。当转速接近额定转速时，可按下手控按钮 SB3，接触器 KM2 和继电器 KA 相继通电工作，KM2 主触点短接频敏变阻器，电动机进入正常运行。当进行手动控制电动机的起动时，时间继电器 KT 不起作用。

电路中设置电流互感器 TA，目的是使用小容量的热继电器实现电路的过载保护。在电动机起动过程中，继电器 KA 是不通电工作的，用其常闭触点将继电器的发热元件 FR 短接，可避免因起动时间过长而使热继电器误动作。

（三）频敏变阻器的调整

频敏变阻器每相绕组备有 4 个接线端头，其中 3 个接线端头与公共接线端头之间分别对应 100％、85％、71％的匝数，出厂时线接在 85％的匝数上。频敏变阻器上、下铁心由两面 4 个拉紧螺栓固定，上、下铁心的气隙大小可调，出厂时该气隙被调为零。在使用过程中如遇到下列情况，可调整频敏变阻器的匝数或气隙。

（1）起动电流、起动转矩、以及电动机完成起动过程的时间的调整，均可通过换接抽头改变匝数的方法来实现。如起动电流过小、起动转矩过小、完成起动的时间过长时，可减小频敏变阻器的线圈匝数。

（2）如果刚起动时，起动转矩过大，有机械冲击现象，而起动完毕后，稳定转速又偏低，这时应将上、下铁心的气隙调大。具体方法是拧开铁心的拉紧螺栓，在上、下铁心之间增加非磁性垫片。气隙的增大虽使起动电流有所增加，起动转矩稍有减少，但是起动完毕后电动机的转矩会增加，而且稳定运行时的转速也会得到相应提高。

第四节　三相异步电动机的电气制动控制电路

三相异步电动机在切除电源后，由于惯性原因，总要经历一段时间的旋转才能停止下来。这种情况往往不能满足某些生产机械的工艺要求。例如，切断电源后要求车床的主轴、内圆磨床的砂轮等生产设备的运动部件准确停位。为了使电动机的控制满足生产机械的工艺要求，减少辅助工时及电动机停车时间，提高设备生产效率和获取准确停机位置，有必要采用一些使电动机在切断电源后能迅速停车的制动措施。停机制动方法一般分为两种类型：机械制动和电气制动。机械制动实际上就是利用电磁铁操纵机械装置迫使电动机在切断电源后迅速停止旋转的方法，如电磁抱闸制动、电磁离合器制动；电气制动实质上是在电动机停止旋转过程中产生一个和实际旋转方向相反的电磁转矩来迫使电动机迅速停止旋转的方法。常用的电气制动方法有反接制动和能耗制动。由于机械制动的电气控制电路比较简单，下面着重介绍电气制动的控制电路。

一、反接制动控制电路

反接制动就是利用改变异步电动机定子电路的电源相序，产生与原来旋转方向相反的旋转磁场及制动电磁转矩，迫使电动机迅速停止旋转的方法。

进行反接制动时，由于反向旋转磁场和电动机转子做惯性旋转的方向相反，因而转子与反向旋转磁场的相对速度接近于两倍同步转速，所以转子电流很大，定子绕组中的电流也很大。其定子绕组中的反接制动电流相当于全电压起动时电流的两倍。因此，反接制动虽有制动快、制动转矩大等优点，但是也有制动电流冲击过大、适用范围小等缺点。此种制动方法仅适用 10kW 以下的小容量电动机。为减小制动冲击和防止电动机过热，应在电动机定子电路中串接一定阻值的反接制动电阻。同时，在采用反接制动方法时，还应在电动机转速接近零时，及时切断反向电源，以避免电动机反向再起动。通常用速度继电器来检测电动机转速变化，并自动控制及时切断电源。

（一）单向反接制动控制电路

图 2-19 为单向旋转反接制动控制电路。图中 KM1 为单向旋转接触器，KM2 为反接制动接触器，KV 为速度继电器，R 为反接制动电阻。

起动时，合上电源开关 Q，按下起动按钮 SB2，接触器 KM1 通电吸合，它的互锁触点断开并对接触器 KM2 线圈电路进行互锁，同时由于 KM1 主触点闭合使电动机接通电源直接起动旋转。当电动机转速上升到 120r/min 以上时，速度继电器 KV 的常开触点闭合，为制动作好准备。停车时，按下停止按钮 SB1，其常闭触点断开，使 KM1 断电释放，电动机定子电路脱离三相电源并依靠惯性继续旋转。由于 SB1 常开触点的闭合和 KM1 互锁触点的复位，使 KM2 通电吸合。因为 KM2 互锁触点断开，所以对 KM1 线圈电路进行互锁；同时因 KM2 主触点闭合，使电动机定子电路串接两相制动电阻并接通反向电源进行反接制动。电动机转速迅速下降，当转速接近 40r/min 时，KV 常开触点将释放复位，KM2 线圈电路被切断，电动机及时脱离电源，以后自然停车。

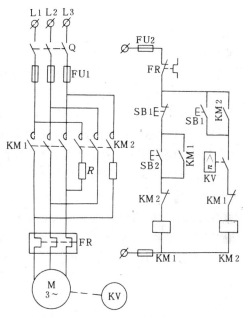

图 2-19 单向旋转反接制动控制电路

该控制电路在进行制动时，仅在两相定子绕组中串接了制动电阻，因而只能限制制动转矩，而对未加制动电阻的那一相，仍具有较大的电流。如果在三相定子绕组中均串接制动电阻，那末可同时对制动电流和制动转矩进行限制。

（二）可逆运行反接制动控制电路

图 2-20 为可逆运行反接制动控制电路。图中 KM1、KM2 为正、反转接触器，KM3 为短接电阻接触器，KA1～KA3 为中间继电器，KV 为速度继电器，其中 KV1 为正转闭合的常开触点，KV2 为反转闭合的常开触点。

起动时，合上电源开关 Q，按下正转起动按钮 SB2，接触器 KM1 通电并自锁，常闭触点 KM1（12-13）断开，互锁接触器 KM2 线圈电路，KM1 主触点闭合使定子绕组经两相电阻 R 接通正向电源，电动机开始降压起动。当转子转速大于 120r/min 时，由于速度继电器正转常开触点 KV1 闭合，使接触器 KM3 经 KV1、KM1（14-15）通电工作，于是电阻 R 被 KM3 主触点短接，电动机在全压下继续起动进入正常运行。

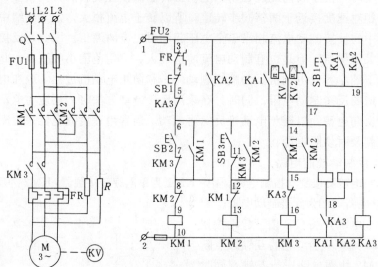

图 2-20　可逆运行反接制动控制电路

制动时，按下停止按钮 SB1，其常闭触点断开使接触器 KM1、KM3 相继断电释放，电动机定子电路串接电阻 R。而 SB1 常开触点闭合使继电器 KA3 通电吸合，常闭触点 KA3（15-16）断开，互锁 KM3 线圈电路。这时因电动机转子惯性转速仍然很高，速度继电器的正转常开触点 KV1 继续闭合，使继电器 KA1 通电吸合，常开触点 KA1（3-19）闭合使 KA3 保持通电状态，以保持对 KM3 线圈电路的互锁，确保在制动过程中电阻 R 始终串入定子电路。同时因常开触点 KA1（3-12）闭合，使 KM2 通电吸合。由于常闭触点 KA3（5-6）断开，接触器 KM2 不能进行电路自锁，其工作状态受常开触点 KA1（3-12）控制。当 KM2 主触点闭合后，电动机定子电路串接电阻 R 后获得反向电源，进行反接制动。当转子转速小于 40r/min 时，速度继电器正转常开触点恢复断开状态，使 KA1、KA3 和 KM2 相继断电释放，反接制动过程结束。

电动机反向起动和停车反接制动过程与上述工作过程相同，故不再复述。

在该反接制动控制电路中，电阻 R 是制动电阻，同时也具有限制起动电流的作用；热继电器 FR 接于图中所示位置，确保热继电器不会受到起动电流或制动电流的影响而误动作。其制动效果可通过调整速度继电器动触点反力弹簧的松紧来解决，当制动时间过长，可将反力弹簧适当调松；当电动机制动停止后又出现短时反转现象时，则可将反力弹簧适当调紧。

二、能耗制动控制电路

所谓能耗制动，就是在正常运行的电动机脱离三相电源之后，给定子绕组及时接通直流电源，以产生静止磁场，利用转子感应电流和静止磁场相互作用所产生的并和转子惯性转动方向相反的电磁转矩对电动机进行制动的方法。

（一）按时间原则控制的单向能耗制动电路

能耗制动根据时间原则，可用时间继电器来控制。图 2-21 为时间原则控制的单向运行能耗制动控制电路。图中 KM1 为运行接触器，KM2 为能耗制动接触器，KT 为时间继电器，T 为整流变压器，VC 为桥式整流器。

当电动机正常运行时，若按下停止按钮SB1，其常闭触点断开，切断接触器KM1线圈电路，电动机脱离三相电源并作惯性旋转。与此同时，因停止按钮SB1常开触点闭合，使时间继电器KT和接触器KM2通电并自锁，KM2主触点闭合，将两相定子绕组接入桥式整流器VC的直流输出端，进行能耗制动。电动机转子转速迅速下降，当其转速接近零时，时间继电器延时时间到，KT延时断开的常闭触点断开，使KM2和KT断电释放，制动过程结束。

在该电路中，KM2自锁触点和KT常开瞬时触点相串接，有两个作用。其一，可保证在时间继电器KT发生线圈断线或机械卡住故障时，不致使KM2线圈和定子绕组长期通电；其二，使电路具有手动控制能耗制动的能力，只要压住停止按钮SB1，电动机就能实现能耗制动。

（二）速度原则控制的可逆运行能耗制动控制电路

能耗制动根据速度原则，可用速度继电器来控制。图2-22为速度原则控制的可逆运行能耗制动控制电路。图中KM1、KM2为正、反转接触器，KM3为制动接触器，KV为速度继电器。

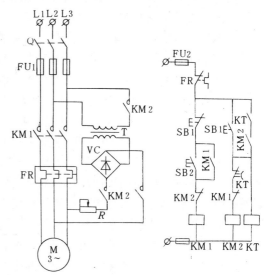

图 2-21　时间原则控制的单向能耗制动电路

在电动机作正向运行时，若需停车，则可按下停止按钮SB1，其常闭触点断开，使接触器KM1断电释放，电动机定子绕组脱离三相电源；同时因SB1常开触点闭合，使接触器KM3线圈经仍处于闭合状态的速度继电器正转闭合的常开触点KV1通电吸合，KM3主触点闭合，使直流电源加至定子绕组，电动机进行正向能耗制动，转子正向转速迅速下降，当降至40r/min时，速度继电器正转闭合的常开触点KV1恢复断开，能耗制动过程结束，以后自然停车。反向起动与反向能耗制动过程和上述正向情况相同。

在该电路中，利用接触器KM1、KM2和KM3的常闭触点，为电动机起动和制动设置了互锁控制，避免在制动过程中由于误操作而造成电动机失控。

（三）单管能耗制动控制电路

上述能耗制动控制电路所需要的直流电源，由带变压器的桥式整流电路提供，为精减能耗制动控制电路的附加设备，对于制动要求不太高、功率在10kW以下的电动机，可采用图2-23所示的无变压器单管能耗制动控制电

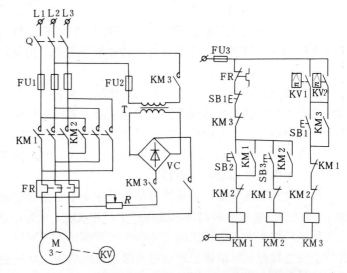

图 2-22　速度原则控制的可逆运行能耗制动控制电路

路。图中 KM1 为运行接触器，KM2 为制动接触器，KT 为时间继电器，VD 为整流二极管，R 为限流电阻。

当电动机正常运行时，若按下停止按钮 SB1，则接触器 KM1 断电释放，接触器 KM2 和时间继电器 KT 通电工作。这时电动机定子绕组脱离三相电源后，随即又经 KM2 主触点接入无变压器的单管半波整流电路。该整流电路的整流电源电压为 220V，两相交流电源经 KM2 主触点接至电动机两相定子绕组，并由另一相绕组经 KM2 主触点、整流二极管 VD 和限流电阻 R 接到零线，构成整流回路。由于定子绕组上有直流电流通过，所以电动机进行能耗制动，当其转速接近零时，KT 延时整定时间到，KM2 和 KT 先后断电释放，制动过程结束。

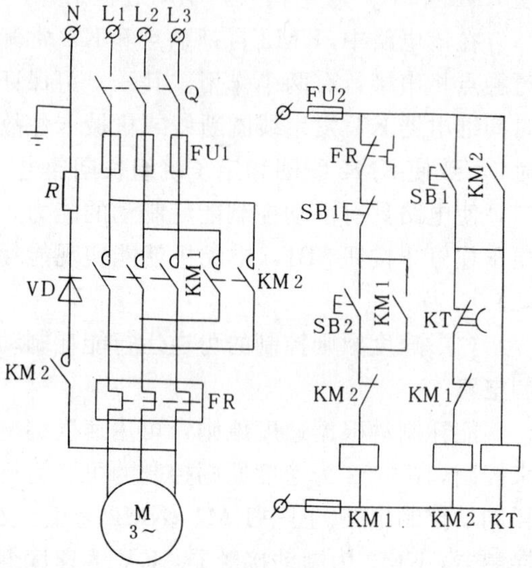

图 2-23 所示电路是根据时间原则用时间继电器来进行能耗制动的自动控制电路，该控制电路也可根据速度原则用速度继电器来进行能耗制动。能耗制动的两种控制原则，可根据被控生产机械的具体情况来选择。对于负载转速比较稳定的生产机械，常采用时间原则控制的能耗制动；对于负载转速需经常变动的生产机械，则采用速度原则控制的能耗制动。

图 2-23　无变压器单管能耗制动控制电路

能耗制动和反接制动两种电气制动方法相比较，能耗制动有比反接制动准确、平稳、能量消耗小、制动电流小等优点。但是，能耗制动力量较弱，其制动效果不及反接制动明显，还需要附加直流电源装置，因此，能耗制动适用于电动机容量较大，要求制动平稳、准确和起动、制动频繁的场合。

第五节　直流电动机的控制电路

直流电动机具有起动转矩大，转速稳定，制动性能好，调速精度高、范围广，以及容易实现无级调速和对其运行状态进行自动控制等优点。因此，直流电动机在直流电力拖动系统中的应用极为广泛。

直流电动机按不同励磁方式可分为他励、并励、串励和复励四种。生产机械可根据对直流电力拖动系统的要求选择不同类型的直流电动机。同时，为满足不同生产机械的各种动作要求，必须对拖动它们的直流电动机的运行状态进行控制。四种直流电动机的控制电路基本相同，本节仅讨论他励直流电动机的起动、反向、制动和调速控制电路。

一、单向旋转起动控制电路

根据电机原理可知，当直流电动机采用全压直接起动时，其起动冲击电流可达额定电流的 10～20 倍。这样大的起动电流将产生严重火花，导致电动机换向器和电枢损坏，所产生很大的转矩和加速度也会对机械部件产生强烈的冲击。所以，除小容量直流电动机外，一般不允许全压直接起动。通常把起动电流限制为电枢额定电流的 1.5～2.5 倍，为限制起动电流，常用降低电枢电压和在电枢回路串接起动电阻的方法来进行直流电动机的起动。

图 2-24 为直流电动机电枢串二级电阻按时间原则起动的控制电路。图中 KM1 为起动接触器，KM2、KM3 为短接起动电阻接触器，KT1、KT2 为断电延时型时间继电器，KOC 为过电流继电器，KUC 为欠电流继电器，R1、R2 为起动电阻，R3 为放电电阻。

当需要对直流电动机进行起动控制时，先合上电源开关 Q1 和控制开关 Q2，使电动机励磁绕组通电励磁和时间继电器 KT1 通电工作。由于延时闭合的常闭触点 KT1 断开，切断接触器 KM2 和 KM3 电路，保证电动机起动时电枢电路串接二级起动电阻 R1 和 R2。然后按下起动按钮 SB2，接触器 KM1 通电并自锁。由于常闭触点 KM1 断开，切断 KT1 线圈电路，KT1 延时开始，为控制 KM2、KM3 短接电阻 R1 和 R2 作准备。同时，由于 KM1 主触点闭合，接通电动机电枢电路，电枢串入二级电阻起动，并接在电阻 R1 两端的 KT2 线圈也因此通电工作。由于延时闭合的常闭触点 KT2 断开，使 KM3 线圈不能通电，以保证

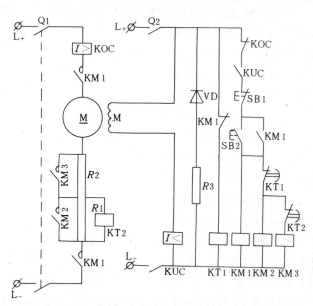

图 2-24 直流电动机串二级电阻按时间原则起动的控制电路

电动机起动时电阻 R2 串入电枢电路。KT1 延时整定时间一到，延时闭合的常闭触点 KT1 闭合，使 KM2 通电吸合。由于 KM2 常开主触点闭合，将电阻 R1 和 KT2 线圈短接，首先在电枢电路中切除电阻 R1，同时使 KT2 延时开始。KT2 延时整定时间到，延时闭合的常闭触点 KT2 闭合，使 KM3 通电吸合并将电阻 R2 短接，在电枢电路中又将电阻 R2 切除。在起动过程中，随着转速的升高，电枢电流减小，串接在电枢电路中的起动电阻逐级被切除，电动机进入全电压下正常运行，起动过程结束。

图 2-24 电路实现了先给励磁绕组加电压而后给电枢绕组加电压，其目的是保证起动时产生足够的反电动势以减小起动电流，保证有足够的起动转矩加速起动过程，避免空载飞车。在图 2-24 电路中，还设置过电流继电器 KOC 以实现过载和短路保护；设置欠电流继电器 KUC 以实现弱磁场保护；设置由二极管 VD 和电阻 R3 串接构成的励磁绕组放电吸收回路，以避免在电动机停机时所产生的过大自感电动势导致励磁绕组绝缘击穿和其它元件的损坏。

二、可逆旋转起动控制电路

直流电动机的旋转方向是由电枢电流和励磁电流的磁场相互作用来确定的。因此，改变电枢电流或励磁电流的方向，均可改变直流电动机的旋转方向。由于励磁绕组的电感大，当流过其电流的方向发生改变时，会产生过大自感电动势，损坏电动机及有关元件，同时因励磁绕组电感大而电磁惯性大，使换向过程缓慢，并且在变换过程中会出现零磁场点，电动机容易出现飞车现象，所以在一般情况下，尤其是频繁正反向旋转的直流电动机，多采用改变电枢电流方向即改变电枢电压极性的方法来改变电动机的旋转方向。如采用改变励磁电流方向即改变励磁电压极性来改变电动机的旋转方向时，应采取相应措施，保证电动机在停车后方可进行反向起动。

（一）改变电枢电压极性的可逆旋转起动控制电路

图 2-25 为改变电枢电压极性的直流电动机的可逆旋转起动控制电路。图中 KM1、KM2 为正、反转接触器，KM3、KM4 为短接起动电阻接触器，KT1、KT2 为时间继电器，KOC 为过电流继电器，KUC 为欠电流继电器，SQ1 和 SQ2 为位置开关。

当电动机处于全电压下的正常运行状态时，接触器 KM1、KM3、KM4 通电吸合，电枢电流从左向右流过电枢绕组，电阻 $R1$、$R2$ 分别被接触器 KM3、KM4 主触点短接。若电动机拖动运动部件正向运行，当撞块压下位置开关 SQ2，就使 KM1 断电释放，而 KM2 通电吸合。电枢电路由 KM2 主触点接通，电枢电流方向改变为从右向左流过电枢绕组。同时在 KM1 常闭触点复位以及 KM2 常闭触点尚未动作时，时间继电器 KT1 通电，延时闭合的

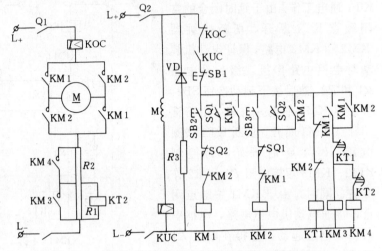

图 2-25　改变电枢电压极性的可逆旋转起动控制电路

常闭触点 KT1 断开，使 KM3、KM4 断电，保证电阻 $R1$ 和 $R2$ 串入电枢电路，此时电动机开始进行电枢绕组串电阻的反向起动。当 KT1 和 KT2 延时整定时间到后，KM3、KM4 先后通电吸合并控制其触点先后将电阻 $R1$、$R2$ 短接，至此电动机进入全电压下反向运行。

（二）改变励磁电压极性的可逆旋转起动控制电路

图 2-26 为改变励磁电压极性的直流电动机的可逆旋转起动控制电路，它是 MM52125A 型导轨磨床的部分简化了的电路。图中 KM17 为电源接触器，KM18、KM19 为正、反转接触器，KT 为时间继电器，KOC 为过电流继电器，KUC 为欠电流继电器。现将该电路的工作过程简要分析如下：

1. 正转　设电动机进行正向旋转，此时接触器 KM17、KM18 通电吸合，而时间继电器 KT 断电释放。KM17 线圈和自锁触点 KM17（2-3）构成自锁电路，KM17 主触点闭合接通电动机电枢供电电路。KM18 线圈和自锁触点 KM18（7-9）以及处于闭合状态的延时断开的常闭触点 KT（1-9）组成自锁电路，KM18 主触点闭合接通励磁绕组供电电路，这时电动机的励磁电流由 $F1$ 流向 $F2$。

2. 停车　由图 2-26 所示电路知道，当 KM18 通电工作时，因互锁触点 KM18（10-11）处于断开状态，接触器 KM19 不可能通电工作，因此按下反向起动按钮 SB3 后，对电动机的运行状态没有任何影响。故需改变电动机旋转方向时，必须先停车之后才能进行反向起动。若按下停止按钮 SB1，KM17 断电释放，切断电枢供电电路，同时因常闭辅助触点 KM（1-12）恢复闭合，使 KT 通电并开始进行延时。延时闭合的常开触点 KT（1-6）和延时断开的常闭触点 KT（1-9）均需延时结束后方可动作。因此在时间继电器延时整定时间内，接触器 KM17 不可能通电吸合，而 KM18 却能够维持通电吸合状态，从而保证在停车控制中，先切断电枢供电电路后方切断励磁供电电路。

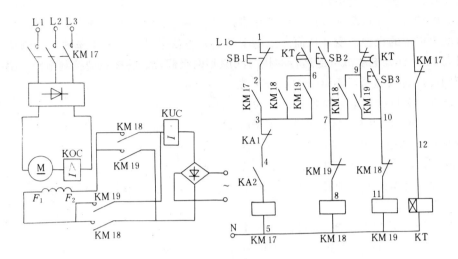

图 2-26　改变励磁电压极性的可逆运行起动控制电路

3. 反转　当 KT 延时结束后，其延时断开的常闭触点 KT（1-9）断开，使 KM18 断电释放，切断励磁供电电路，并使励磁电路进入再次起动的准备状态；而延时闭合的常开触点 KT（1-6）闭合后，也使 KM17 进入再次起动的准备状态。若此时按下反向起动按钮 SB3，其常开触点闭合使 KM19 通电吸合，互锁触点 KM19（7-8）断开互锁 KM18 线圈电路，而 KM19 的主触点闭合则接通励磁供电电路，电动机的励磁电流由 F2 流向 F1。与此同时由于常开触点 KM19（3-6）闭合，使接触器 KM17 通电并自锁，KM17 主触点闭合接通电枢供电电路。这样保证在起动控制中，先接通励磁供电电路而后接通电枢供电电路。当常闭触点 KM17（1-12）断开并切断 KT 电路后，延时断开的常闭触点 KT（1-9）恢复闭合，接通 KM19 自锁电路，以保持接触器 KM19 通电吸合的工作状态，从而实现对电动机的反向起动运行控制。

三、制动控制电路

直流电动机的制动方法和交流电动机类似，常采用的电气制动方法有能耗制动和反接制动两种。

（一）能耗制动控制电路

直流电动机的能耗制动方法，即是维持电动机的励磁不变，把正在接通电源具有较高转速的电动机电枢绕组从电源上断开，使电动机变为发电机，并与外加电阻连接而成为闭合电路，利用此电路中产生的电流及制动转矩使电动机快速停车的方法。因为在制动过程中，是将拖动系统的动能转化为电能并以热形式消耗在电枢电路的电阻上的，所以此种方法又叫做能耗制动。

图 2-27 为单向旋转能耗制动控制电路，它是在图 2-24 所示电枢串二级电阻起动控制电路的基础上，增加制动控制电路而得到的。图中 KM4 为制动接触器，KV 为电压继电器。

当电动机正常运行时，KM1、KM2、KM3 和 KV 均通电吸合，KV 常开触点闭合，为在电动机制动过程中接通 KM4 作准备。若按下停止按钮 SB1，使 KM1 断电释放，切断电枢电源，由于电枢惯性旋转转速仍较高，此时的电动机已变为发电机，输出电压使 KV 经自锁触点保持通电状态。由于 KM1 断电后常闭触点的复位，使 KM4 通电吸合，其常开触点闭合使电阻 $R4$ 接入电枢电路，电动机实现能耗制动。电动机转速迅速下降，当转速降到一定值时，电枢输出电压不足以使 KV 继续通电吸合，则 KV 和 KM4 相继断电释放，电动机能耗制动结束。

（二）反接制动控制电路

直流电动机的反接制动方法，即是在维持励磁不变的情况下，将正常运行的电动机电枢绕组的供电电源的极性改变，从而产生制动转矩，迫使电动机迅速停车的一种制动方法。

图 2-28 为直流电动机可逆运行的按时间原则两级起动、反接制动控制电路。图中 KM1、KM2 为正、反转接触器，KM3、KM4 为起动接触器，KM5 为反接制动接触器，KOC 为过电流继电器，KUC 为欠电流继电器，KV1、KV2 为反接制动电压继电器，KT1、KT2 为时间继电器，$R1$ 和 $R2$ 为起动电阻，$R3$ 为放电电阻，$R4$ 为制动电阻，SQ1、SQ2 为改变转向的位置开关。

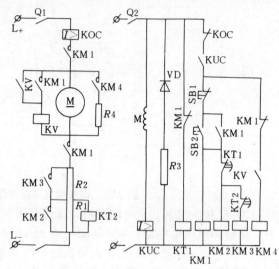

图 2-27　单向旋转能耗制动控制电路

由图 2-28 所示电路可知，该控制电路能对电动机进行正—停—反和正—反—停两种可逆旋转的操作顺序控制。下面以操作换向起动按钮直接实现电动机正转变为反转为例，说明在电动机旋转方向改变过程中，电动机反接制动及快速换向起动运行的工作过程。

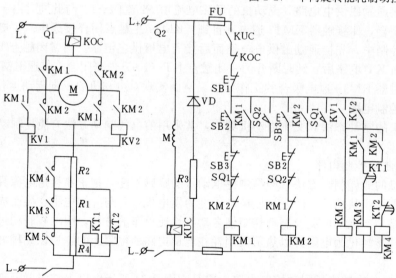

图 2-28　电动机可逆旋转反接制动控制电路

当电动机正向运行时，接触器 KM1、KM3、KM4、KM5 和继电器 KV1 均通电吸合。若要改变电动机的旋转方向，可按下反向起动按钮 SB3，则上述电器先后断电，而接触器 KM2 通电吸合。其主触点闭合使电枢绕组接上反向电源，为反接制动提供必要条件。同时 KM2 常开触点闭合，使 KV2 线圈接通电路。反接时的电枢电路见图 2-29。

当电动机进行正常旋转时，其反电动势方向和电枢电流方向相反。但是在进行反接制动时，由于电枢电流已经随供电电源极性的改变而改变方向，而电动机却仍依靠惯性继续按原方向旋转，其转速没有明显变化，因而在励磁不变的情况下，反电动势仍是维持制动前的大小和方向不变，也就是说在反接制动时，其反电动势的方向和此时的电枢电流的方向一致。所以当反电动势较大时，在 KV2 线圈两端的电压其值较小不能使 KA4 触点动作，使 KM3、KM4 和 KM5 继续处于断电状态，电动机电枢绕组串入全部电阻进行反接制动。随着电动机转速降低及反电动势的减小，KV2 线圈两端的电压逐渐上升。当电动机转速接近零时，反电动势也近似为零，加到 KV2 线圈两端的电压将使它吸合并转入正常工作状态，由于 KV2 常开触点闭合，使 KM5 通电触点动作并短接制动电阻 R_4，这时电动机反接制动结束并转

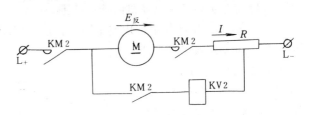

图 2-29 反接时电枢电路

入电枢绕组串两级起动电阻的降压反向起动阶段。分别利用断电延时型时间继电器 KT1、KT2 对 KM3、KM4 线圈通电、触点动作及起动电阻 R1 和 R2 的短接进行控制，即可实现逐级切除起动电阻 R1 和 R2，使电动机进入反向正常运行状态。

四、直流电动机调速控制电路

对于直流电动机的调速，根据直流电动机的转速公式

$$n= (U-I_sR) /C_e\Phi \tag{2-2}$$

式中　U——电枢两端电压；

I_s——电枢电流；

R——电枢电路总电阻；

C_e——电机常数；

Φ——磁极磁通。

可以看出直流电动机的调速主要有三种方法，即改变电枢电路电阻、改变励磁电流以改变磁通和改变电枢电压的调速方法。

1. 改变电枢电路电阻的调速方法　即是在电枢绕组电路中串接调速电阻，当调节该电阻的阻值大小时，也就改变了电枢电路总电阻，实现电动机在额定转速以下调速的方法。应用这种方法对电动机调速时，其转速随负载变化很大，稳定性较差，机械特性较软，能量损失较大。但由于其调速控制电路较为简单，因而该种调速方法常用于对上述要求不高的小功率电动机拖动系统中。

2. 改变励磁电流以改变磁通的调速方法　即是在励磁绕组电路中串接调速电阻，通过改变该电阻的阻值大小，达到改变励磁电流大小即改变磁通大小，以实现在额定转速以上调速的方法。因为电动机的额定励磁接近磁化曲线饱和点，所以只能依靠减弱励磁来提高电动机转速。这种调速方法以额定转速为下限，以电动机所允许的最高转速为上限。由于改变励磁电流的调速方法是在励磁绕组电路中进行的，而励磁电流较小，因此控制极为方便。但是由于励磁绕组匝数较多，电磁惯性较大，使调速过渡时间稍长。

对于串励直流电动机，可在励磁绕组上并联调速电阻，通过调节该电阻的阻值大小，可改变励磁电流大小，以达到对电动机调速的目的。

3. 改变电枢电压的调速方法　即是通过对电枢电压大小的调节，实现电动机调速的方法。由于调节电压只能低于额定电压，所以电动机转速只能向低于额定转速方向调节。这种

调速方法的调速范围大、平滑性好、稳定性好、能量损耗小，是目前直流电动机应用较多的调速方式。

此外，为使直流电动机的调速范围更广，其容量能得到充分发挥，可用对电动机的电枢电压和励磁电流都进行调节的方法来实现。例如，直流发电机—直流电动机调速系统中就是应用这样的方法来提高电动机的调速范围。

图 2-30 为应用改变电枢电路电阻的方法来实现直流电动机起动、调速的控制电路。起动电阻分为两段，利用主令开关 SA 来实现电动机起动、调速及停车的控制。图中 KM1 为电源接触器，KM2、KM3 为短接起动电阻接触器，KOC 为过电流继电器，KUC 为欠电流继电器，KA 为中间继电器，KT1、KT2 为时间继电器，SA 为主令开关，R1 和 R2 为调速兼起动电阻，现将电路起动、调速工作过程简要分析如下：

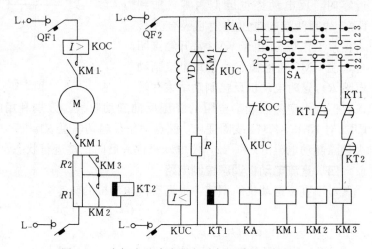

图 2-30　电枢电路串电阻起动与调速控制电路

起动：将 SA 置"0"位时，其触点 SA(1-2)闭合，若此时将电源开关 QF1 和 QF2 合上，则励磁绕组接通电源，KUC 通电吸合，其常开触点闭合使 KA 通电吸合并自锁。同时，KT1 也通电，KT1 延时闭合的常闭触点断开并切断 KM2、KM3 电路，保证起动时 R1、R2 串入电枢电路。若起动，则将 SA 手柄由"0"位扳到"3"位，这时触点 SA（1-2）断开，其余三路触点闭合，使 KM1 通电吸合，其主触点闭合接通电枢电路，电动机在其电枢串接两级电阻 R1 和 R2 后降压起动。利用 KT1 对 KM2 的控制及短接 R1、KT2 和利用 KT2 对 KM3 的控制及短接 R2，可实现对两级起动电阻的逐级切除，使电动机起动过程结束并随即进入全电压下正常运行。

调速：若将 SA 手柄由"3"位扳到"2"位，此时 KM2 通电并短接 R1，由于控制 KM3 线圈电路的 SA 触点处于断开状态，因而 KM3 不会通电，所以电动机在电枢串电阻 R2 情况下运行，其转速低于 SA 手柄在"3"位时的转速；若将 SA 手柄扳到"1"位，此时控制 KM2、KM3 线圈电路的 SA 触点均处于断开状态，所以 KM2、KM3 不会通电吸合，电动机在电枢串两级电阻情况下运行，其转速低于 SA 手柄在"2"位时的转速。可见该控制电路能通过主令开关 SA 手柄位置的转换，对电动机进行调速控制。在调速过程中，KT1 和 KT2 的延时作用可保证电动机有一定的加速时间，避免因转速突变而产生的机械冲击。

五、直流电动机使用注意事项

（一）必须先加励磁电压，后加电枢电压

对于他励、并励直流电动机而言，必须先给励磁绕组加上励磁电压后，方可给电枢绕组加上电枢电压。否则，在起动过程中就没有足够的反电动势，使电动机起动电流过大，从而导致电动机、电器的损坏以及出现空载飞车等事故。

（二）直流电动机应进行减压起动

直流电动机起动时，如将电枢额定电压直接加到电枢绕组上，则电枢电路的瞬间电流可达到电枢额定电流的 10～20 倍，致使电动机以及相关电器损坏。因此，直流电动机除小容量外，一般均应实行减压起动，并根据转速上升情况，逐渐升高电枢电压直至额定值。

（三）不允许在直流电动机运行时切断励磁电路

直流电动机在运行中，若出现励磁绕组断电的情况，将导致电动机转速过高和电枢电流过大，造成电动机及电器的损坏，若负载很轻则会出现空载飞车事故。为减少励磁电路断电故障，一般在直流电动机的励磁回路中，不能安装熔断器。

第六节　其它典型环节的控制电路

一、三相笼型异步电动机的调速控制电路

根据三相笼型异步电动机的转速公式

$$n_2 = 60 f_1 (1-s) / p \tag{2-3}$$

式中　s——转差率；

f_1——电源频率；

p——定子绕组的磁极对数。

可以看出，改变 s 或 f_1 或 p 均可改变笼型异步电动机的转速。而对于绕线转子异步电动机的调速，则可通过改变转子回路的电阻来实现。下面仅对改变笼型异步电动机磁极对数调速和电磁调速异步电动机的控制电路以及变频调速的方法作一简要介绍。

（一）双速异步电动机的调速控制电路

根据笼型异步电动机的工作原理，我们知道改变其定子绕组的联结，可得到不同的磁极对数。笼型双速异步电动机也就是用这样的方法来得到两种不同的定子绕组磁极对数，从而使电动机具有两种不同的运行转速。

图 2-31 为 4/2 极的双速异步电动机定子绕组接线示意图。图 2-31a 是将三相定子绕组接成三角形联结，此时三相定子绕组分成的两部分线圈①和②相串联，其接线端 U1、V1、W1 接三相交流电源，电流方向如图中虚线箭头所示，电动机以四极运行为低速；图 2-31b 是将三相定子绕组接成双星形联结，此时线圈①和②相并联，接线端 U1、V1、W1 短接，而接线端

U2、V2、W2 接三相交流电源，电流方向如图中实线箭头所示，电动机以二极运行为高速。

图 2-32 为双速电动机控制电路。图中 KM1 为低速接触器，KM2 为高速接触器，KA 为中间继电器，KT 为时间继电器，SB2、SB3 为低、高速起动按钮。

在图 2-32a 所示电路中，如需要电动机低速运行，则按下 SB2，KM1 通电并自锁，其常闭触点断开互锁 KM2 线圈电路。同时因 KM1 主触点闭合使电

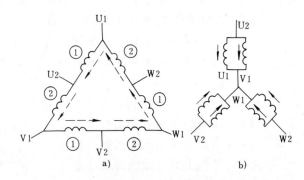

图 2-31　2/4 极双速电动机三相定子绕组接线示意图

a）三角形联结　b）双星形联结

动机三相定子绕组接成三角形联结，接线端 U1、V1、W1 接通三相交流电源，电动机起动后即低速运行；如需要电动机高速运行，则按下 SB3，使 KM2 通电并自锁，其常闭触点断开互锁 KM1 线圈电路，KM2 两对常开触点闭合短接接线端 U1、V1、W1，使三相定子绕组接成双星形联结，而 KM2 三对主触点闭合使接线端 U2、V2、W2 接入三相交流电源，电动机起动后即高速运行。

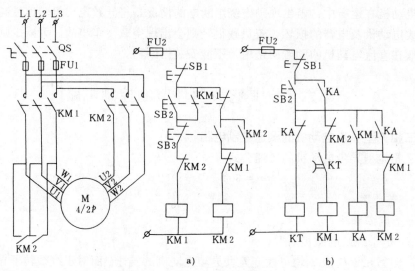

图 2-32　双速电动机的控制电路

a）双速运行的控制电路　b）低速起动、高速运行的控制电路

电动机高速运行时，其定子绕组为双星形联结，利用 KM2 两对常开辅助触点来联接其双星形绕组的中性点，由于电动机三相绕组阻抗对称，因而星点电流较小，所以该触点的容量是允许的。

图 2-32b 所示电路能通过时间继电器 KT 的控制作用，实现对电动机三角形起动与双星形运行的自动转换。读者可自行分析其电路的工作过程。

（二）电磁调速异步电动机的控制电路

电磁调速异步电动机由普通笼型异步电动机和电磁转差离合器组成。电磁转差离合器主要由电枢和磁极、励磁线圈两个旋转部分组成。前者是电磁离合器的主动部分，而后者为从动部分，它们之间无直接机械联系，只有在电动机工作时才有电磁联系。

图 2-33 为电磁转差离合器的结构示意图。主动部分是由铸钢材料做成的圆筒形结构，可看成无数根鼠笼条的并联。它和异步电动机的转轴直接相连接。而从动部分做成爪极结构，安装在另一根转轴上，该转轴和被拖动的工作机械相连接。当交流异步电动机通电旋转，并且爪形结构上的励磁线圈通过直流电产生励磁时，电枢与爪极之间就会产生电磁联系。此时，由于电枢相对于

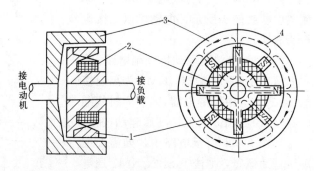

图 2-33　电磁转差离合器结构示意图

1—磁极　2—励磁线圈　3—电枢　4—磁通

爪形结构上形成的多对磁极作切割运动，就会在鼠笼导条上产生感应电动势和感应电流。由于感应电流和爪极磁场的相互作用，将产生电磁转矩，使从动部分的磁极和励磁线圈跟随主动部分的电枢一起旋转，而且前者转速低于后者。

图 2-34 为一台 5.5kW 电磁调速异步电动机的机械特性曲线。由图中可以看出，对于一定负载转矩，当爪极上的线圈励磁电流不同时，就有不同的输出转速。励磁电流愈大，输出转速愈高；励磁电流愈小，输出转速愈低。因此只要改变转差离合器的励磁电流，就可调节电磁调速异步电动机的输出转速。由特性曲线还可看出，电磁调速异步电动机的机械特性较软，在一定励磁电流条件下，转速受负载转矩变化的影响较大。为获得平滑稳定的调速特性，可以通过速度负反馈的闭环调节来实现。

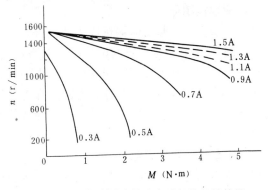

图 2-34　电磁调速异步电动机的机械特性

由于电磁调速异步电动机具有设备简单、调速范围广、速度调节平滑、起动转矩大、控制功率小等优点，因此已得到广泛的应用和推广。图 2-35 为应用电磁调速异步电动机来对负载转速进行调节的控制电路。图中 VC 为晶闸管调压控制器，DC 为电磁转差离合器，KM 为电源接触器，TG 为测速发电机，现将该电路的工作原理简要分析如下：

合上电源开关 Q，按下起动按钮 SB2，KM 通电并自锁，其主触点闭合使笼型异步电动机的定子电路和 VC 的交流输入端接通电源，则电动机起动运行，而 VC 的直流输出端输出直流电流并流过 DC 的励磁绕组，此时 DC 的从动部分带动负载跟随电枢和笼型异步电动机作同方向旋转。若

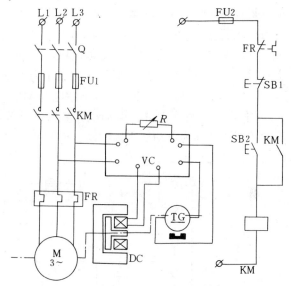

图 2-35　电磁调速异步电动机控制电路

调节电阻 R 的大小，DC 的励磁电流会发生变化，从动部分的转速也会发生相应变化，从而实现对负载转速的调节。同时，电路通过速度反馈环节即测速发电机 TG 的速度负反馈作用，使电磁调速异步电动机速度调节平滑、转速稳定。停车时，只要按下停止按钮 SB1 即可。

（三）三相异步电动机变频调速简介

根据异步电动机的转速公式（2-3），当转差率 s 变化不大时，转子转速 n_2 基本上正比于电源频率 f_1。可见改变电源频率时，电动机的转子转速也将改变。

异步电动机采用变频方法调速时，调速范围较大，稳定性好，还可实现平滑无级调速，所以是一种很理想的调速方法。但是采用这种调速方法时，需要特殊的变频电源，如变频发电机或其它的变频装置。这些变频电源相当复杂，因而使这种调速方法的推广应用一度受到限

制，仅在少数有特殊需要的电力拖动系统中采用。随着半导体变流技术和可控技术的不断发展，可控硅的推广应用为大功率变频装置的研制开辟了新的途径。可以预见，具有优良性能、简单可靠、价格便宜的变频调速装置将不断出现，变频调速的应用会越来越广泛，从而可以从根本上解决笼型异步电动机的调速问题。

二、两地控制环节

对于大型机床、起动运输机等生产设备，为了操作方便，常需要在多个地点对电动机进行控制。图 2-36 就是电动机的两地控制电路，多地控制原理和两地控制原理相同。

从图中看到，把起动按钮 SB3 和 SB4 相并接，把停止按钮 SB1 和 SB2 相串接，并在需要对同一台电动机进行控制的两处地点分别安装相应的起动、停止操作按钮，就可以实现电动机的两地控制。

三、电动机联锁控制电路

在装有多台电动机的生产设备上，由于各台电动机的功用不同，有时必须按一定顺序起动或按一定顺序停车，方能保证设备工作安全。例如，铣床开始工作时，要求主轴电动机先起动，进给电动机后起动；车床在开始工作时，则要求液压泵电动机先起动，主轴电动机后起动。又如两台电动机拖动的货物传送机，要求开机顺序为电动机 M1 先起动，而电动机 M2 后起动；停机顺序则为 M2 先停车，而M1 后停车。这种实现多台电动机按顺序起动或按顺序停车的控制方式称为电动机联锁控制。两台笼型异步电动机的联锁控制电路如图 2-37 所示。

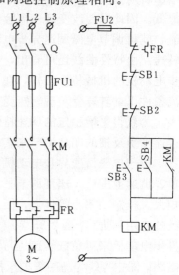

图 2-36 两地控制电动机
起动和停止电路

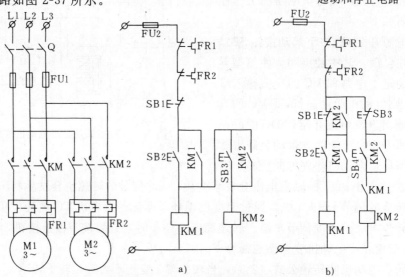

图 2-37 两台笼型异步电动机的联锁控制电路
a）顺序起动，同时停车 b）顺序起动，顺序停车

在图 2-37a 电路中，当按下起动按钮 SB2，则接触器 KM1 通电吸合，电动机 M1 起动运行。同时由于 KM1 自锁触点闭合，为接触器 KM2 线圈通电作好准备，若按下起动按钮 SB3，

则 KM2 通电吸合，电动机 M2 起动运行。当按下停止按钮 SB1，则 M1、M2 同时断电停车。这就实现了两台电动机按顺序起动、同时停车的联锁控制。

在图 2-37b 电路中，由于 KM1 常开触点和 KM2 线圈相串接，所以起动时必须先按下起动按钮 SB2，使 KM1 通电吸合，M1 先起动运行后，再按下起动按钮 SB4，才能使 KM2 通电吸合，M2 方可起动运行；同时由于 KM2 的常开触点与停止按钮 SB1 并接，所以停车时必须先使 KM2 断电释放，即先把 M2 停下来以后，再按下 SB1，才能使 KM1 断电释放和 M1 停车，从而实现两台电动机按顺序起动与顺序停车的联锁控制。

四、电气控制电路的联锁环节和电动机的保护环节

为了保证电力拖动系统满足生产机械加工工艺要求以及长期、安全、可靠、无故障地运行，因此必须为电气控制电路设置必要的联锁和保护环节，利用它来保护人身、电网、电动机和电气控制设备的安全。

（一）联锁环节

在电力拖动系统中，根据需要可在控制电路中设置相应的电气联锁与机械联锁。常用的联锁方式有：利用接触器（继电器）常闭触点构成的电气互锁环节；利用复合按钮的常闭、常开触点构成的机械互锁环节；实现电动机动作顺序的联锁环节；电气元件与机械操作手柄的联锁环节等。利用联锁环节保证生产机械加工工艺的实现和电路安全可靠地工作。一旦出现电气故障时，应迅速切断电源，防止故障扩大。

（二）电动机的保护环节

电动机常用的保护环节有短路保护、过电流保护、过载保护、零电压与欠电压保护、弱磁场保护与超速保护等。

1. 短路保护　当电动机、电器绝缘击穿或电气控制电路发生故障时，很大的短路电流和电动力可能使电器设备和机械设备损坏，此时应通过短路保护装置迅速、可靠地切除电源来进行保护。常用的短路保护装置有熔断器和断路器。

2. 过电流保护　过电流主要是由于不正确的起动方法、过大的负载、频繁起动与正反转运行和反接制动等引起的，它远比短路电流小，但也可能是额定电流的好几倍。在电动机运行中产生的过电流比发生短路的可能性更大，会造成电动机和机械传动系统的机械性损坏，这就要求在过电流情况下，其保护装置能可靠、准确、有选择性与适时地切除电源。常用的过电流保护装置是过电流继电器。过电流继电器广泛应用于直流电动机或绕线转子异步电动机的控制电路中，此时过电流继电器还可以起到短路保护的作用，其整定值一般为电动机起动电流的 1.2 倍。对于笼型异步电动机，由于其短路时过电流不会产生严重后果，故可不设置过电流保护。

3. 过载保护　电动机长期过载运行，其绕组温升将超过规定的允许值，会加速绕组绝缘老化而缩短使用寿命，严重过载还会使电动机很快损坏。因此必须为电动机设置长期运行过载保护装置，常用的过载保护装置是热继电器。

由于热继电器存在热惯性，所以在使用热继电器为电动机作过载保护的同时，还应设置短路保护，并且作短路保护的熔断器熔体的额定电流不应超过 4 倍热继电器发热元件的额定电流。

4. 零电压和欠电压保护　当电动机正常运行时，如果电源电压因某种原因突然消失，那末电动机将停转；然而当电源电压恢复后，电动机有可能自行起动。这种自行起动有可能造

成人身或设备事故。而对供电系统的电网，由于多台电动机同时自行起动，会引起供电线路不允许的过电流和电压降。因此，当供电电压消失时，必须立即切断电源，实现零电压保护。

电动机正常运行时，由于外部原因使电源电压过分降低时，电动机的转速将下降，甚至停转。此时电动机将出现很大电流，使其绕组过热而烧坏；在负载转矩不变情况下，也会造成电动机电流增大，引起电动机发热，严重时也会烧坏电动机；此外，电源电压过低还会引起一些控制电器释放，造成误动作而发生故障。因此，当电源电压降到一定值时，应通过保护装置自动切断电源而使电动机停车，这就是欠电压保护。

常用的零电压与欠电压保证装置有按钮与接触器、欠电压继电器等。

5. 弱磁场保护　直流电动机在起动时，需要磁场具有一定强度才能够起动，如发生弱磁场，将会出现很大的起动电流。而直流电动机在运行时，若磁场减弱，则电枢转速会迅速上升。因此，当磁场减弱到一定强度时，应通过保护装置及时切断电源，使电动机停转，这就是弱磁场保护。常用的弱磁场保护装置是欠电流继电器。

6. 超速保护　当电源电压过高或弱磁场时，会引起电动机转速升高，若超过允许规定的速度时，将造成电动机及所带动的生产机械设备损坏和不安全。为此，必须设置超速保护装置来控制转速或及时切断电源。常用的超速保护装置有过电压继电器、离心开关和测速发电机等。

在电力拖动系统中，根据电动机不同的工作情况，可对各台电动机设置相应的一种或几种保护措施，以提高电动机运行的安全性和可靠性。

习　题

2-1　三相笼型异步电动机在什么情况下可以全压起动？在什么条件下必须降压起动？为什么？

2-2　电气原理图中 QS、FU、KA、KT、SB、SQ 分别是什么电器元件的文字符号？

2-3　什么是自锁，互锁控制？什么是过载、零电压和欠电压的保护？画出具有双重互锁和过载保护的三相笼型异步电动机正反转控制电路图，并分析电路是怎样进行自锁、互锁控制和实现过载、零电压和欠电压保护作用的？

2-4　点动控制电路有何特点？试用按钮、开关、中间继电器、接触器等电器，分别设计出能实现连续运转和点动工作的控制电路。

2-5　分析题 2-5 图中各控制电路，并按正常操作时出现的问题加以改进。

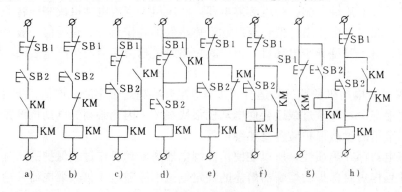

题　2-5 图

2-6 在题 2-5 图 c 电动机可逆旋转控制电路中，已采用了按钮的机械互锁，为什么还要采用电气互锁？当出现两种互锁触点接错，电路将出现什么现象？

2-7 分析题 2-7 图中电动机具有几种工作状态？各按钮、开关、触点的作用是什么？

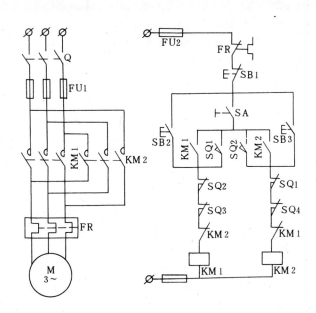

题 2-7 图

2-8 画出用通电延时型时间继电器控制笼型异步电动机定子串电抗的起动控制电路，简述电动机起动时的电路工作过程。

2-9 在电流电压不变的条件下，正常运行时其定子绕组为星形联结的笼型异步电动机能否用星形-三角形减压起动方法？为什么？简述笼型异步电动机星形-三角形减压起动法的优缺点及适用场合。

2-10 画出笼型异步电动机星形-三角形减压起动控制电路，简述电动机起动时的电路工作过程，并分析控制电路中各线圈断线后的故障。

2-11 试分析图 2-10 电路中，当 KT 延时时间太短及延时闭合与延时断开的触点接反后，电路将出现什么现象？

2-12 画出笼型异步电动机用自耦变压器起动的控制电路，简述电动机起动时的电路工作过程，并分析控制电路中各线圈断线后的故障。

2-13 一台电动机为 Y/△660/380V 联结，允许轻载起动，设计满足下列要求的控制电路：①采用手动和自动控制减压起动；②实现连续运转和点动工作，且当点动工作时要求处于降压状态工作；③具有必要的联锁与保护环节。

2-14 绕线转子异步电动机常用什么方法来减小起动电流和提高起动转矩？画出绕线转子异步电动机转子串电阻和转子串频敏变阻器起动的控制电路，分别简述电动机起动时其两个控制电路的工作过程。

2-15 分析图 2-16 电路：①电动机起动的电路工作过程；②KM1、KM2、KM3 常闭触点串接在 KM4 线圈回路中的作用；③KM3 常闭触点串接在 KT1 线圈回路中的作用；④KM4 常开触点的联锁作用；⑤应如何整定 KT1、KT2、KT3 的动作时间？为什么？

2-16 在图 2-18 控制电路中，分析电动机起动的电路工作过程，中间继电器 KA 在电路中有什么作用？

2-17 什么是反接制动？什么是能耗制动？各有什么特点？分别适用在什么场合？

2-18 将图 2-19 主电路中串接的两相制动电阻改为三相制动电阻，试问两种接法对制动转矩和制动电流有何影响？

2-19 为什么异步电动机在脱离电源后，在定子绕组中通入直流电，电动机能迅速停止？

2-20 图 2-23 是时间原则控制的单管能耗制动控制电路，试将其改设计为速度原则控制的单管能耗制动控制电路。

2-21 在图 2-20 电路中，试改为能实现点动工作状态的电路，并叙述点动工作时电路的工作过程。

2-22 常用的直流电动机的起动方法有几种？简述其工作原理。

2-23 直流电动机在起动和运行时，为什么不能将励磁电路断开。

2-24 改变直流电动机的旋转方向有哪些方法？在控制电路上有何特点？

2-25 试叙述图 2-25 电路电动机正向起动工作，而后自动返回时电路的工作过程。若 KT1 线圈出现断线时，电路工作状态如何？

2-26 直流电动机通常采用哪两种电气制动方法？简述其工作原理及控制电路的特点。

2-27 在图 2-28 电路中，试分析通过控制按钮使电动机反转起动、正转起动以及制动时的电路工作过程。

2-28 当操作者发现某机床电气控制系统发生了故障，立即按下停止按钮，但仍不能停车，此时操作者应怎么办？

2-29 在机床电动机因过载而自动停车后，操作者立即按起动按钮，但未能起动电动机，试说明可能的原因是什么？

2-30 直流电动机的调速方法有哪几种？

2-31 怎么实现直流电动机的过载保护和弱磁场保护？

2-32 在图 2-30 电路中，试分析该控制电路为什么能实现过载、短路、弱磁场以及零电压保护？

2-33 一台双速电动机，按下列要求设计控制电路：①能低速或高速运行；②高速运行时，先低速起动；③能低速点动；④具有必要的保护环节。

2-34 试设计可以两地操作的对一台电动机实现连续运转和点动工作的电路。

2-35 设计一个控制电路，要求第一台电动机起动 10s 后，第二台电动机自动起动，运行 5s 后，第一台电动机停止并同时使第三台电动机自行起动，再运行 15s 后，电动机全部停止。

2-36 有一台三级皮带运输机，分别由 M1、M2、M3 三台电动机拖动，其动作顺序如下：①起动时要求按 M1→M2→M3 顺序起动；②停车时要求按 M3→M2→M1 顺序停车；③上述动作要求有一定时间间隔。

2-37 为两台异步电动机设计一个控制电路，其要求如下：①两台电动机互不影响地独立操作；②能同时控制两台电动机的起动与停止；③当一台电动机发生过载时，两台电动机均停止。

第三章　常用机械设备的电气控制

生产机械种类繁多，其拖动控制方式和控制线路各不相同。本章在第一、二章的基础上，对工厂常用机械设备电气控制线路进行学习与讨论，以期学会分析常用机械设备电气控制线路的方法和步骤，熟悉常见故障的分析和排除办法，加深对典型控制环节的理解，熟悉机、电、液在控制中的相互配合，为电气控制的设计、安装、调试、维护打下基础。

第一节　卧式车床的电气控制

卧式车床是一种应用极为广泛的金属切削机床，主要用来车削外圆、端面、内圆、螺纹和定型面，也可用钻刀、铰刀、镗刀等加工。

一、卧式车床的主要结构及运动形式

卧式车床主要由床身、主轴箱、挂轮箱、进给箱、溜板箱、溜板与刀架、尾座、光杆、丝杆等部分组成，如图 3-1 所示。

为了加工各种螺旋表面，车床必须具有切削运动和辅助运动。切削运动包括主运动和进给运动，而切削运动以外的其它运动皆为辅助运动。

车床的主运动为主轴的旋转运动。它通过卡盘或顶尖带动工件旋转，承受车削加工时的主要切削力。车削加工时，应根据被加工零件的材料性质、刀具几何参数、工件尺

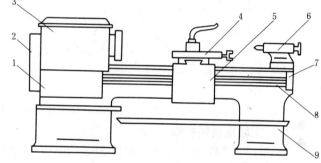

图 3-1　车床的结构示意图

1—进给箱　2—挂轮箱　3—主轴箱　4—溜板与刀架　5—溜板箱　6—尾座　7—丝杆　8—光杆　9—床身

寸、加工方式及冷却条件等来选择切削速度，要求主轴调速范围宽。卧式车床一般采用机械有级变速。为了加工螺纹，要求主轴能正、反转。

车床的进给运动是刀架的纵向或横向直线运动。其运动方式有手动和机动两种。加工螺纹时工件的转动和刀具的移动之间应有严格的比例关系。所以主运动和进给运动采用同一台电动机拖动，车床主轴箱输出轴经挂轮箱传给进给箱，再经丝杆传入溜板箱，以获得纵横两个方向的进给运动。

车床的辅助运动有刀架的快速移动及工件的夹紧与放松。

二、C650-2 型卧式车床电气控制

C650-2 型车床是一种中型车床，除有主轴电动机和冷却泵电动机外，为提高生产率，减少辅助时间，还设置了快速电动机。其控制电路如图 3-2 所示。

（一）电路控制特点

（1）主轴电动机 M1 采用电气正反转控制。

（2）M1 容量为 20kW，惯性大，采用电气反接制动，实现迅速停车。

（3）为便于对刀调整操作，主轴可作点动控制。

（4）采用电流表 A 检测主轴电动机负载情况。

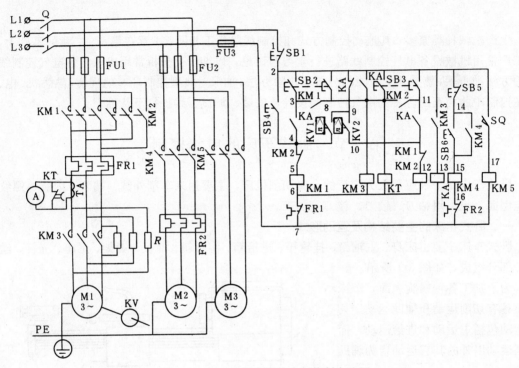

图 3-2　C650-2 型车床的电气控制电路图

（二）主轴正反转控制

主轴电动机 M1 的正反转由按钮 SB2、SB3，接触器 KM1、KM2 及 KM3，继电器 KA、KT 控制。

由于本章所述的电路较为复杂，因此在叙述其工作原理时，采用如下方法：

例如：SB2（2-3）$^+$表示 SB2 按钮对应的触点（2-3）闭合；SB2（2-3）$^-$表示 SB2 按钮对应的触点（2-3）断开。KM$^+$表示接触器通电吸合，KM$^-$表示接触器断电释放。其它开关的表示方法同按钮，继电器的表示方法同接触器。用→表示电路的动作顺序。如图 3-2 电路，当主轴电动机正转时，按下SB2；SB2→┌→（2-3）$^+$→（2-8）$^+$→KM3$^+$→┌→（2-13）$^+$→KA$^+$→┌→（3-4）$^+$→
　　　　　　　　　　　　　　　　　　　　　　　　　　　└→短接 R　　　　　　└→（2-8）$^+$

KM1$^+$→M1 正向全压起动。
　　└→（3-8）$^+$自锁。

上述即表示：当按下按钮 SB2 时，其相应的触点（2-3）、（2-8）闭合，使接触器 KM3 通电吸合、短接电阻 R；同时，KM3 触点（2-13）闭合，使继电器 KA 通电吸合，KA 触点（2-8）闭合，准备使 KM1 自锁，同时 KA 触点（3-4）使 KM1 通电吸合，使其触点（3-8）闭合、于是 KM1 自锁使电动机全压起动。由此可见，采用上述方法表达电路工作原理，可节省大量文字，并使电路更加清晰。

（三）主轴的点动控制

主轴的点动控制由主轴点动按钮 SB4 与接触器 KM1 控制，此时电动机 M1 主电路串入电阻 R，电动机 M1 减压起动运行，主轴获得低速运转，实现对刀操作。

（四）主轴电动机反接制动

无论主轴处于正转或反转状态，按下停止按钮 SB1 都能实现反接制动。现以主轴正转为例加以分析。

当主轴处于正转状态时，KM1、KM3、KT、KA 线圈均通电吸合，速度继电器 KV2（9-10）$^+$ 为正转反接制动作准备。当停车时，按下 SB1：SB1（1-2）$^-$→KM1$^-$、KM3$^-$、KT$^-$、KA$^-$→M1$^-$ 失去正向电源，由于惯性 KV2（9-10）$^+$，当放松 SB1 时，SB1（1-2）$^+$→KM2$^+$，其通路为 1→2→9→10→12→6→7。M1 串电阻接通反向电源，主轴转速急剧下降，当转速降到一定值时，KV2（9-10）$^-$，KM2$^-$→M1$^-$，主轴自由停车至完全停止。

主轴反转制动请读者自行分析。

（五）刀架快速移动控制

刀架快速移动由电动机 M3 拖动。当刀架快速移动操作手柄压合限位开关 SQ 时，SQ（2-17）$^+$→KM5$^+$→M3$^+$ 直接起动，拖动刀架快移。当放松 SQ 时，刀架快移结束。

（六）主轴电动机的检测与保护

C650-2 型车床采用电流表，检测 M1 定子电流，监视主轴电动机负载情况。电流表 A 是经电流互感器 TA 来检测的，为防止电动机起动时电流的冲击，时间继电器 KT 的通电延时断开触点并联在电流表两端，所以 M1 起动时，电流表由 KT 触点短接，起动完成后 KT 触点断开，将电流表接入。KT 延时稍长于 M1 起动时间，一般为 0.5～1s。而当 M1 停车反接制动时，按 SB1，此时 KM3$^-$、KA$^-$、KT$^-$、KT 触点瞬时闭合，将电流表 A 短接，不会受到反接制动电流的冲击。

（七）常见故障分析

1. 主轴电动机 M1 不能起动　主轴电动机不能起动有几种情况：按 SB2 或 SB3 时就不能起动；运行中突然自停，随后不能再起动；按 SB2 或 SB3，熔丝就熔断；按下 SB2 或 SB3 后，M1 不转，发出嗡嗡声；按 SB1 后再按 SB2 或 SB3 不能再起动等。发生这类故障，首先应重点检查 FU1 及 FU3 是否熔断；其次，应检查热继电器 FR1 是否已动作，这类故障的排除非常简单，但必须找出 FR1 动作的根本原因。FR1 动作有时是其规格选配不当，这只需重选一只适当容量的热继电器就行。有时是由于机械部分过载或卡住，或由于 M1 频繁起动而造成过载使热继电器脱扣；最后，检查接触器 KM1、KM2、KM3 的线圈是否松动，主触点接触是否良好。

经上述检查均未发现问题时，则将主电路熔断器 FU1 拨出，切断主电路。然后合上电源开关，使控制回路带电，进行接触器动作试验。按下 SB2 或 SB3，若接触器不动作，那么故障必定在控制回路。如 SB1、SB2 或 SB3 的触头接触不良，接触器 KM1、KM2、KM3 及中间继电器 KA 线圈引出线有断线，它们的辅助触点接触不良等，都会导致接触器不能通电动作，应及时查明原因加以消除。

如按下 SB2 或 SB3，接触器能动作，但电动机不能起动，说明故障必然发生在主电路。

2. 主轴电动机断相运行　按下起动按钮后，M1 不能起动或转动很慢，且发出嗡嗡声，或在运行中突然发出嗡嗡声，这种状态叫断相运行。遇此情况，应立即切断电动机电源，否则要烧坏电动机。引起的原因是电动机的三相电源线有一相断开，如开关 Q 有一相触头接触不良，或熔断器有一相熔断，或接触器主触点有一对未吸合，或电动机定子绕组的某一相接触不良等。只要查出原因，排除故障，主轴电动机就可正常起动。

3. 主轴电动机能起动但不能自锁　故障原因是 KA，KM1 或 KM2 的自锁触头连接导线松脱或接触不良。如正转不能自锁，则可能 KA（2-8）或 KM1（3-8）有问题；反转不能自锁可能是 KA（2-8）或 KM2（8-11）有问题。用万用表检查，找出原因，就可排出故障。

4. 主轴电动机不能停或停车太慢　如按下 SB1，主轴不能停转，则是接触器 KM1 或 KM2 主触点熔焊造成的。如停车太慢，是速度继电器 KV 的常开触点接触不良造成的。

5. 点动和快移故障　请读者自行分析。

第二节　平面磨床的电气控制

磨床是用砂轮周边或端面进行加工的精密机床。磨床的种类很多，有平面磨床、外圆磨床、内圆磨床、无心磨床及一些专用磨床。平面磨床是用砂轮来磨削加工各种零件平面的一种常用机床。下面以 M7130 卧轴矩台平面磨床为例加以分析和讨论。

一、主要结构及运动情况

图 3-3 为卧轴矩台平面磨床外形图。在床身 1 中装有液压传动装置，工作台 2 通过活塞杆 10 由液压传动作往复运动，床身导轨由自动润滑装置进行润滑。工作台表面有 T 形槽，用以固定电磁吸盘 3，再由电磁吸盘来吸持加工工件。工作台行程长度可通过装在工作台正面槽中的撞块 8 的位置来改变，换向撞块 8 是通过碰撞工作台往复运动换向手柄以改变油路来实现工作台往复运动的。

在床身上固定有立柱 7，沿立柱 7 的导轨上装有滑座 6，砂轮箱 4 能沿其水平导轨移动。砂轮轴由装入式电动机直接拖动，在滑座内部往往也装有液压传动机构。

滑座可在立柱导轨上作上下移动，并可由垂直进刀手轮 11 操作。砂轮箱的水平轴向移动可由横向移动手轮 5 操作，也可以由液压传动作连续或间断移动，前者用于调节运动或修整砂轮，后者用于进给运动。

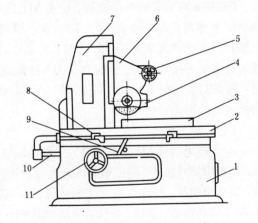

图 3-3　卧轴矩台平面磨床外形图
1—床身　2—工作台　3—电磁吸盘　4—砂轮箱　5—砂轮箱横向移动手柄　6—滑座　7—立柱　8—工作台换向撞块　9—工作台往复运动换向手柄　10—活塞杆　11—砂轮箱垂直进刀手柄

矩形工作台平面磨床工作图见图 3-4。砂轮的旋转运动是主运动。进给运动有垂直进给（即滑座在立柱上的上下运动）、横向进给（即砂轮箱在滑座上的水平运动）和纵向进给（即工作台沿床身的往复运动）。工作台每完成一次往复运动，砂轮箱作一次间断性的横向进给；当加工完整个平面后，砂轮箱作一次间断性的垂直进给。

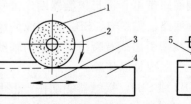
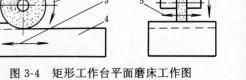

图 3-4　矩形工作台平面磨床工作图
1—砂轮　2—主运动　3—纵向进给运动　4—工作台　5—横向进给运动　6—垂直进给运动

二、电力拖动特点及控制要求

M7130 平面磨床采用多电动机拖动。其中，砂轮电动机拖动砂轮旋转；液压泵电动机驱动液压泵，供出压力油，经液压传动机构来完成工作台往复纵向运动并实现砂轮的横向自动进给，同时承担工作台导轨的润滑；冷却泵电动机拖动冷却泵，供给磨削加工时 需要的冷却液。这样，使磨床具有最简单的机械传动。

平面磨床是一种精密机床，为保证加工精度，使其运行平稳，确保工作台往复运动换向时惯性小无冲击，所以采用液压传动，以实现工作台的往复运动和砂轮箱的横向进给运动。

磨削加工时主轴无调速要求，通常采用笼型异步电动机拖动。为减小体积，简化结构，提高砂轮主轴刚度，以提高加工精度，采用装入式笼型电动机直接拖动。

为减少工件在磨削加工中的热变形，并冲走磨屑，以保证加工精度，需使用冷却液。

为适应磨削小工件的需要，也为工件在磨削过程中受热能自由伸缩，采用电磁吸盘来吸持工件。

为此，M7130 平面磨床由砂轮电动机 M1、液压泵电动机 M3、冷却泵电动机 M2 分别拖动，且只需单方向旋转，并且冷却泵电动机与砂轮电动机具有顺序联锁关系：在砂轮电动机起动后才能开动冷却泵电动机，在不需要冷却时，冷却泵电动机可单独断开。无论电磁吸盘开动与否，均可起动各电动机，以便进行调整运动。该机床具有完善的保护环节与工件退磁环节及照明环节。

三、M7130 平面磨床电气控制

图 3-5 为 M7130 型平面磨床电气控制原理图。其电气设备安装在床身后部的壁盒内，控制按钮安装在床身左前部的电气操纵盒上。

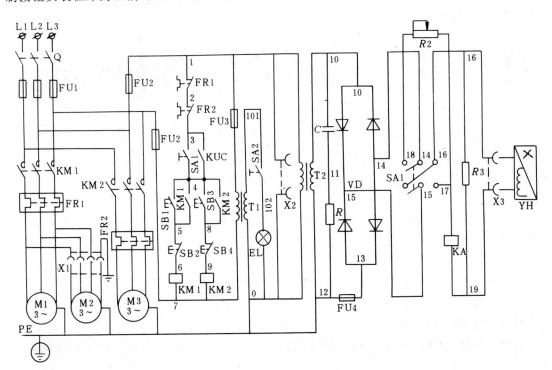

图 3-5　M7130 型平面磨床电气控制电路图

（一）主电路

主电路有三台电动机。其中，M1 为砂轮电动机、M2 为冷却泵电动机，同由 KM1 的主触点控制，再经插销向 M2 供电。M3 为液压泵电动机，由 KM2 的主触点控制。FU1 对电动机进行短路保护，FR1 对 M1 进行过载保护，FR2 对 M3 进行过载保护。

（二）控制电路

合上电源开关 Q，若转换开关 SA1 处于工作位置，当电源电压正常时，欠电流继电器 KUC 触点（3-4）$^+$，若 SA1 处于去磁位置，SA1（3-4）$^+$，便可进行操作。

1. 砂轮电动机 M1 的控制　起动过程为：按下 SB1，SB1（4-5）$^+$→KM1$^+$→M1$^+$起动；停止过程为：按下 SB2，SB2（5-6）$^-$→KM1$^-$→M1$^-$停。

2. 冷却泵电动机 M2 的控制　M2 由于通过插座 X1 与 KM1 主触点相连，因此 M2 与砂轮电动机联锁控制，同由 SB1、SB2 操作。若运行中 M1 或 M2 过载，FR1（1-2）$^-$→KM1$^-$→M1$^-$、M2$^-$停止，FR1 起保护作用。

3. 液压泵电动机 M3 的控制　起动过程为：按下 SB3，SB3（4-8）$^+$→KM2$^+$→M3$^+$起动；停止过程为：按下 SB4，SB4（8-9）$^-$→KM2$^-$→M3$^-$停止。过载时：FR2（2-3）$^-$→KM2$^-$→M3$^-$停止，FR2 起保护作用。

（三）电磁吸盘控制电路

1. 电磁吸盘结构原理图　电磁吸盘外形有长方形和圆形两种。矩形平面磨床采用长方形电磁吸盘，圆台平面磨床采用圆形电磁吸盘。电磁吸盘工作原理如图 3-6 所示。图中 1 为钢制吸盘体，在它的中部凸起的心体 A 上绕有线圈 2，钢制盖板 3 被隔磁层 4 隔开。在线圈 2 中通入直流电流，心体 A 将被磁化，磁力线经由盖板、工件、盖板、吸盘体、心体闭合，将工件 5 牢牢吸住。盖板中的隔磁层由铅、铜、黄铜及巴氏合金等非磁性材料制成，其作用是使磁力线都通过工件再回到吸盘体，不致直接通过盖板闭合，以增强对工件的吸磁力。

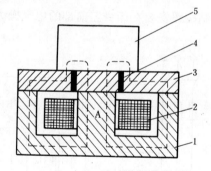

图 3-6　电磁吸盘工作原理
1—钢制吸盘体　2—线圈　3—钢制盖板
4—隔磁层　5—工件　A—心体

电磁吸盘与机械夹紧装置相比，具有夹紧迅速、不损伤工件、工作效率高、能同时吸持多个小工件，加工过程中工件发热可以自由伸延，加工精度高等优点。但也有夹紧力不如机械夹得紧，调节不便，需用直流电源供电，不能吸持非磁性材料工件等缺点。

2. 电磁吸盘控制电路　它由整流装置、控制装置及保护装置等部分组成。如图 3-5 所示，电磁吸盘整流装置由整流变压器 T2 与桥式全波整流器 VD 组成，输出 110V 直流电压对电磁吸盘供电。

电磁吸盘集中由 SA1 控制。SA1 的位置及触点闭合情况为：

上磁：触点 14-16、15-17 接通，电流通路为：15→17→ KUC →19→ YH $^{\ominus}$→16→14。

断电：所有触点都断开。

去磁：触点 14-18、15-16、3-4（调整）接通，通路为：15→16→ YH →19→ KUC →

$\ominus$　KUC 、 YH 表示继电器 KUC、电磁吸盘 YH 的线圈。

R2→18-14。

当 SA1 置于"上磁"位置时，电磁吸盘 YH 获得 110V 直流电压，其极性为 19 号线正，16 号线负，同时欠电流继电器 KUC 与 YH 串联，若吸盘电流足够大，则 KUC 动作，KUC（3-4）⁺、反映电磁吸盘吸力足以将工件吸牢，这时可分别操作按钮 SB1 与 SB3，起动 M1 与 M3，进行磨削加工。当加工完成时，按下停止按钮 SB2 与 SB4，电动机 M1、M2 与 M3 停止旋转。为便于从吸盘上取下工件，需对工件进行去磁，其方法是将开关 SA1 扳至"退磁"位置。

当 SA1 扳至"退磁"位置时，电磁吸盘中通入反向电流，并在电路中串入可变电阻 R2，用以调节、限制反向去磁电流大小，达到即退磁又不至反向磁化的目的。退磁结束将 SA1 拨到"断电"位置，即可取下工件。若工件对去磁要求严格，在取下工件后，还要用交流去磁器进行处理。交流去磁器是平面磨床的一个附件，使用时，将交流去磁器插头插在床身的插座 X2 上，再将工件放在去磁器上来回移动即可去磁。

交流去磁器的构造和工作原理如图 3-7 所示。由硅钢片制成的铁心 1，上套有线圈 2、并通以交流电，在铁心柱上装有极靴 3，在由软钢制成的两个极靴间隔有隔磁层 4。去磁时线圈通入交流电，将工件在极靴平面上来回移动若干次，即可完成去磁要求。

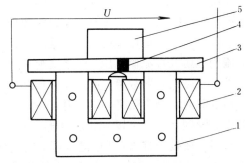

图 3-7　去磁器结构原理图
1—铁心　2—线圈　3—极靴　4—隔磁层　5—工件

3. 电磁吸盘保护环节　电磁吸盘具有欠电流保护、过电压保护及短路保护功能。

（1）电磁吸盘的欠电流保护　为了防止平面磨床在磨削过程中出现断电事故或吸盘电流减少，致使电磁吸盘失去吸力或吸力减小，造成工件飞出，引起工件损坏或人身事故，故在电磁吸盘线圈电路中串入欠电流继电器 KUC，只有当直流电压符合设计要求，吸盘具有足够吸力时，KUC 才能吸合，KUC（3-4）触点吸合，为起动电动机做准备。否则不能开动磨床进行加工；若已在磨削加工中，则 KUC 因电流过小而释放，触点 KUC（3-4）⁻、KM1⁻、KM2⁻、M1⁻ 停，避免事故发生。

（2）电磁吸盘线圈 YH 的过电压保护　电磁吸盘线圈匝数多，电感大，通电工作储有大量磁场能量。当线圈断电时在线圈两端将产生高电压，将使线圈绝缘及其它电器设备损坏。为此，该机床在电磁吸盘线圈两端并联了电阻 R3 作为放电电阻。

（3）电磁吸盘的短路保护　在整流变压器 T2 的二次侧或整流装置输出端装有熔断器作短路保护。

此外，在整流装置中还设有 RC 串联支路并联在 T2 二次侧，用以吸收交流电路产生过电压和直流侧电路通断时在 T2 二次侧产生浪涌电压实现整流装置过电压保护。

（四）照明电路

由照明变压器 T1 将 380V 降为 36V，并由开关 SA2 控制照明灯 EL。在 T1 一次侧装有熔断器 FU3 作短路保护。

四、常见故障分析

1. 电磁吸盘没有吸力　电磁吸盘没有吸力，就不能吸住工件进行磨削加工。发生这个故障时，应首先检查电源，用万用表测三相电源电压是否正常，如电源电压正常，再检查熔断器 FU1、FU2、FU4 有无熔断现象。常见的故障是熔断器 FU4 熔断，这是由于整流器短路，使整流变压器二次侧线圈流过很大的短路电流所致。另外，如检查整流器输出电压正常，而接上吸盘后，输出电压降不大，吸盘无吸力，欠电流继电器不动作，则表明吸盘磁力线圈断路或插销 X3 接触不良或断路所致，故障也可能是由于欠电流继电器线圈断开所致。处理故障时，应用万用表测出各点电压，查出故障元件，更换或修理，即可排出故障。

2. 电磁吸盘吸力不足　M7130 型卧轴矩台平面磨床电磁吸盘的电源由整流器供给，空载时，整流器直流输出电压为 130～140V，负载时不应低于 110V。故障是因为电磁吸盘损坏或整流器输出电压不正常造成的。

若整流器空载输出电压正常，负载时电压远低于 110V，则表明磁力线圈已短路，短路点多发生在磁力线圈各绕组间的引线接头处。由于吸盘密封不好，冷却液侵入，造成绝缘破坏，线圈局部短路。如短路严重，过大的电流会使整流器元件和整流变压器烧坏。此故障必须更换电磁吸盘线圈，不仅线圈本身绝缘要处理好，而且安装时要注意严密封闭。

若吸盘电源电压不正常，这是由于整流器元件短路或断路造成的。应检查 VD 整流器的交流侧电压及直流侧电压。如果交流侧电压正常，而直流侧输出电压不正常，表明整流器元件发生短路或断路故障。整流元件损坏的原因有：①由于半导体整流元件热容量很小，在整流器过载时，元件温度急剧上升，烧坏二极管。②由于电磁吸盘磁力线圈电感很大，在断开线圈的瞬间，将产生很大的过电压，如果此时由电阻 R 和电容 C 组成的阻容吸收电路发生元件损坏或接线继路，则过电压可能将整流元件击穿。过热或过电压都可能使元件短路或断路。如某一整流桥臂元件断路，将使整流输出电压降低到额定电压的一半，造成吸盘吸力不足。

以前的整流器采用硒整流片，虽然硒整流片过载和过压能力较强，但时间久了，元件老化，致使输出电压降低，使吸盘吸力不足。

排出故障时，可用万用表测量整流器的输出、输入电压，即可判断出故障部位，查出故障元件，更换或修理，故障即可排出。

实践证明，直流输出回路中加装熔断器，可避免损坏整流二极管。

3. 电磁吸盘退磁不好，工件取下困难　电磁吸盘退磁不好的故障原因有：①退磁电压过高。在更换损坏的退磁电阻后，应重新调整退磁电压，退磁电压应调至 5～10V，如退磁电压过高，会造成工件去磁不净，而不能从吸盘上取下。②退磁电阻 $R2$ 损坏或线路断开，无法进行去磁。③对于不同材质的工件，应掌握好退磁时间长短，不然也将使工件退磁不好。

排除故障时，用万用表从吸盘线圈两端，逐点测出电压，找出故障点，更换或修理后，故障即可排出。

4. 磨床主电动机不能起动　磨床主电动机有两种工作方式：①电磁吸盘参加工作时，欠电流继电器同时得电吸合，其常开触点 KUC (3-4)$^{+}$，接通电动机控制回路。该常开触点不但起联锁作用，更主要的是防止机床突然停电时，工件被抛出，发生安全事故。②电磁吸盘不参加工作时，转换开关扳至退磁位置，其触点 SA1 (3-4)$^{+}$，使电动机可以单独起动运转。

如果欠电流继电器触点 KUC (3-4)、转换开关触点 SA1 (3-4) 接触不良（有油垢，接线松动脱落），就会造成电动机不能起动的故障。排除故障时，应先检查 SA1 是否处于退磁位置（电动机单独起动时），然后分别检查 KUC 和 SA1 (3-4) 触点的接通情况，查出故障点，修理或更换元件，故障即可排出。

5. 砂轮电动机 M1 的过载保护继电器经常脱扣　砂轮电动机 M1 为装入式电动机，前轴承是铜瓦，易磨损，磨损后会发生堵转现象，使电动机电流增大，导致热继电器脱扣。也可能因为砂轮进给量太大，电动机超负荷运行，电流急剧上升，使热继电器脱扣。因此，工作中应严格控制切削参数的大小，防止电动机超载运行。

另外，也可能因为修理更换热继电器时规格选得过小或没有重新调整，使电动机未达到额定负载时，热继电器过早脱扣。

6. 冷却泵电动机 M2 烧坏　砂轮磨削工件时，经常开动 M2 供出冷却液进行冷却。M2 烧坏的原因是：①冷却液浸入电动机内部，造成匝间或绕组间短路，使电流增大。②反复修理 M2 后，使端盖止口间隙增大，转子在定子内不同心，工作时电流增大，长时间过载运行。③ M2 被脏物堵塞，电动机产生堵转，电流急剧上升。由于本机床线路中，M1 与 M2 共用一个热继电器，而且电动机容量相差太大，当发生上述故障时，电流增大并不能使热继电器即时脱扣，而造成 M2 烧坏。

如果在 M2 回路中加装热继电器，就能大大减少电动机 M2 被烧坏的可能。

第三节　摇臂钻床的电气控制

钻床是一种孔加工机床，主要用于钻孔、扩孔、铰孔、锪孔、锪埋头孔、攻螺纹和锪孔口端面等。钻床的主参数是最大钻孔直径，其主要类型有以下几种：①立式钻床：加工中小型工件；②台式钻床：加工小尺寸工件；③摇臂钻床：加工大中型工件；④专门化钻床：如加工深孔的深孔钻床，成批或大批量生产中用于钻轴类零件上中心孔的中心孔钻床等。

在各类钻床中，摇臂钻床操作方便、灵活、工艺范围广，具有典型性。下面以 Z3040 型摇臂钻床为例加以分析。

一、摇臂钻床主要结构及运动形式

如图 3-8 所示，摇臂钻床主要由底座 1、立柱 9、摇臂 6，主轴箱 8 及工作台 2 等部分组成。内立柱固定在底座的一端，在它外面套有外立柱，外立柱可绕内立柱转 360°；摇臂的一端为套筒，它套装在外立柱上，可沿外立柱作上下运动。摇臂只能随外立柱一起绕内立柱回转。主轴箱是个复合部件，由主传动电动机、主轴和主传动机构、进给和变速机构以及机床的操作机构等部分组成，可以沿摇臂导轨水平移动。当进行加工时，由特殊的夹紧机构将主轴箱、摇臂、内外立柱联成一个刚体（有的摇臂钻床加工时，主轴箱没有被锁紧），然后进行钻削加工。钻削加工时，钻头既可转动又可轴向移动。旋转运动为主运动，轴向移动为进给运动；辅助运动有：①摇臂沿外立柱的升降运动；②摇臂与外立柱一起绕内立柱的转动；③主轴箱沿摇臂导轨的移动；④摇臂、立柱的夹紧与放松。

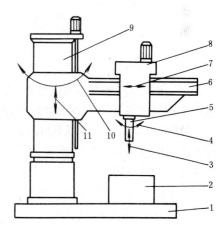

图 3-8　摇臂钻床结构及运动情况
1—底座　2—工作台　3—主轴纵向进给
4—主轴旋转运动　5—主轴　6—摇臂
7—立轴箱沿摇臂径向运动　8—主轴箱
9—内、外立柱　10—摇臂回转运动
11—摇臂垂直运动

二、Z3040 型摇臂钻床的电气控制

Z3040 型摇臂钻床主轴调速范围为 40～2000r/min，进给范围为 0.05～1.60r/min，它的调速是通过三相交流异步电动机和变速箱来实现的。主轴的正反转运动是通过机械或液压转换来实现的，电动机为单方向旋转。摇臂的升降由一台交流异步电动机拖动。立柱的夹紧与放松由电动机拖动一台齿轮泵供给夹紧装置所需要的液压油。图 3-9 为 Z3040 型摇臂钻床电气原理图。图中 M1 为主轴电动机，M2 为摇臂升降电动机，M3 为液压泵电动机，M4 为冷却泵电动机。

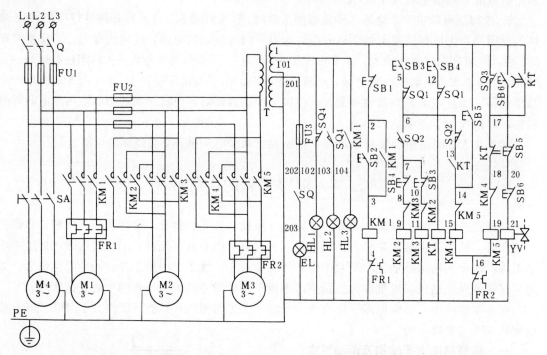

图 3-9　Z3040 型摇臂钻床电气控制电路图

（一）主电路

M1 为单方向旋转，由接触器 KM1 控制；主轴正反转则由机床液压系统操纵机构配合正反转摩擦离合器实现，并由热继电器 FR1 作电动机长期过载保护。

M2 由正、反转接触器 KM2、KM3 控制以实现正反转。控制电路保证在操纵摇臂升降时，首先使液压泵电动机起动旋转，供出液压油，经液压系统将摇臂放松，然后才使 M2 起动，拖动摇臂上升或下降。当升、降到位后，控制电路又保证先停下 M2，自动通过液压系统将摇臂夹紧，最后液压泵电动机 M3 停下。即自动实现：摇臂放松→上升或下降→夹紧过程。M2 为短时工作时，不用设过载保护。

M3 由接触器 KM4、KM5 控制以实现正、反转，并用 FR2 作过载保护。

M4 容量小，仅 0.125kW，由开关 SA 控制。

（二）控制电路

1. 主轴电动机 M1 的控制　合上电源开关 Q，按下 SB2，SB2 (2-3)$^+$→KM1$^+$→M1$^+$起动。此时指示灯 HL3 亮，表示主轴电动机正在旋转。按下 SB1，SB1 (1-2)$^-$→KM1$^-$→M1$^-$停车。

2. 摇臂升降控制 由于摇臂的升降控制必须与夹紧机构液压系统紧密配合，所以它与液压泵电动机的控制有密切关系。下面以摇臂上升为例加以分析。

按下 SB3：SB3 (1-5)$^+$→KT$^+$→KT (13-14)$^+$→KM4$^+$→M3$^+$正转，拖动液压泵送出液压油。
　　　　　　　　　　　　└→KT (1-17)$^+$→YV$^+$松开油路。

液压油将摇臂放松，当摇臂完全放松后，压下位置开关 SQ2，发出摇臂放松信号。此时，

SQ2 被压下─→SQ2 (6-7)$^+$→KM2$^+$→M2$^+$起动，带动摇臂上升。
　　　　　　└→SQ2 (6-13)$^-$→KM4$^-$→M3$^-$，停止提供液压油，摇臂维持在放松状态。

因此 SQ2 是用来反映摇臂是否完全松开并发出松开信号的电器元件。

当摇臂上升到位时，松开 SB3：SB3 (1-5)$^-$─→KM2$^-$→M2$^-$摇臂停止上升。
　　　　　　　　　　　　　　　　└→KT$^-$ ──延时到──→ (17-18)$^+$→KM2$^+$→M2$^+$

反向起动，液压泵电动机供出液压油。液压油进入夹紧液压腔，将摇臂夹紧。当摇臂完全被夹紧后，压下位置开关 SQ3，SQ3 (1-17)$^-$→KM5$^-$→M3$^-$停止转动，摇臂夹紧完成。

因此 SQ3 是用来反映摇臂是否完全夹紧并发出夹紧信号的电器元件。

时间继电器 KT 是为保证夹紧动作在摇臂升降电动机停止运转之后进行而设置的，KT 延时的长短根据摇臂升降电动机切断电源到停止时惯性的大小来进行调整，一般为 1~3s。

摇臂升降的极限保护由开关 SQ1 来实现。SQ1 为组合开关，有两对常闭触头，当摇臂上升到极限位置时，SQ1 (5-6)$^-$→KM2$^-$→M2$^-$，当摇臂下降到极限位置时，SQ1 (12-6)$^-$→KM3$^-$→M2$^-$，M2 停止旋转，摇臂停止移动，实现极限位置保护。SQ1 的两对触头平时应调整在同时接通位置，一旦撞杆使其动作。应使 SQ1 的一对触头断开，另一对触头仍保持闭合。

摇臂自动夹紧程度由限位开关 SQ3 控制。如果夹紧机构液压系统出现油路堵塞故障不能夹紧，则触头 SQ3 (1-17) 断不开，或者 SQ3、弹簧片安装调整不当，摇臂夹紧后仍不能压下 SQ3，这时都会使液压泵电动机 M3 长期处于过载状态，易将电动机烧毁，为此采用热继电器 FR2 对其作过载保护。

3. 主轴箱与立柱放松和夹紧控制 主轴箱和立柱的夹紧与松开是同时进行的。

(1) 松开按下 SB5─→SB5 (1-14)$^+$→KM4$^+$→M3$^+$液压泵电动机正转。
　　　　　　　　└→SB5 (17-20)$^-$→YV$^-$→接通主轴箱与立柱松紧油路。

液压油进入主轴箱和立柱松开液压腔，使主轴和立柱实现松开。

(2) 夹紧按下 SB6─→SB6 (1-17)$^±$→KM5$^±$→M3$^+$液压泵电动机反转。
　　　　　　　　└→SB6 (20-21)$^-$→YV$^-$。

液压油送进夹紧油腔实现夹紧。SQ4 在夹紧时受压，SQ4 (101-103)$^+$→HL 亮，表示可以进行钻削加工。在主轴箱与立柱放松时，SQ4 不受压，SQ4 (101-102)$^+$→HL1 亮，表示可以移动主轴箱和立柱。

其它控制请读者自行分析。

三、安装调试要点

安装钻床前要仔细阅读使用说明书。钻床在安装在地基上之前，切勿松开立柱以免机床倾斜。机床安装时，先将地脚螺钉松穿在机床底座上，然后将机床放在地基上，并用垫铁将机床垫起，通过调整垫铁来调整安装水平，再根据机床"合格证明书"中的实测记录，调整各项精度。机床调整好后，将地脚塔处灌水泥，再用水泥将底座周围和垫铁固定好，待水泥

完全硬化后，紧固地脚螺栓螺母。

机床安装好后，接通总电源，按松开按钮 SB5，若主轴箱和立柱都松开，表示电源相序正确。否则须将电源线路中任意两根导线对换位置。

电源相序正确后，再调整升降电动机 M2 的接线。

四、常见故障分析

Z3040 型摇臂钻床电气线路简单，其电气控制的特殊环节是摇臂的运动。摇臂在升（降）时，要自动的完成放松→升（降）→夹紧过程。它是通过机、电、液的紧密配合来实现的。所以不仅要了解摇臂升降的电气过程，而且在维修中应注意掌握其调整方法和步骤。下面对常见故障进行分析。

1. 钻床摇臂不能上升（或下降）   电气过程如前所述，要使摇臂升或降，首先要使摇臂从立柱上完全放松，此时活塞杆通过弹簧片压下位置开关 SQ2，使电动机 M3 停转，M2 起动，摇臂才能作升（降）移动。

发生故障时，首先检查位置开关 SQ2 是否动作，如已动作，即触点 SQ2（6-7）已闭合，说明故障发生在接触器 KM2 或摇臂升降电动机 M4 上；如 SQ2 触点没有动作，而检查 KM4、YV 已得电吸合，M3 已旋转，则故障是由于 SQ2 位置移动或损坏造成的。这种故障较常见，实际上是由于摇臂已放松，但 SQ2 没有压下，KM2 因而不能吸合，M3 不能得电旋转，所以造成摇臂不能升（降）；有时因液压系统发生故障（如液压泵卡死、不转、油路堵塞等），使摇臂不能完全松开，压不上 SQ2，摇臂也不能升（降）。如 M3 电源相序接反，此时按下上升按钮 SB3 时，M3 反转夹紧，更压不上 SQ2，摇臂也不能上升。

2. 摇臂升（降）到位后夹不紧   在摇臂上升到预定位置后，松开 SB3，摇臂将自动完成夹紧动作，由 SQ3 控制夹紧结束。电气控制电路能够动作，但夹紧力不够，这只能是 SQ3 过早动作，使液压泵电动机在摇臂夹紧之前提前断电所致。其原因是由于位置开关 SQ3 安装位置不当或紧固螺钉松动造成 SQ3 移位。排除故障时，首先判断是液压系统故障（如活塞杆阀芯卡死或油路堵塞）还是电气系统故障，重新调整 SQ3 的动作距离，并固定好螺钉，摇臂就能完全夹紧在立柱上了。

3. 立柱、主轴箱不能夹紧或放松   立柱、主轴箱不能夹紧或放松可能是油路堵塞、接触器 KM4、KM5 不能吸合所致。出现故障时，检查按钮接线是否良好，如 KM4 或 KM5 能吸合，M3 能运行，则故障是油路故障造成的。

4. 立柱、主轴箱夹紧后不能自锁   立柱、主轴箱夹紧和松开，都采用机械菱形块结构。如立柱、主轴箱夹紧后不能自锁，此故障多为机械原因造成的，可能是因为菱形块和承压块的角度方向装错，或者因距离不适当造成的。如果菱形块立不起来，这是因夹紧力调整得太大或夹紧液压系统压力不足所致。

5. 摇臂升降限位开关失灵   限位开关失灵有两种情况：①位置开关损坏，触头不能因开关动作而闭合，接触不良，使线路断开。此时信号不能传递，摇臂不能升降。②限位开关触头熔焊，使线路始终呈接通状态。当摇臂升或降到极限位置后，电动机 M2 堵转，发热严重，由于 M2 未设过载保护，所以会导致电动机烧毁。

根据上述情况进行分析，找出故障原因，更换或修理失灵的限位开关，故障即可消除。

6. 主轴电动机刚运转，熔断器立即就熔断   其原因可能是机械机构正反向时，发生卡住现象；或者是钻头被铁屑卡住；或者进给量太大，造成电动机堵转，主电动机电流急剧上升，热继电器来不及动作，熔断器熔断；也可能是电动机本身故障所致。

排除故障时，应先退出主轴，根据空载运行情况，区别故障现象，找出故障原因，排除故障。

第四节　铣床的电气控制

一、铣床的主要结构及运动情况

在金属切削机床中，铣床在数量上占第二位，仅次于车床。铣床的种类很多，按照结构和加工性能的不同，可分为卧铣、立铣、龙门铣、仿形铣以及各种专用铣床。铣床可以用来加工零件的平面、斜面、沟槽等。配上分度头还可以加工直齿轮或螺旋面，装上回转工作台则可以加工凸轮和圆弧槽。

卧式铣床用于加工尺寸不太大的工件，特别适用于单件小批量生产，用途很广。

卧式铣床具有主轴转速高、调速范围宽、操作方便、工作台能自动循环加工等特点，其结构如图 3-10 所示。它主要由床身 4、底座 1、悬梁 5、刀杆支架 6、工作台 8、溜板和升降台等部分组成。箱型的床身固定在底座上，它是机床的主体部分，用来安装和联接机床的其它部件，床身内装有主轴的传动机构和变速操纵机构。床身的顶部有水平导轨，其上装有带一个或两个刀杆支架的悬梁，刀杆支架用来支承铣刀芯轴的一端，芯轴的另一端固定在主轴上，并由主轴带动旋转。悬梁可沿水平导轨移动，刀杆支架也可沿悬梁作水平移动，以便调整铣刀的位置。床身的前侧面装有垂直导轨，升降台可沿导轨上下移动。在升降台上面的水平导轨上，装有可在平行于主轴轴线方向移动（横向移动，即前后移动）的溜板，溜板上部有可以转动的回转台。工作台装在回转台的导轨上，可以作垂直于轴线方面的移动（纵向移动，即左右移动）。工作台上有固定工件的燕尾槽。从上述结构看，固定于工作台上的工作可作上下、左右及前后三个方向的移动，以便于工作调整和加工时进给方向的选择。

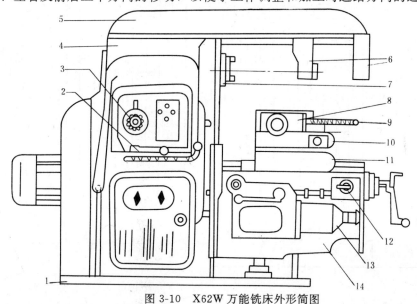

图 3-10　X62W 万能铣床外形简图

1—底座　2—主轴变速手柄　3—主轴变速数字盘　4—床身（立柱）　5—悬梁　6—刀杆支架　7—主轴　8—工作台
9—工作台纵向手柄　10—回转台　11—床鞍　12—工作台升降及横向操纵手柄　13—进给手轮及数字盘　14—升降台

此外，溜板可绕垂直轴线左右旋转 45°，因此工作台还能在倾斜方向进给，以加工螺旋槽。工作台上还可安装圆工作台以扩大铣削能力。

从上述分析可知，卧式铣床有三种运动：主运动、进给运动和辅助运动。

（1）主运动　即主轴的旋转运动。铣削加工一般有顺铣、逆铣两种，要求主轴能正反转，但铣刀种类定了，铣削方向也就定了，因此不需经常改变主轴运动方向。

（2）进给运动　指工件随工作台在三个相互垂直方向上的直线运动（手动或机动），或圆工作台的旋转运动。它由同一台电动机拖动，且在同一时刻只能接通一个方向的传动，由操纵手柄实现机电联合控制，通过改变电动机转向来改变进给方向。为了避免打刀或损坏工件，要求主轴（铣刀）转动起来以后进给电动机才能起动。

（3）辅助运动　指工作台在进给方向上的快速运动。

二、X62W 型卧式万能铣床的电气控制

图 3-11 为 X62W 型卧式万能铣床电气控制电路图。图中 M1 为主轴电动机，M2 为工作台进给电动机，M3 为冷却泵电动机。该机床控制线路的显著特点是控制由机械和电气密切地配合而进行的。因此在分析电气原理图之前必须详细了解各转换开关、位置开关的作用，各指令开关的状态以及与相应控制手柄的动作关系。表 3-1、表 3-2、表 3-3 分别列出了工作台纵向（左右）进给位置开关 SQ1、SQ2，工作台横向（前后），升降（上下）进给位置开关 SQ3、SQ4 以及圆工作台转换开关 SA1 的工作状态。SA5 是主轴换向开关，SA3 是冷却泵控制开关，SA2 是照明灯开关，SQ6、SQ7 分别为工作台进给变速和主轴变速冲动开关，由各自的变速手柄和变速手轮控制。

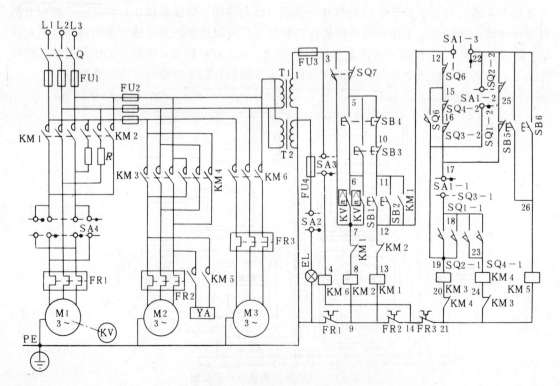

图 3-11　X62W 型卧式万能铣床电气控制电路图

在了解了各开关的工作状态之后，便可按步骤分析控制电路。

（一）主轴电动机的控制

主轴电动机 M1 由接触器 KM1 控制，其旋转方向由转换开关 SA4 预选。M1 的起动和制动采用两处操作，一处在升降台上，一处在床身上。

图 3-12 为主轴电动机控制电路图。下面以正转为例加以分析。

1. 起动　组合开关扳至正转位置，按下 SB1（或 SB2），SB1（SB2）$(11\text{-}12)^+$→KM1$^+$→M1$^+$直接起动正转。通路为 $1 \rightarrow 3 \rightarrow 5 \rightarrow 10 \rightarrow 11 \rightarrow 12 \rightarrow 13$KM1→9→0。当 M1 起动转速升高到一定值时，KV $(6\text{-}7)^+$，为反接制动 KM2 通电做准备。此时，因主轴为非变速状态，SQ7 $(3\text{-}5)^+$。

2. 停止　按下SB3（SB4），

$$SB3\begin{cases} \rightarrow(5\text{-}11)^- \rightarrow KM1^- \rightarrow \\ \rightarrow(5\text{-}6)^+ \rightarrow KM2^+ \rightarrow \end{cases}$$

M1$^-$切除正向电源→M1$^+$串电阻 R 输入制动电源→电动机进行反接制动，当 M1 转速降到较低时，速度继电器 KV$(6\text{-}7)^-$→KM2$^-$→M1$^-$，电动机切断制动电源。

操作时要注意，若 SB3（SB4）未按到底，在切断正转电源后未输入制动电源，就属自由停车。

3. 变速冲动　X62W 卧式万能铣床主轴的变速采用孔盘机构，集中操纵。从控制电路的设计来看，主轴可以在停车时变速，M1 运转时也可以进行变速。图 3-13 为主轴变速机构简图。变速时的操作过程为：

（1）将主轴变速手柄向下压，使手柄的榫块自槽中滑出，然后将手柄板向左边，使

表 3-1　工作台纵向行程开关工作状态

触　点 ＼ 纵向操作手柄	向左	中间（停）	向右
SQ1-1	－	－	＋
SQ1-2	＋	＋	－
SQ2-1	＋	－	－
SQ2-2	－	＋	＋

注：1. SQ1-1 表示 SQ1 的第 1 个触点。
　　2. 表中"－"表示断开，"＋"表示接通。

表 3-2　工作台升降、横向行程开关工作状态

触　点 ＼ 升降及横向操作手柄	向前向下	中间（停）	向后向上
SQ3-1	＋	－	－
SQ3-2	－	＋	＋
SQ4-1	－	－	＋
SQ4-2	＋	＋	－

表 3-3　圆工作台转换开关工作状态

触　点 ＼ 位　置	接通圆工作台	断开圆工作台
SA1-1	－	＋
SA1-2	＋	－
SA1-3	－	＋

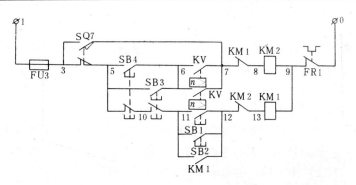

图 3-12　主轴电动机电气控制电路图

榫块落在第二道槽内。在手柄扳向左边的过程中，扇形齿轮带动齿条、拨叉，在拨叉的推动下使变速孔盘向右移动，并离开齿杆。

（2）转动变速数字孔盘，经伞形齿轮带动孔盘旋转到对应位置，即选择好速度。

（3）将主轴变速手柄扳回原位，使榫块落进槽内，这时经传动机构，拨叉将变速孔盘推回，若恰好齿杆正对变速孔盘的孔，变速手柄就能推回原位，这说明齿轮已啮合好，变速过程结束。若齿杆无法插入孔盘中，则发生了顶齿现象而啮合不上。这时可再拉出变速手柄，再推上，直到齿杆能插入孔盘，手柄能推回原位为止。

由图 3-13 可知，在变速手柄拉出推向左边，以及把手柄推回原位的过程中，凸轮 8 始终压在弹簧杆上，进而推动冲动开关 SQ7 并使其动作。触点 SQ7（3-7）每闭合一次，KM1 瞬间通电一次，电动机 M1 拖动主轴变速箱中的齿轮转动一下，

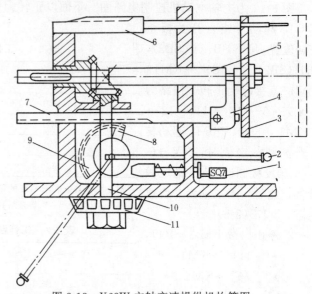

图 3-13　X62W 主轴变速操纵机构简图

1—冲动开关　2—变速手柄　3—变速孔盘　4—拨叉　5—轴　6—齿轮　7—齿条　8—凸轮　9—扇形齿轮　10—轴　11—转速盘

使变速齿轮顺利地滑入啮合位置，完成变速过程。这就是主轴变速冲动。在推回变速手柄时，动作要快，以免压合 SQ7 时间过长，主轴电动机转速升得过高，不利于齿轮啮合甚至打坏齿轮。但在变速手柄推回接近原位时，应减慢推进速度，以利于齿轮的啮合。

主轴变速可在主轴不转时进行，也可在主轴旋转时进行，无需再按停止按钮。见图 3-13，因电路中触点 SQ7（3-5）在变速时先断开，这就使 KM1 先断电，触点 SQ7（3-7）后闭合，再使 KM2 通电。即在开车变速时，先对 M1 进行反接制动，让电动机转速降下来，以后再进行变速操作。变速结束后需重新起动电动机，主轴将在新选转速下旋转。

（二）进给运动的控制

X62W 卧式铣床工作台的左右、前后、上下各种进给运动，均由进给电动机 M2 作正反向旋转来推动的。M2 的正反转是由接触器 KM3、KM4 进行控制的。工作台之所以能实现几个方向的进给运动而又不发生干涉，是因为进给操纵手柄在通过各位置开关接通 KM3 或 KM4 线圈供电回路的同时，接通了相应方向的机械传动离合器的结果。

各进给方向的快速移动，是通过快速移动电磁铁 YA 改变机械传动链来实现的。

圆工作台和矩型工作台的纵向自动控制线路，是由转换开关 SA1 来控制的。

根据铣削加工的需要，只有当铣刀转动起来后才能进给。所以，只有 KM1 通电，KM1（11-12）闭合后，进给电动机 M2 才能起动。

图 3-14 为进给拖动电气控制电路图。现将控制原理分析如下：

1. 工作台的左右运动　工作台左右运动由工作台纵向操作手柄控制，手柄有三个位置：

左、中、右。操纵手柄处于右位置时，通过联动机构，一方面机械上接通纵向进给离合器，同时电气上按下位置开关SQ1；SQ1（18-19）$^+$→KM3$^+$→M2$^+$起动正转，拖动工作台向右运动。电气通路为：12→16→17→18→19→$\boxed{KM3}$→20→21。

当需要停止时，将手柄扳向中位，于是脱开纵向进给离合器，放松SQ1，SQ1（18-19）$^-$→KM3$^-$→M2$^-$工作台停。

手柄处于左位时，同样接通纵向进给离合器，但按下的是SQ2，SQ2（18-23）$^+$→KM4$^+$→M2$^+$反转，带动工作台左移。

工作台左右运动行程长短，由行程挡铁控制。当工作台运动到预定位置时，行程挡铁撞动纵向操纵手柄，使其返回中位，脱开离合器，放松位置开关SQ1或SQ2，使工作台停。

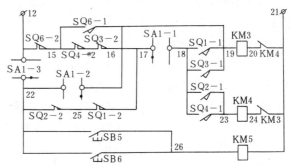

图 3-14 进给拖动电气控制电路图

2. 工作台前后上下运动　工作台前后和上下运动，由垂直和横向手柄控制，该手柄有五个位置：上下、前后和中位。由十字槽保证手柄在任意时刻只能处于一种位置。当手柄向上或向下时，机械上接通垂直进给离合器；手柄向前或向后时，机械上接通横向进给离合器；手柄处于中位时，则横向和垂直方向均不能接通。

（1）工作台向上运动　在M1起动以后，接通了进给控制回路电源。把手柄扳到向上位置时，一方面机械上接通垂直进给离合器，同时按下位置开关SQ4，SQ4（18-23）$^+$→KM4$^+$→M2$^+$反转，带动工作台向上。其电流通路为：12→22→25→17→18→23→$\boxed{KM4}$→24→21。电动机M1停止时将手柄扳向中位。

（2）工作台向下运动　将手柄扳向下，机械上同样接通垂直进给离合器，但电气上按下的是SQ3，SQ3（18-19）$^+$→KM3$^+$→M2$^+$正转，带动工作台向下运动。同样手柄处于中位时M2停。

（3）向前、向后运动　手柄扳到向前位置，机械上接通横向进给离合器，电气上所接通的电路与向下时完全一样，工作台向前运动；手柄扳到向后位置，机械上也接通横向进给离合器，电气上的通路与向上时完全一样。

（4）限位控制　与左右运动限位控制完全一样，由相应方向的限位挡铁控制。当工作台移动到预定位置时，限位挡铁将手柄撞回中位，机械上脱开相应的离合器，电气上放松位置开关，使KM3或KM4的线圈断电，M5停。

3. 圆工作台运动　为扩大机床的加工能力，如铣削圆弧、凸轮等曲线时，可在工作台上加装圆工作台。圆工作台可以手动、也可以自动。当需要自动时，首先把转换开关SA1扳到"接通"位置，这时触点SA1-2（19-22）$^+$，SA1-1（17-18）$^-$，SA1-3（12-22）$^-$，接着起动M1。当把两个操纵手柄都扳向中位时，SQ1～SQ4全部放松，KM3$^+$→M2$^+$正转，拖动圆工作台旋转。电流通路为：12→15→16→17→25→22→19→$\boxed{KM3}$→20→21。由此可见，圆工作台只能作单方向旋转，不能实现正反转；位置开关SQ1～SQ4的四对常闭触点都串进圆工作台控制回路中，所以两个操纵手柄只要任何一个离开中位，都将切断圆工作台控制回路，这就实现了矩形工作台和圆工作台间的互锁。

（三）工作台的快速移动

工作台 3 个方向的快速移动也是由进给电动机 M2 拖动的。当需要快速移动时，将操纵手柄扳向相应方向。按下 SB5（SB6），SB5（22-26）$^+$→KM5$^+$→YA$^+$接通快速进给传动链，工作台实现该方向的快速移动。松开 SB5（SB6），KM5$^-$→YA$^-$切断快速运动，工作台按原进给速度和方向继续运动。快速运动是点动控制。

为了调整对刀，工作台也可以在主轴不转的情况下移动。这时应将 SA1 扳至"停止"位置，然后按下 SB1 或 SB2，使 KM1 通电并自锁，再进行进给或快速操作，就能实现该方向的调整。

（四）其它辅助控制

1. 易变速冲动 同样为了变速时齿轮易于啮合，进给速度变换与主轴变速一样，有瞬时冲动环节。变速应在工作台停止进给时进行，进给变速操作过程是：先起动主电动机 M1，拖出蘑菇形变速手轮，同时转动至所需的进给速度，再把手柄用力往外一拉，并立即推回原处。就在手轮被拉到极限位置的瞬间，其连杆机构推动 SQ6，使 SQ6-2（12-15）$^-$，SQ6-1（15-19）$^+$，接触器 KM4 短时通电，M2 短时冲动，便于变速过程中齿轮的啮合。其电流通路为：12→22→25→17→16→15→19→| KM3 |→20→21。当齿轮顺利啮合后，手轮完全推回原位时，开关 SQ6 又恢复原来状态，切断点动线路。

2. 保护环节、照明电路及冷却泵电动机的控制

（1）联锁保护 ①主运动和进给运动的联锁；②工作台 6 个方向之间的联锁；③矩型工作台和圆工作台间联锁。

（2）其它保护 短路保护、过载保护等，请读者自行分析。

（3）照明电路 机床局部照明由照明变压器 T 输出 36V 安全电压，由开关 SA4 控制照明灯。

（4）冷却泵电动机的控制 冷却泵电动机 M3 通常在铣削加工时由转换开关 SA3 操作，当扳至"接通"位置时，触点 SA3（3-4）闭合，接触器 KM6 通电，M3 起动，带动冷却泵供出冷却液。

三、常见故障分析

1. 主轴停车时没有制动作用 主要原因是速度继电器 KV 发生了故障。速度继电器常开触点 KV1、KV2 不能按旋转方向正常闭合，就会使主轴停车时没有制动作用。速度继电器 KV 中推动触点的胶木摆杆有时会断裂，这时其转子虽随电动机转动，但不能推动触点使 KV1 或 KV2 闭合，也就不会有制动作用。

此外，速度继电器的旋转是借联接装置来传动的。当继电器轴伸圆销扭弯、磨损或弹性联接件损坏、螺钉销钉松动或打滑时，都会使速度继电器的转子不能正常旋转，KV1 或 KV2 也不能正常闭合，在停车时不起制动作用。

速度继电器动触点弹簧调得过紧时，制动过程中反接制动电路会过早被切断，强制停车作用随之会过早结束，这样自由停车的时间必然延长，表现为虽有制动但效果不明显。

2. 主轴停车后产生短时反向旋转 这是由于速度继电器动触点弹簧调节得过松，使触点分断过迟，以致在反接的惯性作用下，电动机停止后，仍会短时反向旋转。这只要将触点弹簧调整合适，故障就可消除。

3. 按停止按钮后主轴不停 故障原因之一是主轴电动机起动、制动过于频繁，造成接触器 KM1 的主触点产生熔焊，以致无法分断主轴电动机电源。原因之二是制动用接触器 KM2 的主触点中有一相接触不良，此时当按下停止按钮时，起接触器 KM1 释放，制动接触器 KM2 动作，但由于 KM2 的主触点只有两相接通，因此电动机就不会产生反向转矩，仍按原方向旋转，速度继电器 KV 仍然接通，在这种情况下，只有切断进线电源才能使电动机停止。当按下 SB

或 SB4 后，只要 KM1 能释放、KM2 能吸合，就说明控制线路工作正常，但检查时，电动机无反接制动，即可断定是上述故障。

4. 工作台控制线路的故障

(1) 工作台不能向上进给运动　如 KM3 不动作，但控制电源正常，位置开关 SQ4 已压合使 SQ4-1 接通，KM4 常闭触点及 KM3 线圈接点接触良好，热继电器也没有动作，继续查，会发现纵向操作手柄不在零位，所以工作台电动机不能起动使工作台向上运动。如 KM3 动作，电动机转动而无向上进给，则故障一般是垂直进给离合系统出了故障。

(2) 工作台向左、向右不能进给，向前、向后进给正常　由于工作台前后进给正常，则证明进给电动机 M2 主回路及接触器 KM3、KM4 及位置开关 SQ1-2、SQ2-2、SQ3-1、SQ4-1 工作都正常，而 SQ1-1、SQ3-1 同时发生故障的可能性较小，这样故障范围就缩小到三个位置开关的三对触点 SQ3-2、SQ4-2、SQ6-2。这三对触点只要有一对接触不良或损坏，就会使工作台向左或向右不能进给。可用万用表分别测量这三对触点之间的电压，来判断是哪对触点出现故障。SQ6-2 是变速瞬时冲动开关，常因变速时手柄扳动过猛而损坏。

(3) 工作台各个方向都不能进给　用万用表先检查控制回路电压是否正常，若控制回路电压正常，可扳动操作手柄至任一运动方向，观察其相关接触器是否吸合，若吸合，则断定控制回路正常，这时应着重检查主回路，常见故障有接触器主触点接触不良，电动机接线脱落、绕组断路等。

(4) 工作台不能快进　在主轴电动机起动后，工作台按预定方向进给。当按 SB5 或 SB6 时，接触器 KM5 通电吸合，牵引电磁铁 YA 接通，工作台按预定方向快速移动。若不能快速移动，常见的故障是牵引电磁铁电路不通、线圈断线或机械卡死。如按下 SB5 或 SB6 后牵引电磁铁吸合正常，大多是杠杆卡死或离合器摩擦片间隙调整不当。由于 X62W 所用牵引电磁铁吸力大，吸合或释放时冲击较大，有时会释放过头，使动铁心卡死。这时不仅不能快速进给，还将使牵引电磁铁线圈流过很大的电流，若撤住按钮 SB5 或 SB6 不放，将烧毁线圈。

(5) 变速无冲动　主轴变速时使用 SQ7，进给变速时使用 SQ6 来实现冲动。由于变速时 SQ7 或 SQ6 在频繁压合，开关位置改变以致压不上，甚至开关底座被撞碎或触点接触不良，无法接通对应的接触器线圈电路，都将造成变速时无冲动。

第五节　镗床的电气控制

镗床是一种精密加工机床。主要用于加工工件上的精密圆柱孔，往往这些孔的轴心线要求严格地平行或垂直，相互间的距离也要求准确，有较高的形状和位置精度要求，这些都是钻床难以胜任的。而镗床本身刚性好，形位公差小，运动精度高，能满足上述要求。

镗床除能完成镗孔加工外，在万能镗床上还可进行钻、扩、铰等孔加工，以及车、铣工序。所以镗床的工艺范围很广。

按用途不同，镗床可分为卧式铣镗床、坐标镗床、金钢镗床以及专门化镗床等。下面以常用的卧式铣镗床为例分析其电气控制。

一、镗床主要结构及运动情况

卧式铣镗床用来加工各种复杂大型工件，如箱体零件、机体。它是一种用途很广的机床，除镗孔外，还可进行钻、扩、铰孔，车削内外螺纹，车外圆柱面和端面，用端铣刀与圆柱铣刀铣削平面等多种工作。因此在这种镗床上，工件一次安装后，即可完成大部分或全部加工，特别适合大型、复杂零件的加工。

（一）卧式铣镗床的主要结构　图 3-15 为卧式铣镗床外形图。床身由整体的铸件制成，在它的一端装有固定不动的前立柱 3，在前立柱的垂直导轨上装有镗头架 2，它可以上下移动、并由悬挂在前立柱空心部分内的配重来平衡。在镗头架上集中了主轴部件、变速箱、进给箱与操纵机构等部件。切削刀具安装在镗轴 5 前端的锥孔里，或装在平旋盘 4 的刀具溜板 11 上。加工时，镗轴一方面旋转，一方面沿轴向作进给运动。平旋盘只能旋转，装在它上面的刀具溜板可在垂直于主轴轴心方向作径向进给运动。平旋盘主轴是空心轴，镗轴穿过其中空部分，通过各自的传动链传动，因此可独立转动。在大部分情况下使用镗轴加工，只有在用车刀切削端面时才使用平旋盘。

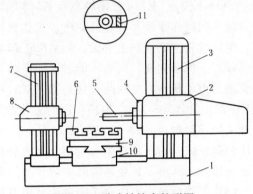

图 3-15　卧式铣镗床外形图

1—床身　2—镗头架　3—前立柱　4—平旋盘　5—镗轴　6—工作台　7—后立柱　8—尾座　9—上溜板　10—下溜板　11—刀具溜板

床身的另一端装着后立柱 7，其上的尾座 8 用来支承镗杆的末端，以保证镗杆的刚性，它随镗头架同时升降，因此保证了两者的轴心线始终在同一轴线上。后立柱可沿床身导轨在镗轴轴线方向调整位置。

工作台安装在床身中部的导轨上，它由上溜板 9、下溜板 10、工作台 6 组成。下溜板可沿床身导轨作纵向移动，上溜板可沿下溜板导轨作横向移动，工作台可相对于上溜板转动。这样，配合镗头架的垂直移动，工作台的横向、纵向进给和回转，就可以加工工件上一系列与轴心线相互平行或垂直的孔。

（二）运动情况

（1）主运动　指镗轴的旋转运动和平旋盘的旋转运动。

（2）进给运动　指镗轴的轴向进给、平旋盘刀具溜板的径向进给、镗头架的垂直进给、工作台的横向与纵向进给。

（3）辅助运动　指工作台的旋转、后立柱沿主轴轴心方向的移动、尾座的垂直移动。

由上可知，镗床加工范围广，运动部件多，调速范围广。下面以 T68 卧式铣镗床电气控制系统为例，分析镗床的电气控制系统是如何满足其工艺要求的。

二、T68 型卧式铣镗床的电气控制

图 3-16 为 T68 型卧式铣镗床电气控制电路图。由于加工螺纹的需要，所以主轴和进给拖动同用一台电动机 M1，M2 为快速移动电动机。其中 M1 为一台 4/2 极的双速电动机，绕组为 △/YY 联结。

电动机 M1 由 5 只接触器控制，其中，KM1、KM2 为电动机正、反转接触器，KM3 为制动电阻短接接触器，KM4 为低速运转接触器，KM5 为高速运转接触器（KM5 为一只双线圈接触器或由两只接触器并联使用）。主轴电动机正、反转停车时，均由速度继电器 KV 控制实现反接制动。由 FU1 实现短路保护，由 FR 实现过载保护。

电动机 M2 由接触器 KM6、KM7 实现正、反转控制，由 FU2 实现短路保护。因快速移动为点动控制，即 M2 为短时运行，所以没有加过载保护装置。

（一）主轴电动机的正、反转起动控制

合上电源开关 Q，信号灯 HL 亮，表示电源接通。调整好工作台和镗头架的位置后，便可开动主轴电动机 M1，拖动镗轴或平旋盘正反转起动运行。

主轴电动机 M1 有高速正转、高速反转、低速正转和低速反转四种工作状态。高低速由选择手柄控制，正反转由相应的按钮、继电器、接触器控制。下面以正转为例加以分析。

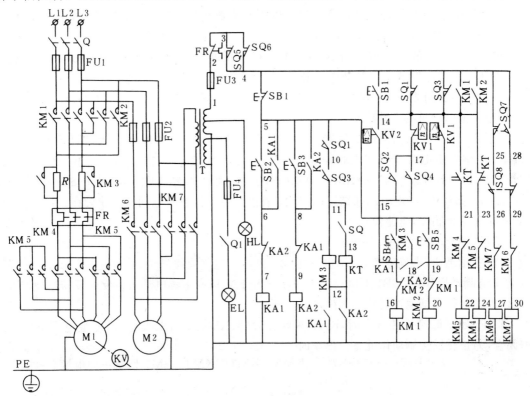

图 3-16 T68 卧式镗床电气控制电路图

1. 低速正转 将速度选择手柄置于低速档，位置开关 SQ 不受压，SQ (11-13)⁻。按下 SB2，SB2 (5-6)1± → KA1± → KA1 (5-6)⁺ 自锁

→ KA1 (12-0)⁺ → KM 短接电阻 R

→ KA1 (18-15)± → KM1± → KM1 (4-14)± → KM4⁺ → M1△联结。

→ 接通正向电源。

这样，M1 接入正向电源，△联结，全压起动，实现低速正转。

2. 高速正转 将速度选择手柄置于高速档，此时位置开关 SQ 受压，SQ (11-13)±，为 KT 线圈通电作准备。

按下 SB2，SB2 (5-6)± → KA1± → KA1(5-6)⁺ 自锁。

→ KA1(12-0)⁺ → KA2⁺ 短接电阻 R。

→ KT⁺ 开始延时。

→ KM1 (4-14)⁺ → KM4-M1△联结。

→ KA1(18-15)⁺ → KM1 → 接通正向电源。

M1 正向低速起动。当 M1 接近低速额定转速时，KT 延时时间到，KT (14-23)⁻→KM4⁻→M1 解除△联结，由于惯性继续旋转。接着 KT(14-21)⁺→KM2⁺→M1 实现 YY 联结，继续处于起动状态，转速升高至高速时的额定转速。

由上分析可知：

(1)主轴电动机 M1 的正反转控制，由按钮操作，由中间继电器 KA 实现自锁、并使 KM3 通电，将限流电阻 R 短接，以实现 M1 的全压起动。

(2)M1 的高速起动，是通过速度选择机构压合位置开关 SQ 来接通时间继电器 KT，从而实现由低速起动自动换接成高速运转的控制。

(3)与 M1 联动的速度继电器 KV，在电动机正反转时，分别使 KV1(14-19)⁺、KV2(14-15)⁺，为正反转停车时的反接制动作准备。

(4)反转的控制原理与正转完全相同，只不过动作电器为 SB2、KA2、KM3、KM4 或 KM5。

(二)主轴电动机的点动控制

为了调整对刀，主轴电动机设置了正反转点动控制环节。控制电器为 SB4(SB5)、KM1(KM2)，R 串入主电路，M1 按△联结，即可实现串电阻低速点动控制。如：按下 SB4，SB4(5-15)⁺→KM1⁺→KM1(4-14)⁺→KM4⁺电动机 M1 串电阻△联结正向起动，松开 SB4，M1 自由停车。按下 SB5，M1 串电阻△联结反向起动。若松开点动按钮时电动机转速较高，可以将 SB1 按到底实现反接制动，迅速停车。

(三)主轴电动机的停车与制动

为使主轴迅速、准确停车，主轴电动机 M1 采用了电气反接制动，由停止按钮 SB1 来实现 M1 停车与制动操作，由 SB1、KM1、KM2、KM3 和 KV 构成主轴电动机正反转反接制动环节。下面以主轴运行在低速正转状态为例加以分析。

当 M1 处于低速正转状态时，KA1、KM1、KM3、KM4 均通电吸合，速度继电器 KV(14-19)闭合，为正转反接制动作准备。停车时，

按下 SB1，SB1 ┌→SB1(4-15)⁻→KA1⁻、KM3⁻、KM1⁻、KM4⁻→M1 切断正向电源。
　　　　　　　└→SB1(4-14)⁺ ──经KV(14-19)──→KM2⁺→KM4⁺→M1 定子串电阻进行反接制动。

当 M1 的转速降低到 KV 的释放值(40r/min)时，触点 KV1(14-19)释放，使 KM2、KM4 相继断电，反接制动结束。

若主轴电动机运行在高速正转状态，制动时应首先使 M1 的绕组从 YY 联结转换为△联结，使 M1 在△联结下反接制动。所以，

按下 SB1，SB1 ┌→SB1(4-5)⁻→KA1⁻、KM3⁻、KT⁻、KM1⁻→KM5⁻电动机 M1 切断正向电源，解除 YY 联结。
　　　　　　　└→SB1(4-14)⁺→KM2⁺→KM4⁺→M1 按△联结，串电阻输入反向电源。

M1 转速急剧下降，当转速降到 KV 调整值时，KV1(14-19)⁻、KM2⁻、KM4⁻，切除制动电源、反接制动结束。

若主轴电机处于反转状态，制动原理和正转状态时一样，但此时 KV2(14-15)点作为制动结束的切换点。

停车操作时，务必将 SB1 按到底，否则将无反接制动，只是自由停车。

(四)主运动与进给运动的变速控制

T68 主运动与进给运动的速度变换,是通过"变速操纵盘"来改变传动链的传动比来实现的。它可在电动机 M1 起动运行前进行,也可在运行中进行变速。下面以主轴变速为例说明其控制原理。

1. 几个位置开关的说明　SQ 为高低速转换←开关,用速度选择手柄控制,SQ 放松为低速挡,SQ 压下为高速挡;SQ1 为主轴变速时自动停车与起动开关,变速时 SQ1 放松,运行时 SQ1 受压;SQ2 也是变速用冲动开关,变速时压下 SQ2,运行时放松 SQ2;SQ3、SQ4 为进给变速用,变速时放松 SQ3、压下 SQ4,运行时情况相反。

2. 变速操作过程　主轴变速时,首先拉出"变速操纵盘"上的手柄,然后转动变速孔盘,选好速度后,将变速手柄推回。就在变速手柄拉出或推回时,SQ1、SQ2 相应动作,实现对 M1 的控制。

3. 主轴运行中的变速控制过程　主轴在运行中需要变速时,可将主轴变速手柄拉出,经过联动机构使 SQ1 放松,于是:

$$SQ1 \begin{cases} \rightarrow SQ1(5\text{-}10)^- \rightarrow KM3^-, KM1^- \text{或} KM2^-, M1 \text{被切断运行电源,同时主电路串入电阻。} \\ \rightarrow SQ1(4\text{-}14)^+ \rightarrow KM2^+ \text{或} KM1^+ (\text{经 KV 常开触点}), M1 \text{串电阻} R \text{实现反接制动。} \end{cases}$$

若电动机原来运行在低速状态,则 KM4 仍保持通电状态,M1 按△联结串电阻反接制动;若电动机原来运行在高速状态,则因 SQ1 放松,KT 断电,M1 从 YY 联结换成△联结,然后串入 R 实现反接制动。此时电动机转速急剧下降,以利于齿轮啮合。

然后转动变速孔盘,转至所需转速位置后,将变速操纵手柄推回原位,若推不上,则表明变速齿轮发生顶齿而未啮合上。此时,需变速齿轮少量转动,以利啮合。对此,T68 设置了变速时脉动控制电路。

由前述可知,当变速手柄拉出时,SQ2 受压,SQ2(17-15)⁺。以主轴正转为例,当 M1 的转速降到一定值时,KV1(14-19)⁻,KM2⁻,M1 切除制动电源,而 KV1(14-17)⁺,经 4—SQ1—14—17—$\boxed{SQ2}$—15—16—0,使 KM1⁺,M1 在△联结下串电阻 R 正向起动,当 M1 的转速升高到 KV 动作值时,KV1(14-17)⁻,KM1⁻,KM1(14-19)⁺,KM2⁺,于是 M1 又处于反接制动状态。如变速操作手柄还没有推进去,则重复上述过程,使 M1 处于起动、制动的循环中,从而使主轴获得低速脉动,便于齿轮啮合,直至变速手柄推回原位为止。当变速手柄推回原位后,SQ1 被压下,SQ2 被放松,变速过程结束。此时,SQ2(17-15)⁻,切断了变速脉动电路,而 SQ1(5-10)⁺,由于 KA1⁺,其常开触点仍然闭合,所以 KM3、KM1 相继通电重新起动,拖动主轴在新的转速下运转。

停车状态的变速操作方法及控制过程与运行状态变速完全一样,但变速结束后主轴恢复停止状态。

T68 的进给变速控制与主轴变速控制完全相同。它是由进给变速孔盘来改变进给传动链的传动比来实现的。变速时拉出变速孔盘,此时放松 SQ3,压下 SQ4,然后转动孔盘至所需转速位置,再将孔盘推向原位,若发生顶齿现象,则同样使 M1 处于起动、制动的脉动状态,直至孔盘推回原位,变速控制结束。

(五)镗头架、工作台的快速移动控制

为缩短辅助时间,提高生产率,由快速电动机 M2 经传动机构拖动镗头架和工作台作各种快速移动。运动部件及方向的选择由装在工作台前后的操作手柄进行,而电气上的控制则由镗头架上的操纵手柄控制。

1. 正向快移　压下快移手柄,亦即压合位置开关 SQ8,接触器 KM6 吸合,M1 通电正向起动旋转,并驱动机床相应的部件作正向快速移动。电气通路为:1→2→4→25→ SQ8 →26→27→ KM6 →0。

松开手柄,SQ8复位,M2⁻停止。

2. 反向快移 压下快移手柄,行程开关SQ7受压,接触器KM7吸合,M2通电反向起动旋转,并驱动机床相应部件作快速反向移动。电气通路自行分析。

松开手柄,SQ7复位,KM7⁻,M2停。

(六)机床的联锁与保护

T68具有完善的机械和电气联锁保护。如主轴或平旋盘进给时,不允许工作台或镗头架进给,否则发生机械干涉事故,为此设置了机电联锁保护装置。

行程开关SQ2与手柄用机构相联,该手柄操纵着工作台和平镗头架进给。当手柄动作时,机械上接通相应的进给传动链,电气上使SQ2动作,SQ2(3-4)⁻。

位置开关SQ6与另一手柄用机构相联,该手柄操纵着主轴和平旋盘进给。当手柄动作时,机械上接通相应的进给传动链,电气上使SQ6动作,SQ6(3-4)⁻。

当SQ5、SQ6有一个使触点(3-4)接通时,电动机才可能起动。如果两个手柄都动作,则触点(3-4)处于断开状态,机床就不能工作和快速移动,以防止可能发生的事故。

本机床的其它保护,请读者自行分析。

三、故障分析

1. 主轴电动机不能高速旋转 由前述可知,主轴及进给速度的变换,不但依靠机械滑移齿轮来实现,而且通过双速电动机的两种转速,增加了主轴速度等级。造成主轴电动机不能高速旋转的原因多数是由于位置开关SQ因紧固螺钉松动,开关移位,变速时簧片压不上SQ所致,使SQ的常开触头(11-13)始终处于断开状态,即主轴电动机只有低速没有高速。也可能因位置开关SQ接线松动,接触不良或时间继电器KT的触头松动、触头损坏、接触不良、机械卡住,造成电动机M1不能实现YY联结,因而不能高速运转。

排除故障时,停电检查主轴变速控制电路,用万用表测量位置开关SQ常开触头(11-13)接触是否良好,同时测量时间继电器KT的触点KT(23-14)、KT(21-14)的接触情况,找出原因,排除故障。

2. 主轴电动机不能低速旋转 根据上例分析,参看T68的电气原理图可以知道,当位置开关SQ位置移动后,如SQ始终被压合或触点烧毛、熔焊,其常开触头(11-13)始终闭合,就会使主轴电动机只有高速而没有低速。

排除故障时,应重新紧固螺钉,并调整开关的动作距离。

3. 主轴转速与指示牌不符 T68主轴有18种转速,并有速度指示牌指示。主轴转速的变换,不但采用滑移齿轮实现,并且利用双速电动机的两种转速依次分别工作实现。双速电动机的高低速转换是由安装在主轴调速手柄旁边的位置开关SQ的通断来决定的,主轴变速手柄转动时,推动撞钉,撞钉推动簧片,使SQ通或断。标牌指示在第一、二、三种转速时,撞钉不动作,SQ亦不动作;标牌指示在第四、五、六种转速时,撞钉应推动簧片,使SQ动作,其它依次类推。该故障是由于在维修中安装调整不当,使SQ动作恰恰相反,而发生与指示牌不符的转速。可按要求重新调整开关动作。

4. 主轴变速时电动机无制动 主轴变速时,不需要预先停止电动机。在电气控制上做到主轴变速时,主轴电动机先制动,以利于变速时齿轮的啮合,简化了操纵程序。速度继电器常用于反接制动中。制动时,控制信号通过速度继电器作用于控制线路,从而实现电源相序变换,使电动机迅速减速,当转速减低到 40r/min 以下时,又使电动机电源切断,电动机停止而不会反转。

电动机变速时不能制动的故障原因有:①变速手柄动作时,位置开关 SQ1(4-14)因紧固不牢、位置移动或触头熔焊不能脱开,被卡住,使其触头 SQ1(5-10)仍处于闭合状态,因此电动机仍然旋转。②速度继电器损坏,特别是胶木锤断裂,使反转接触器不能吸合进行反接制动。

发生故障时,先检查位置开关 SQ1 的动作是否准确、可靠。如 SQ1 动作无误,电动机能减速运转而不能实现反接制动,则表明是速度继电器 KV 出现故障,需进行修理或更换。

5. 主轴速度选好后推上手柄主轴电动机不能冲动(脉动)　主轴电动机冲动的先决条件是:①变速时齿轮卡住、顶齿,使 SQ2 压合,其常开触点 SQ2(15-17)闭合。②电动机已减速至 40r/min 以下,触点 KV1(14-17)闭合(正转变换)。③SQ1 处于复位状态,触点 SQ1(4-14)闭合。这样才能使电动机冲动,电气过程如前所述。

故障原因:①位置开关 SQ2 紧固不牢,位置移动或接触不良,使 SQ2(15-17)不能闭合。②速度继电器 KV 的胶木锤断裂,触头不能复位闭合或接触不良,使 KV1(14-17)断开。③SQ1 的接线松动、脱落或接触不良,使线路触点(14-4)断开。上述原因造成电动机 M1 没有冲动。

排除故障时,重点检查、测量速度继电器 KV 和位置开关 SQ2,然后再查 SQ1 的常闭触头,找出故障点,修理或更换,即可排除故障。

6. 进给变换时电动机无制动　这一故障的原因和排出故障的方法、步骤,可参阅前述第 4 条说明,只是进给变换时推动的是位置开关 SQ3。

7. 进给速度选好后推上手柄电动机无冲动(脉动)　这一故障的原因和排除故障的方法、步骤,可参阅前述第 5 条说明,只是这时动作的位置开关是 SQ3 和 SQ4。

8. 双速电动机的接线接错　图 3-17 为 T68 用双速电动机定子接线图。高速时,电动机端子 4、5、6、接上电源,端子 1、2、3 短接,使电动机 M1 按 YY 联结旋转;低速时,端子 1、2、3 接上电源,端子 4、5、6 开路、使电动机 M1 按△联结运行。双速电动机的 6 根引出线端子有代号标志,不能接错。接错往往发生在机床大修或修理电动机时,接错后,电动机将不能起动,并发出嗡嗡声,造成三相电流不平衡、使保护熔断器熔断。

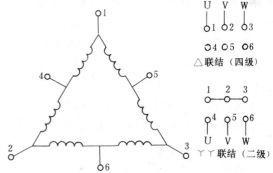

图 3-17　T68 用双速电动机定子接线图

9. 主轴和工作台无工作进给　位置开关 SQ5、SQ6 并联在电动机 M1、M2 的控制线路中 SQ5 与工作台和镗头架进给操纵手柄的机械机构联接,工作台进给时,触点 SQ5(3-4)断开。SQ6 同另一个主轴和平旋盘进给操纵手柄的机械机构联接,主轴进给时触点 SQ6(3-4)断开。所以 SQ5、SQ6 线路中,至少应有一个开关使触点(3-4)闭合,电动机才能工作,这样就保证了两个进给不能同时进行。

在镗床加工中,经常操纵镗头架和工作台的运动,来完成孔加工。由于 SQ5、SQ6 是采用 LX1 和 LX3 型位置开关,故经常动作会造成开关位置移动,甚至发生撞坏开关事故、使机床工作中断。

在分析机电联锁保护故障时,应注意故障时机床的工作情况,如操作者的操作方法、操作顺序、故障现象等,参看电气原理,找出故障时的电气过程,并消除故障。

第六节 组合机床控制电路

通用机床在加工大批量、多工序的零件时,不易实现多刀、多面同时加工;而只能单工序进行,因此生产效率低,加工质量不稳定,加工精度低,操作频繁,工人劳动强度大。为改善生产条件,提高生产率,满足生产发展的专业化、自动化的要求,人们在实践中不断创造、改进,逐步形成了各类专用机床。

专用机床是为完成工件某一道或几道工序的加工而设计制造的。一般采用多刀、多工位加工,具有自动化程度高,生产效率高,加工精度稳定,机床结构简单、操作方便等优点。但当零件的结构与尺寸改变时,需重新调整机床或重新设计、制造,极不利于产品更新换代。专用机床是单独设计制造的,生产周期长,成本高,使用受到一定的限制。

为此,在生产中发展了一种新型的加工机床——组合机床。它以通用部件为基础,配合少量的专用部件组合而成,具有结构简单、生产效率和自动化程度高的特点,当加工零件的结构尺寸、形状发生变化时,能较快地进行重新调整、组合成新的机床,这对产品更新换代极为有利,目前已得到广泛应用,在大批量生产(如交通机械、柴油机、电动机等行业)中发挥了巨大作用。

一、组合机床的组成和通用部件

图 3-18 为单工位三面复合式组合机床结构示意图。它由底座 11(侧 、中间与立柱等底座)、立柱 7、滑台 1、6、10、切削头、动力箱等通用部件,多轴箱、夹具等专用部件以及控制、冷却、排屑、润滑等辅助部件组成。

通用部件是经过系列设计,试验和长期生产实践考验的,结构稳定,工作可靠。它由专业生产厂成批制造,具有经济效益好,使用维修方便等优点。当被加工零件改变时,这些通用部件可根据需要组成新的组合机床,在组合机床中通用部件一般占机床零部件总量的 70%～80%。

组合机床通用部件的种类有:

(1)动力部件 动力部件用来实现主运动或进给运动。包括动力滑台、动力箱和各种切削工具。

(2)支承部件 支承部件主要为各种底座。用于支承、安装组合机床的其它零部件,它是组合机床的基础部件。

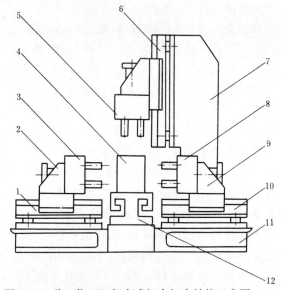

图 3-18 单工位三面复合式组合机床结构示意图

1、6、10—滑台 2、9—动力头 3、5、8—变速箱

4—工件 7—立柱 11—底座 12—工作台

（3）输送部件　输送部件用于多工位组合机床中，用来完成工件的工位转换。输送部件有直线移动工作台、回转工作台、回转鼓轮工作台等。

（4）控制部件　用于控制组合机床完成预先规定的工作循环程序。它包括液压元件、控制挡铁、操纵板，按钮台及电气控制部分。控制部分是组合机床的"中枢神经"。

（5）辅助部件　辅助部件包括冷却、排屑、润滑等装置，以及机械手、定位、夹紧、导向等部件。

组合机床的电气控制线路和组合机床的总体设计有共同的特点。前者也是由通用部件的典型控制线路和一些基本控制环节，根据加工，操纵要求以及自动循环的不同，在无需或只需少量修改后综合而成的。由于这些典型线路都经过了一定的生产实践实验，因此采用上述方法不仅可以缩短设计和制造周期，同时也提高了机床工作的可靠性。

有关组合机床的基本环节，我们在第二章中已作了详细分析。这里主要介绍组合机床中大量使用的通用部件的电气控制线路，以及组合机床单机的电气控制线路。

二、通用部件控制电路

组合机床的控制系统大多是机械、液压或气动、电气相结合的控制方式，其中电气控制又往往起着中枢联接的作用。因此，在分析组合机床控制系统时，要注意电气控制系统与机械、液压部分的相互关系。

值得注意的是组合机床的通用部件并不是一成不变的，它随着生产的发展不断更新，其相应的电气控制电路也随之更新换代。

（一）小型机械动力头控制电路

在动力部件中，能同时完成刀具切削运动及进给运动的部件常称为动力头。

1. 小型机械钻孔动力头的控制电路　小型机械钻孔动力头的传动系统如图 3-19 所示。

它由一台电动机实现主轴旋转运动和进给运动。工作时电动机 2 旋转，通过减速器 3 传动至蜗杆轴 4，并减速至所需的主轴转速。蜗杆轴通过花键套筒 8 与主轴 16 联接，带动主轴旋转。同时蜗杆与空套在轴上的蜗轮 5 耦合减速，当按下"向前"按钮时，进给电磁离合器 1 合上，使电动机的传动与进给机构联接，经配换齿轮 7、蜗杆蜗轮副 14、13 带动端面凸轮 18 旋转，通过其端面上的滚子 17 带动主轴套筒 15 移动，实现主轴的进给运动。端面凸轮为鼓形结构，凸轮旋转一周，主

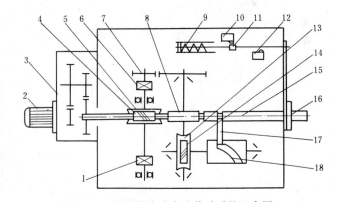

图 3-19　机械钻孔动力头传动系统示意图
1—进给电磁离合器　2—电动机　3—减速器　4、14—蜗杆　5、13—蜗轮　6—制动电磁离合器　7—配换齿轮　8—花键套筒　9—弹簧　10—原位开关　11—挡铁　12—终端开关　15—主轴套筒　16—主轴　17—凸轮滚子　18—端面齿轮

轴从原位开始进给，当加工到位后即退回原位，进给电磁离合器断电，蜗轮 5 与轴脱开，制动电磁离合器接通，对进给运动系统制动，使端面凸轮停在准确位置上。同时随着主轴的退后，带动挡铁 11 也退回原位，压下原位开关 10，发出工作循环完成的信号，弹簧 9 通过拉杆拉紧主轴套筒 15，使滚子紧紧靠在端面凸轮的曲面上准备下一个工作循环。

图 3-20 为小型机械动力头的控制电路。图中 KM 为动力头电动机接触器，YC1 为进给电磁离合器，YC2 为制动电磁离合器，SQ1 为主轴套筒原位开关，SQ2 为主轴套筒终点开关。

按下 SB2、SB2 (1-2)$^+$、KM$^+$ 并自锁，电动机起动旋转，带动主轴旋转。开始加工时再按 SB3，SB3 (4-5)$^+$→KA1$^+$ $\longrightarrow$ YC1$^+$ 进给离合器接通。

$\longrightarrow$ YC2$^-$ 制动离合器脱开。

主轴快速进给，进给到一定位置时转为工作进给，加工至终点压下 SQ2，经 1－6－7－0，KA2$^+$→KA2 (1-4)$^+$ 为动力头退至原位切断主轴进给作准备。主轴退到原位时压下 SQ1，KA1$^-$、KA2$^-$、YC1$^-$ 进给离合器脱开，YC2$^+$，制动离合器使进给停止并制动。此时主轴电动机并不停转，待按下 SB1、KM$^-$，电动机停转。

若上述动力头工作较频繁，且要求电磁离合器动作较平稳，对 YC1、YC2 应采用直流供电。

2. 凸轮进给小型机械动力头攻螺纹控制电路　组合机床进行攻螺纹加工时，要求主轴能实现正反向旋转和进给，并且进、退速度一样。这种运动方式可由机械或电气的方法来解决。为了简化机械结构，凸轮进给的小型机械动力头多采用控制电动机的可逆运转来实现。

图 3-21 为凸轮进给小型机械动力头攻螺纹控制电路。图中 KM1、KM2 为主轴电动机正、反转用接触器，其余电器元件作用与图 3-20 相同，电路工作情况请自行分析。

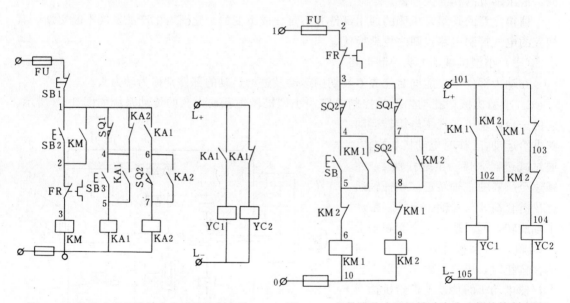

图 3-20　钻孔小型机械动力头进给控制电路　　图 3-21　凸轮进给小型机械动力头攻螺纹控制电路

（二）箱体移动式动力头控制电路

箱体移动式机械动力头安装在滑座上，由两台电动机作动力源，快速电动机通过丝杆进给装置实现箱体快速向前或向后移动；主电动机带动主轴旋转，同时通过电磁离合器、进给机构带动螺母套筒实现箱体一次或二次工作进给运动。图 3-22 为箱体移动式机械动力头传动系统示意图。

1. 箱体移动式机械动力头传动原理　主电动机 M1 经过齿轮 z_E、z_F 带动主轴旋转。箱体的进给运动由主轴上的蜗杆 z_1、蜗轮 z_2，经过电磁离合器 YC1（一次进给）或 YC2（二次进给），再经过一对变换齿轮 z_A、z_B（一次进给）或 z_C、z_D（二次进给），传给第二对蜗杆 z_3、蜗轮

z_4，带动装有螺母的套筒旋转，由于丝杆被快速电动机 M2 端部的电磁制动器 YB 抱住不转，所以螺母套筒转动带动箱体（及主轴）移动，实现一次（二次）进给。

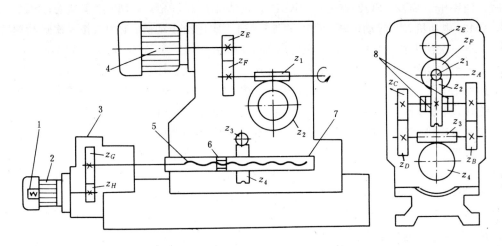

图 3-22 箱体移动式机械动力头传动系统示意图

1—电磁制动器 2—快速电动机 3—减速器 4—主电动机 5—丝杆 6—螺母 7—带螺母套筒 8—电磁离合器

动力头的快速进给运动由快速电动机 M2 拖动，经减速齿轮 z_H、z_C 带动丝杆旋转，这时装有螺母的套筒不转，丝杠就驱动箱体实现快速进给，而制动电磁铁 YB 此时是松开的。

主轴电动机与快速电动机配合，再加上电磁离合器的作用，能完成下述工作循环，如图 3-23 所示。

2. 具有二次工进的控制电路

图 3-24 为具有二次工作进给的控制电路。

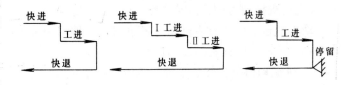

图 3-23 箱体移动式机械动力头工作循环图

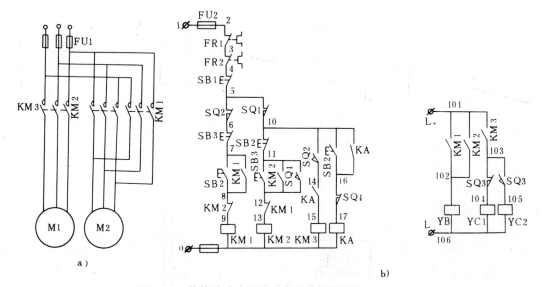

图 3-24 箱体移动式机械动力头进给控制电路

按下复合按钮 SB2，KM1 通电并自锁，制动电磁铁 YB 通电放松，快速电动机 M2 起动旋转，动力头快进。同时 KA 通电并自锁，为主轴电动机 M1 通电做准备。当动力头快进至接近工件时，挡铁压下 SQ2，SQ2 $(5\text{-}6)^-$、KM^-、电动机 $M2^-$、YB^-，M2 停车制动；SQ2 $(10\text{-}14)^+$，$KM3^+$ 电动机 M1 起动旋转，同时 $YC1^+$ 接通一次进给传动链，动力头按一次进给速度进行加工。当一次加工到位，挡铁压下 SQ3，SQ3 $(103\text{-}104)^-$、$YC1^-$，SQ3 $(103\text{-}105)^+$，YQ^+ 接通二次进给传动链，动力头按二次进给速度进行加工。加工到位，挡铁压下 SQ4，SQ4 $(16\text{-}17)^-$、$KA^- \rightarrow KA$ $(14\text{-}15)^- \rightarrow KM3^-$，主轴电动机 M1 停转，SQ4 $(11\text{-}12)^+ \rightarrow KM2^+ \rightarrow M2^+$ 反向起动旋转，并使 YB^+，箱体快速退回，当退回至原位时挡铁压下 SQ1，SQ1 $(5\text{-}10)^- \rightarrow KM2^-$、$YB^-$，快速电动机停转并制动，动力头停在原位，工作循环结束。

几点说明：

(1) 阅读组合机床电路图时，要结合工作循环图，弄清各位置开关压合、放松情况，分析挡铁类型（活动挡铁或固定挡铁，长挡铁或短挡铁）。

(2) 按下 SB2，要延续至动力头离开原位，使 SQ1 复位，SQ1 $(15\text{-}10)^+$，否则 KA 无法通电，KM3 也无法通电工作。

(3) 中间继电器 KA 除作为加工完成信号外，在电路上还起着失压、欠压保护作用。

(4) 快速运行时，主轴电动机不工作。

(5) 完成二次工进的电路图也不只一种，挡铁的配置有较大影响。不同的循环要求有不同的电路图，这里仅介绍了一例。

（三）机械动力滑台控制电路

动力滑台不仅装有主轴箱，还可安装各种切削头，用于完成钻、扩、铰、镗、铣及攻螺纹等加工工序，因此它的使用具有更大的灵活性。

1. 机械动力滑台传动系统　机械动力滑台由动力滑台、机械滑座、电动机及传动装置组成，由快速电动机和工作进给电动机分别拖动滑台，实现快速移动和工作进给。图 3-25 为机械动力滑台传动系统示意图。

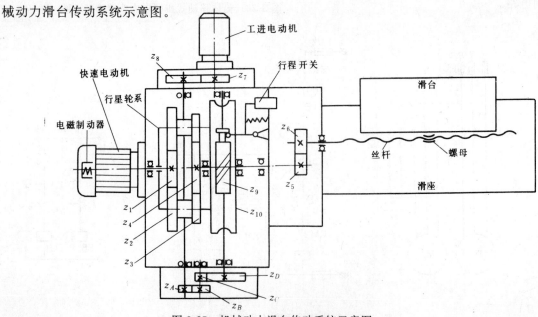

图 3-25　机械动力滑台传动系统示意图

滑台的快速运动由快速电动机 M1 经过行星轮系及齿轮 z_5、z_6 带动丝杆快速旋转，并由螺母带动滑台作快速移动。M1 的正、反转可实现滑台的快进与快退。

滑台的工作进给由工进电动机 M2 经齿轮 z_7、z_8，交换齿轮 $z_A \sim z_D$，蜗杆 9，蜗轮 10（蜗轮空套在轴上），行星齿轮 $z_1 \sim z_4$（快速电动机被制动，齿轮 z_1 转，z_2 除绕 z_1 旋转外，又绕其自身转轴旋转，经双联齿轮 z_2、z_3，使 z_4 旋转），再经齿轮 z_5、z_6 带动丝杆慢速旋转，推动滑台实现工作进给。

滑台在工作中若顶上死挡铁或发生故障不能继续前进时，丝杆、蜗轮就不能转动，而工作电动机 M2 乃继续旋转。由于蜗轮不转动，蜗杆的转动将使蜗杆沿轴线窜动，通过杠杆机构使行程开关动作，从而接通快退回路，快速电动机 M1 反向旋转，拖动滑台退回原位。

机械动力滑台根据不同的工艺要求，能实现图 3-26 所示的几种工作状态。

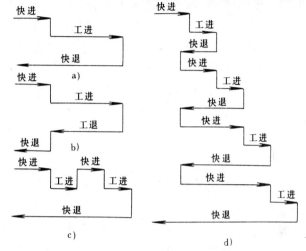

图 3-26　机械动力滑台工作循环图

根据机械动力滑台传动系统图，滑台的移动速度取决于快速电动机 M1、工进电动机 M2 是否旋转及旋转方向。机械动力滑台可以实现以下几种移动速度：①快速进给：包括快速加工进、快进、快速减工进；②工进速度　包括工进、工退；③快速退回　包括快退加工退、快退、快退减工退。

2. 机械动力滑台的电气控制电路

（1）不带反向工作进给的机械动力滑台控制电路　如图 3-27 所示，图中 KM 为主轴电动机控制用常开触点，KM1、KM2 为快速电动机正、反转用接触器，KM3 为工进电动机用接触器，YB 为快速电动机制动用电磁铁，各位置开关的作用见工作循环图。

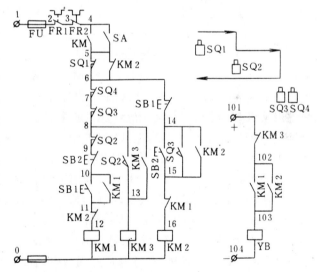

图 3-27　不带反向工作进给的机械动力滑台控制电路

电路工作情况是：在主轴电动机起动主轴旋转的情况下，KM(4-5)$^\pm$，按下 SB1，SB1(10-11)$^+$，KM1 线圈通电并自锁，KM1(102-103)$^\pm$，YB$^\pm$松开，电磁抱闸，快速电动机正向起动，拖动滑台快速向前，当快进到挡铁压下位置开关 SQ2 时，SQ2(8-9)$^-$→KM1$^-$→YB$^-$，快速电动机断电制动。SQ2 (8-13)$^\pm$→KM3$^\pm$→M2$^+$，进给电动机 M2 起动旋转，拖动滑台按工进速度进给。加工到终点时，挡铁压下 SQ3、SQ3(7-8)$^-$→KM3→M2$^-$，工进电动机停，SQ3(14-15)$^\pm$→KM2$^+$→M1$^+$起动反转，同时KM2(102-103)$^+$→YB$^+$放松，M1拖动滑台快速后退，退回至挡铁，压下 SQ1，SQ1（5-6）⁻、KM2⁻、YB⁻，电动机 M1 停车制动。

触点 KM（4-5）的设置，是为了保证在主轴电动机起动主轴旋转后，滑台才能工作。调整开关 SA 是在主轴不工作时，对滑台的单独调整用。SQ4 为过扭开关，当扭矩超过正常值时，切断工进电动机，滑台停止于此。

KM（5-6）触点是为滑台退回原位时切断电源，同时也为下次起动创造条件。SB2（14-15）触点为手动退回用。

由于快进电动机和工进电动机不能同时通电，所以快进和工进速度都只有一种速度。

（2）双向进给的机械动力滑台控制电路　如图 3-28 所示，图中 M1 为进给电动机，M2 为快速电动机，

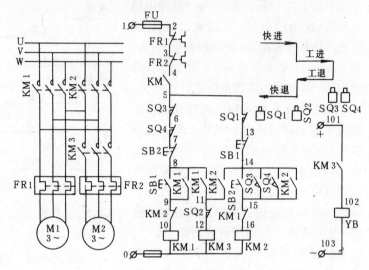

图 3-28　双向进给的机械动力滑台控制电路

KM1、KM2 为两台电动机的正、反转接触器，KM3 为 M2 的线路接触器。

电路工作情况：当主轴转动起来，即 KM（4-5）⁺后，按下 SB1，SB1（8-9）⁺→KM1⁺→M1⁺正向起动旋转。KM1（8-11）⁺→KM3⁺→M2⁺同时起动，滑台以快进速度加工进速度向前趋进。当刀具接近工件时，挡铁压下位置开关 SQ2，SQ2（11-12）⁻→KM3⁻→M2⁻、YB⁻，快速电动机 M2 停转并制动，滑台以工进速度前进，加工到位，挡铁压下 SQ3，SQ3（5-6）⁻→KM1→M1⁻工进停止。SQ3（14-15）⁺→KM2⁺→M1⁺工进电动机反向起动旋转，滑台以工进速度后退，由于压动 SQ2 的为长挡铁，滑台工进工退时 SQ2 一直被压下，当工退到位，挡铁放松 SQ2、SQ2（11-12）⁺→KM3⁺快速电动机 M2 反向起动旋转，拖动滑台以快退加工退速度快速退回，退至原位挡铁压 SQ1，SQ1（5-13）⁻→KM2、KM3⁻、M1⁻、M2⁻同时停转，M2 并有制动，滑台停在原位，工作循环结束。

图 3-28 所示电路用 3 个接触器 KM1、KM2、KM3 同时控制两台电动机的正反转，在选用接触器时，KM1、KM2 的容量应按两台电动机的容量来考虑。

对于具有双向进给加工的滑台，大多用作螺纹加工。

与图 3-27 中一样，SQ4 也是过扭矩开关，SQ4 动作时，应找出过扭矩原因，（一般是刀具磨损或被加工零件上遇到硬点），排出故障。在该电路中，当主轴过扭时，除切断工进外，即 SQ4（6-7）⁻，还使 SQ4（14-15）⁺，接通工退电路，电动机 M1⁺反转，使滑台退回。采用这种方式时，必须在 SQ4 动合触点闭合时，有一信号灯亮，指示出"过扭"，否则会误认为已加工好。特别是在后面有加工工步的情况下，更要处理好这种情况，否则会损坏刀具。

有的组合机床要求滑台工进完后，还需在前端停留，即滑台顶死在死挡铁上，主轴旋转，对端面进行加工（刮端面）。此时需对电路稍加修改，即 SQ3 动合触点闭合时，接通一时间继电器，经延时后用它的延时闭合触点代替 KM2 线路中的触点 SQ3（14-15）。

对于图 3-26c 所示的工作循环形式，目前普遍采用液压控制，这里不作介绍。

对于图 3-26d 所示的工作循环形式，将在下例中加以介绍。

三、组合机床控制电路举例

组合机床的组合形式很多，下面以深孔钻床的控制电路为例进行分析。

在钻深孔时，为了不使铁屑堵塞而折断钻头，以及对钻头进行冷却，需要在钻到一定深度时，使刀具退离工件，排除铁屑，进行冷却，并使动力头快进到接近上次工进完了处，再转为工进。这样多次反复，直至深孔加工完毕。机械分级进给机构是钻深孔时用于机械滑台上的附加部件，即 HJ20A—F96。该分级进给机构与机械滑台上的组合开关及挡铁配合，共同完成分级进给钻深孔动作。分级进给钻深孔的工作循环如图 3-29 所示。

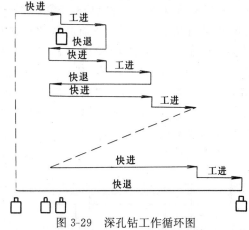

图 3-29 深孔钻工作循环图

深孔钻分级进给可以采用时间原则、扭矩原则和行程原则等方式。图 3-30 为采用箱体式机械动力头配合位置开关，滑块、挡铁组成的分级进给装置。图 3-31 为时间原则控制的深孔钻控制电路。图中 SQ1、A 为原位用位置开关和挡铁，SQ2、B 为快进转二进用位置开关和活动挡铁，SQ3 和 C 为刀具退离工件后再次转快进用位置开关和挡铁，SQ4、D 为加工终点用位置开关和挡铁，SQ5、E 为活动挡铁复位用位置开关和挡铁。

1. 位置开关与挡铁配合关系　如图 3-30 所示，开始时，滑台用快速电动机和主轴工进电动机起动，滑台快速进给，活动挡铁 B 随导杆前进，至压下 SQ2 时，滑台即转入工进加工。在加工期间，B 不随导杆前进，而是一直压住 SQ2 并沿着导杆相对刀具作向后移动，当加工至一定深度（由时间控制），刀具退出工件，进行排屑，冷却。在刀具退出时，B 由于无阻挡，也随刀具后退，直至挡铁 C 压下 SQ3 时，滑台又转为快进，活动挡铁又随导杆前进，当快进到达第一次工进的深度，B 挡铁又压下 SQ2，转入第二次工进加工，当加工达到第二段深度，时间继电器延时到，滑台又将快退。这样经过多次分级循环，直至钻孔深度达到要求为止。此时因控制时间未到，时间继电器延时触点未动作，钻孔加工完成退回信号由终端挡铁 SQ4 发出。在滑台退回过程

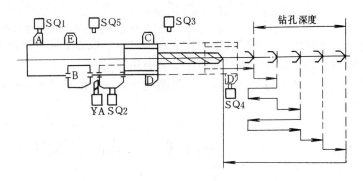

图 3-30　分级进给装置工作原理示意图

中，因 SQ4 使电磁铁 YA 通电，衔铁上升，挡住活动挡铁 B，使它沿着导杆滑动回到原位（即第一次转工进的位置）。这时挡铁 E 压下 SQ5，复位电磁铁 YA 断电，为下一个工件快进到此转工进的加工做准备。滑台退回原位时，压下 SQ1，滑台停在原位上。至此工作循环结束。

2. 电路的工作原理　当主轴旋转起来以后，即 KM (1-2)$^+$以后，按下 SB2，KM1$^+$并自锁，滑台

快速电动机起动，拖动滑台快速前进，当滑台离开原位后，行程开关 SQ1 放松，SQ1 (3-7)$^+$，使 KM3$^+$ 并自锁，工进电动机起动，滑台以合成速度快速向前。当快进到位，活动挡块 B 压下 SQ2，SQ2 (4-5)$^-$→KM1，YB$^-$，快进电动机停止并制动，滑台以工进速度前进进行钻孔加工。SQ2 (3-10)$^+$→KT$^-$ 开始计时，根据分级加工的行程调整的延时时间到，KT (10-11)$^+$→KM2$^+$ 并自锁，M1$^+$、YB$^+$、快速电动机反向起动并拖动滑台快退。退至刀具完全离开工件后，挡铁 C 压下行程开关 SQ3，SQ3 (7-10)$^-$→KM2$^-$→M1$^-$，SQ3 (3-4)$^+$→KM1$^+$→M1$^+$，YB$^+$ 电动机又拖动滑台快速前进至 SQ2 被压下，又转入工进，多次重复上述过程，直到加工终点，终端挡铁 D 压下 SQ4，SQ4 (3-13)$^+$→YA$^+$，该电磁铁把复位挡铁抬起，挡住活动挡铁 B，使其回到原位；同时，KA1$^+$，经触点 KA1 (7-11)$^+$ 使 KM2$^+$→M1$^+$ 反转拖动滑台快速后退，由于 KA1 (7-11)$^+$，当快退时，挡铁 C 压下 SQ3，KM2 继续通电，滑台继续后退，直至挡铁 E 压下 SQ5，SQ5 (13-14)$^+$→KA2$^+$，KA2 (13-15)$^-$→YA$^-$ 复位挡铁落下，活动挡铁随同滑台恢复原位，并于原位挡铁 A 压下 SQ1，SQ1 (3-7)$^-$，KM3$^-$、KM2$^-$、KA2$^-$、KA1$^-$。至此工作循环结束。

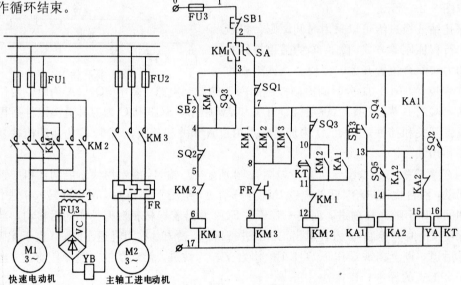

图 3-31　时间原则控制的深孔钻分级进给控制电路图

有的机床在调整过程中需要点动对刀，或为了调整位置开关方便，线路可考虑加入点动调整，即在快进、快退线路中加调整按钮。

组合机庆的通用部件除了机械式外，大量的采用液压控制，如液压滑台，液压回转工作台等。

第七节　桥式起重机的电气控制

常用的起重运输机械有：桥式起重机、电梯、带运输机、架空索道及电动搬运车等。它们对电气设备的要求，都有相似的特点，而机械结构则因其运用场合不同而各异。从目前来说大都采用交流拖动。下面以桥式起重机为例介绍其电气控制原理。

一、桥式起重机概述

起重机是一种用来提升或下放重物，并能使其在空中作短距离移动的运输机械，广泛应用于工矿企业、车站、港口、仓库、建筑工地等部门。它对减轻工人劳动强度、提高劳动生产率、促进生产过程机械化起着重要作用，是现代化生产中不可缺少的工具之一。根据其运动形式不同，分为塔式、门式、桥式起重机。桥式起重机又分为通用桥式起重机、冶金专用桥式起重机等。

通用桥式起重机是机械制造工业和冶金工业中最广泛使用的起重机械，俗称天车、行车、吊车。按起吊装置不同，可分为吊钩桥式起重机、电磁盘桥式起重机和抓斗桥式起重机。其中吊钩桥式起重机应用最广。

（一）桥式起重机的结构及运动情况

桥式起重机一般由桥架（又称大车）、装有提升机构的小车、大车移行机构、操纵室、小车导电装置（辅助滑线）、起重机总电源导电装置（主滑线）等部分组成。图 3-32 为桥式起重机总体示意图。

1. 桥架　桥架是桥式起重机的基本构件，它由主梁、端梁、走台等部分组成。主梁跨架在跨间的上空，有箱型、桁架、腹板、圆管等结构型式。主梁两端联有端梁，在两主梁外侧安有走台，设有安全栏杆。在驾驶室一侧的走台上装有大车移行机构，在另一侧走台上装有向小车电气设备供电的装置，即辅助滑线或电刷，在主梁上方铺有导轨，供小车移动。整过桥式起重机在大车移行机构拖动下，沿车间长度方向的导轨移动。

2. 大车移行机构　大车移行机构由大车拖动电动机、联轴节、传动轴、减速器、制动器及车轮等部件组成。安装方式有集中驱动和分别驱动两种。如图 3-33 所示，图 3-33a 为集中驱动，由一台电动机经减速机构驱动两个主动轮，不适宜车间跨度大的场合。图 3-33b 为分别驱动，由两台相同的电动机分别驱动两个主动轮。这种方式自重轻，安装、调试方便，实践证明使用效果良好。目前我国生产的桥式起重机大多采用分别驱动。

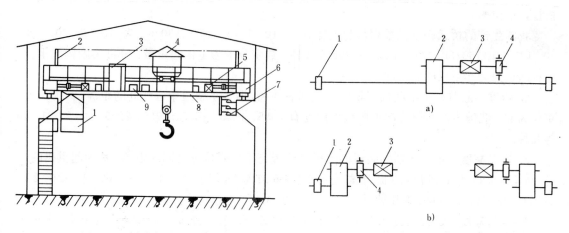

图 3-32　桥式起重机总体示意图　　　　图 3-33　大车传动机构简图

3. 小车　小车安放在桥架导轨上，可沿车间宽度方向移动。小车主要由钢板焊接而成的小车架以及其上的小车移行机构和提升机构组成。

小车移行机构由小车电动机、制动器、联轴节、减速器、车轮等部分组成。小车电动机经减速器驱动小车主动轮，拖动小车沿导轨移动。

4. 提升机构　提升机构由提升电动机、提升减速器、制动器、卷筒、静滑轮、吊钩等部分组成。提升电动机经联轴节、制动轮与减速器联接，减速器的输出轴与缠绕钢丝绳的卷筒相联接，钢丝绳的另一端装有吊钩，当卷筒转动时，吊钩就随钢丝绳在卷筒上的缠绕而上升或下降。图 3-34 为小车及提升机构示意图。对于起重量在 15t 以上的提升机构，一般配有两套吊钩，大的称为主钩，小的称为副钩。各部分均由电动机通过减速器进行独立传动，因此一般装有三台电动机。

由此可见，重物在吊钩上随着卷筒的转动而获得上下运动，随着小车在宽度方向获得左右运动，随着大车沿车间长度方向作前后运动，这样就可以实现重物在垂直、纵向、横向三个方向的运动，把重物移到车间的任一位置。

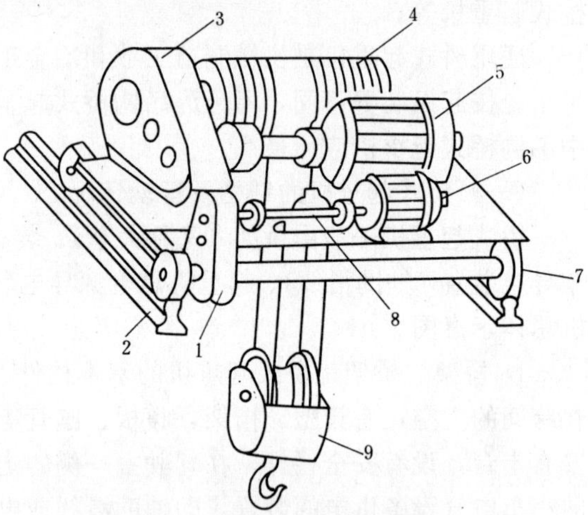

5. 操纵室　操纵室是操纵起重机的吊舱、也称驾驶室。操纵室内有大车、小车、提升机构的控制装置及保护装置等。

操纵室一般固定在主梁一端的下面，也有少数装在小车下方随小车移动。操纵室上方开有通向走台的舱口，供检修人员上下用。

图 3-34　小车及提升机构示意图

1—小车减速器　2—导轨　3—提升减速器　4—提升卷筒　5—提升电动机　6—平移电动机　7—小车平移导轮　8—静滑轮　9—吊钩

（二）桥式起重机的主要技术参数

桥式起重机的主要技术参数为起重量、跨度、提升高度、提升速度、工作类型、通电持续率等。

1. 起重量　起重量又称额定起重量，是第一主参数，它指起重机实际允许起吊的最大负荷量，单位为 t。

我国生产的桥式起重机系列其起重量有 5、10、15/3、20/5、30/5、50/10、75/20、100/20、125/20、150/30、200/30、250/30t 等多种。数字分子为主钩起重量，分母为副钩起重量。主钩起重量为起重机的额定起重量。

2. 跨度　起重机主梁两端车轮中心线间的距离，即大车轨道中心线间的距离，称为跨度，单位为 m。我国生产的桥式起重机系列跨度有 10.5、13.5、16.5、19.5、22.5、28.5、31.5m 等几种。

3. 提升高度　吊具或抓物装置的上极限位置与下极限位置之间的距离，称为起重机的提升高度，单位为 m。常用的提升高度有 12、16、12/14、12/18、16/18、19/21、20/22、21/23、22/26、24/26m 等几种。

4. 运行速度　运行机构在拖动电动机额定转速下运行的速度，以 m/min 为单位。小车运行速度一般为 40～60m/min，大车运行速度一般为 100～135m/min。

5. 提升速度　提升机构在提升电动机额定转速下运行时，取物装置上升的速度，以 m/min 为单位。一般提升的最大速度不超过 30m/min，依货物的性质、重量、提升要求而定。

6. 通电持续率　由于桥式起重机为断续工作，其工作的繁重程度用通电持续率 JC% 表示。通电持续率为工作时间与周期时间之比，即

$$JC\% = \frac{通电时间}{周期时间} \times 100\% = \frac{工作时间}{工作时间 + 休息时间} \times 100\%$$

一个周期通常定为 10min。标准通电持续率规定为 15%、25%、40%和 60%四种。

7. 工作类型 起重机按其载荷率和工作的繁忙程度可分为轻级、中级、重级和特重级四种工作类型。

（1）轻级 工作速度低，使用次数少，满载机会少，通电持续率为 15%。用于不需紧张及繁重工作的场合，如作一般的检修用。

（2）中级 经常在不同负载下以中等速度工作，工作不太繁重，通电持续率为 25%，如一般的机械加工车间和装配车间用的起重机。

（3）重级 工作繁忙，经常在额定负载下工作，工作时间较长，通电持续为 40%，如冶金、铸造车间和建筑工地的起重机，对于运送危险品或熔化状、炽热状金属用的起重机，不论其工作处于何种形式，均认为处于重级工作。

（4）特重级 基本处于额定负载下工作，通电持续率为 60%，如冶金专用的起重机。

（三）桥式起重机对电力拖动的要求

桥式起重机的工作环境一般十分恶劣，而且工作环境变化大，大都在粉尘大、高温、高湿度或室外露天场所等环境中工作。其工作负载属于重复短时工作制，工作中时开、时停，载荷时轻时重，电动机经常处于起动、制动、反转之中，同时需要承受大的过载和机械冲击。因此，要求有一定的调速范围，但对调速的平滑性要求不高；要求拖动装置能作电气和机械制动，以准确停车，特别对于提升机构，能在不同的速度下放重物，要求电动机是按反复短时工作制制造的，具有加强的机械结构，封闭式，较大的气隙和过载能力。为此，专门设计制造了起重用电动机，它分为交流和直流两大类，交流起重用电动机有绕线型和笼型两种，一般用在中小型起重机上，直流电动机一般用在大型起重机上。

处于断续状态下电动机的功率是这样确定的：即当电动机在某一标准的 JC%条件下工作时，电动机使用的功率其温升刚达到电动机的允许温升，则这一使用功率即为此标准 JC%下的额定功率。一般将 25%时的额定功率刻在电动机铭牌上。由于在不同的 JC%下，电动机工作时间长短不同，发热不同，电动机允许的功率也就不同。同一电动机当 JC%大时，则允许使用的功率 P 要减小；而 JC%小时，允许使用的功率增大。在实际使用中，电动机工作的 JC%值不一定都是标准值，工作在不同的 JC%下，电动机容量与 25%时额定容量的关系，可以近似用下式换算：

$$\sqrt{JC} \cdot P_{JC} = \sqrt{25} \cdot P_{25}$$

所以任意 JC%下的功率换算到 25%时为 $P_{25} = P_{JC} \cdot \sqrt{\dfrac{JC}{25}}$

例：YZR—22—6 型电动机在 JC%=40%时的功率为 6.3kW，换算到 JC%=25%时，额定功率为：

$$P_{25} = P_{JC}\sqrt{\frac{JC}{25}} = 6.3 \times \sqrt{\frac{40}{25}}kW = 6.3 \times 1.2kW = 7.5kW$$

二、凸轮控制器及其控制电路

桥式起重机的电气控制设备已标准化，它分为两类，即凸轮控制器控制和控制屏控制。凸轮控制器是通过它的指形触点，直接接通或断开主电路，以控制电动机的起动、制动、反向以及电阻的串入与切除；而控制屏控制是通过主令开关，接通和断开接触器、继电器线圈电路来控制电动机的工作状态。通常小容量电动机多采用凸轮控制器控制，而对于工作繁忙，或者电动机容量大时则采用控制屏控制。下面将分别介绍两类控制设备及其工作原理。

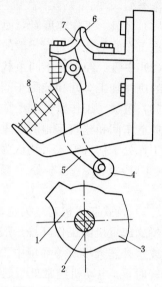

（一）凸轮控制器的结构和原理

凸轮控制器是一种手动电器，其结构如图 3-35 所示。它由手轮、转轴、凸轮、触点等部分组成。通过手轮转动转轴时，固定在轴上的凸轮 1 就转动，凸块压在滚轮上，使杠杆绕其轴转动，压缩弹簧而使动触点离开静触点。若将凸轮的凹部对准滚子，则在弹簧力的作用下而使动静触点闭合。这种触头有多对，每对触头相应有一凸轮。由于凸轮的形状及其安装的角度不同，所以当手轮转到不同的位置时，将有不同的触点闭合或断开，以控制电动机不同的工作状态。

（二）凸轮控制器型号与主要技术性能

我国目前生产的凸轮控制器主要有 KT10、KT14 型。额定电流有 25A、60A。其中 KT10 型触点为单断点转动式，具有钢质灭弧罩，操作方式有手轮式与手柄式两种；KT14 型触点为双断点、直动式，采用半封闭式纵缝陶土灭弧罩，只有手柄式操作一种。型号意义如下：

图 3-35　凸轮控制器结构及
其原理图

1—凸轮　2—转轴　3—凸块
4—滚子　5—杠杆　6—静触头
7—动触头　8—弹簧

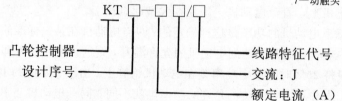

凸轮控制器按重复短时工作制设计，其通电持续率为 25%。如用于间断长期工作制时，其发热电流不应大于额定电流。凸轮控制器技术数据见表 3-4。

表 3-4　凸轮控制器主要技术数据

型号	额定电流 I (A)	工作位置数		触点数	在 JC%=25%时控制电动机功率 P (kW)		使　用　场　合
		向前（上升）	向后（下降）		制造厂样本数值	设计手册推荐数值	
KT10—25J/1	25	5	5	12	11	7.5	控制一台绕线型电动机
KT10—25J/2	25	5	5	13		2×7.5	同时控制两台绕线型电动机，定子回路由接触器控制
KT10—25J/3	25	1	1	9	5	3.5	控制一台笼型电动机
KT10—25J/5	25	5	5	17	2×5	2×3.5	同时控制两台绕线型电动机
KT10—25J/7	25	1	1	7	5	3.5	控制一台转子串频敏变阻器的绕线型电动机

要能正确使用凸轮控制器，必须看懂控制器的闭合表。以 KT10—25J/1 为例，手轮共有 11 个位置，除中间零位外，其左右各有 5 个位置作正、反转和调速用。各位均以竖线表示。

控制器有 12 对触点及相应的凸轮，某一触点在某个位置闭合，则在通过那个位置的竖线上对应于此触点处用"·"来表示。如图 3-36 中表示第一对触点在正转的 5 个位置和零位均闭合，而在反转的 5 个位置均断开（因无"·"）。其余同理照推。

（三）凸轮控制器控制电路

图 3-36 为 KT10—25J/1、KT14—25J/1、KT14—60J/1、KT14—60J/1 型凸轮控制器原理图，用来控制起重机的平移机构或提升（小吨位）电动机。

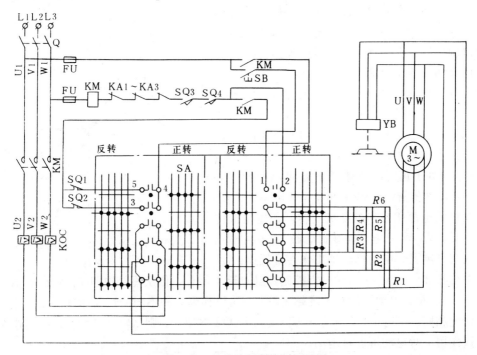

图 3-36　凸轮控制器控制原理图

1．电路特点

（1）可逆对称电路，凸轮控制器左右各有五个档，采用对称接法，即控制器手柄处在正转和反转的相对位置时，电动机工作情况完全相同。

（2）为减少转子电阻段数及控制转子电阻的触点数，采用凸轮控制器控制绕线型电动机时，转子串接不对称电阻。

（3）在提升重物时，控制器第一档为预备级，第二至第五档位提升速度将逐级提高，电动机工作于电动状态。

在重载下放时，电动机工作在再生发电制动状态。此时应将控制器手柄由零位直接扳至下降第五档位，而且中途不许停留。往回操作时，也应从下降第五档快速扳回零位，不然将引起重载高速下降，这是不允许的。

在轻载下放时，由于重物太轻，甚至重力矩小于摩擦力矩，此时电动机应工作在强力下降状态。

所以该控制电路不能获得重载或轻载的慢速下降。当要求准确定位时，采用点动操作。

图 3-37 为凸轮控制器控制提升电动机机械特性。

2. 控制电路分析　由图 3-36 可知，凸轮控制器 SA 在零位时有 9 对常开触点、3 对常闭触点。虚线框内左边 4 对常开触点用于改变电源相序实现电动机的正反转；右边 5 对常开触点用于电动机转子电阻的串入与切除；3 对常闭触点用于对起重机实现零位保护，并配合两个运动方向的位置开关 SQ1、SQ2 来实现限位保护。

KOC 为过电流继电器，用作电动机过流保护，SQ3 为紧急事故开关，SQ4（通常不只一处）为门开关，KM 为电源接触器兼作欠压、失压保护，YB 为断电制动的电磁制动器。有关桥式起重机的保护将在后面介绍。下面介绍其工作原理。

合上开关 Q，按下按钮 SB，若控制器处于零位，安全开关和紧急开关闭合，则 SA（1-2）$^+$，KM$^+$ 并自锁，作好起动准备。三相电源有一相（L1）直接接电动机定子，其余两相通过控制器可以交换相序，以实现正、反转。如手轮处于正转位置时，V2 接 W，W2 接 V，电动机正转；反转位置时，V2 接 V，W2 接 W，改变了输入电动机的电源相序，电动机反转。若放在正转 1 挡，定子 U、V、W 通电，电磁制动器 YB 通电松开，转子串入全部电阻，电动机起动工作在最低速。

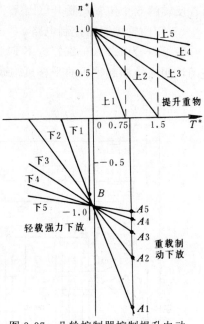

图 3-37　凸轮控制器控制提升电动机机械特性

当手轮在 2、3、4、5 档时，则控制器触点逐个闭合，依次短接电阻 R_6-R_5、R_6-R_4、R_6-R_3、R_6-R_2、R_6-R_1。电动机运转速度越来越高，可以得到 5 种不同的运行速度。反转时，切断电阻的情况相同。运行中，若限位开关 SQ1 或 SQ2 被撞开，则 KM$^-$，同时 YB$^-$，制动器在强力弹簧作用下对电动机进行制动。

三、主令控制器与交流磁力控制盘

凸轮控制器控制电路具有结构简单、维修方便、经济性能好等优点，但由于控制器触点直接用来控制电动机主电路，所以要求触点容量大，这样控制器体积大，操作不灵便，并且不能获得低速下放重物。为此，当电动机容量较大，工作繁重、操作频繁，调速性能要求较高时，往往采用主令控制器操作。它通过主令控制器的触点来控制接触器，再由接触器来控制电动机。这样控制器的触点容量可大大减小，操作更为轻便。同时可以使电动机获得较好的调速性能，更好地满足起重机的控制要求。

（一）主令控制器的结构

其结构类似凸轮控制器，但它的触点容量小，不能直接接主电路，而是经过通、断开接触器及继电器的线圈电路，间接控制主电路。它

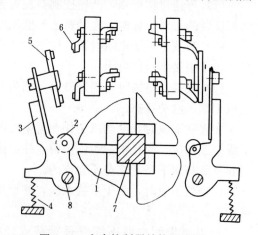

图 3-38　主令控制器结构原理图

1—凸轮　2—滚子　3—杠杆　4—弹簧　5—动触头　6—静触头　7—转轴　8—轴

起发号司令的作用，故称主令控制器。

图 3-38 为主令控制器的结构原理图。手柄通过转轴 7 带动固定在轴上的凸轮 1，以操作触点（5-6）的断开与闭合。当凸轮的凸起部分压住滚子 2，杠杆 3 受压力克服弹簧 4 的弹簧力，绕轴 8 转动，使装在杠杆末端的触点 5 离开触点 6，电路断开。当凸轮突出部分离开滚子 2 时，在复位弹簧 4 的作用下，触点闭合，电路接通。这样，只要安装一串不同形状的凸轮（或按不同角度安装）就可获得按一定顺序动作的触点。若触点用来控制电路，便可获得按一定顺序动作的电路。

（二）主令控制器型号及主要技术性能

1. 型号　主令控制器型号及所代表的意义如下：

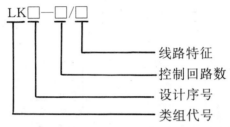

目前国内生产的主令控制器主要有 LK14、LK15、LK16 型。

2. 主要技术性能　额定电压为交流 50Hz、380V 以下及直流 220V 以下；额定操作频率为1200 次/h。表 3-5 为 LK14 型主令控制器的技术数据。

表 3-5　LK14 型主令控制器的主要技术数据

型　　号	额定电压 U（V）	额定电流 I（A）	控制电路数	外形尺寸 L（mm×mm×mm）
LK14—12/90				
LK14—12/96	380	15	12	227×220×300
LK14—12/97				

主令控制器应根据所需操作位置数、触点闭合顺序以及长期允许电流大小来选择。在起重机中，主令控制器是与磁力控制盘相配合来实现控制的。因此，往往根据磁力控制盘来选择主令控制器。

（三）交流磁力控制盘

按照生产工艺的要求，将控制用的继电器、接触器等电器元件按一定电路接线，组装在一个盘上，叫做磁力控制盘。该盘与主令控制器配合完成对绕线式电动机的起动、调速、反向、制动控制。用于平移机构的控制盘为 PQY 系列，用于升降机构的控制盘为 PQS 系列。按控制电动机台数和线路特征分为：

PQY1 系列：控制 1 台电动机；

PQY2 系列：控制 2 台电动机；

PQY3 系列：控制 3 台电动机，允许一台单独运转；

PQY4 系列：控制 4 台电动机，分为 2 组，允许每组单独运转；

PQS1 系列：控制一台升降电动机；

PQS2 系列：控制两台升降电动机，允许一台单独运转；

PQS3 系列：控制 3 台升降电动机，允许一台单独运转，并可直接进行点动操作。

上述两系列是全国统一设计的新系列产品。但目前各工矿企业仍大量使用旧型号的交流磁力控制盘。如平移机构使用 PQR9、PQR9A、PQR9B 及 PQX6401 等系列，升降机构使用 PQR10、PQR10A、PQR10B 及 PQX6402 等系列。为适应目前维修、使用这些旧型号产品的需要，下面介绍 PQR10A 控制盘与 LK1—12/90 型主令控制器构成的磁力控制器系统的工作原理。

四、提升机构磁力控制器控制系统

图 3-39 是采用主令控制器与磁力控制盘相配合的控制线路。控制系统中只有尺寸较小的主令控制器安装在驾驶室，其余设备如控制盘、电阻箱、制动器等均安装在桥架上。

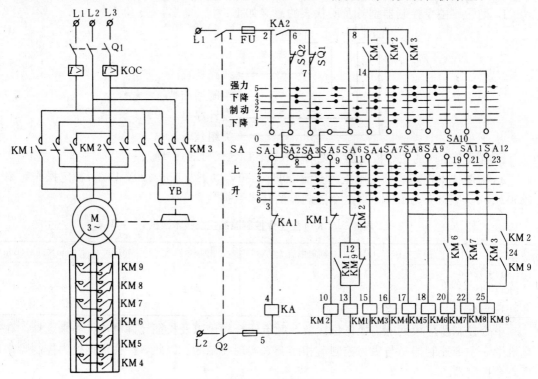

图 3-39　提升机构磁力控制器控制系统电路图

主令控制器控制线路的主要特点是由主令控制器控制各接触器，再由接触器控制电动机的工作状态。具有操作轻便、维护方便、工作可靠，调速性能好等优点，但因投资多，线路较为复杂，所以多用来对主提升机构进行控制。

LK1—12/90 型主令控制器共有 12 对触点，提升、下降各有 6 个位置。通过 12 对触点的闭合、分断组合去控制定子电路与转子回路的接触器，决定电动机的转向、转矩、转速，使主钩上升、下降、高速、低速运行。由于主令控制器为手动操作，所以电动机的工作情况由操作者掌握。

图 3-39 中 KM1、KM2 为电动机正、反转控制接触器，YB 为三相制动电磁铁，KM3 为制动控制接触器；KM4～KM9 为切换电动机所串电阻用接触器；KOC 为过电流继电器，KA 为零位继电器；电动机转子电路中串有七段电阻，其中前两段为反接制动电阻，后四段为加速调速电阻，最后一段常串电阻用来软化机械特性。

控制盘的工作过程为：先合上 Q1、Q2，当 SA 手柄处于零位时，SA1$^+$，KA$^+$ 并自锁，控制线路处于准备状态。当 SA 手柄处于工作位置时，SA1$^-$，但不影响 KA 的吸合。当电源切断后，必须将 SA 手柄扳回零位才能再次起动。这就是零位保护的作用。

下面分析升降的控制过程。

（一）提升重物时电路工作情况

提升有 6 个档位，当 SA 扳到上升第 1 档位时，SA3$^+$、SA4$^+$、SA6$^+$、SA7$^+$，接触器 KM1$^+$、KM3$^+$、KM4$^+$，电动机接上正转电源，制动电磁铁 YB$^+$，电磁抱闸松开，由于转子电路中 KM4 短接一段电阻，所以电动机工作在特性 1 上（见图 3-40）。对应的电磁转矩较小，一般吊不起重物，只作张紧钢丝绳消除吊钩传动系统齿轮间隙的预备级。

当 SA 依次扳到上升第 2、3、4、5、6 档时，SA8～SA12 相继闭合，依次使接触器 KM5～KM9 通电吸合，对应的转子电路使电阻逐段被短接，电动机的工作点从第 2 条特性向第 3、第 4、第 5 并最终向第 6 条特性过渡，提升速度逐渐增加，可得到五种提升速度。

由于主令控制器手柄在提升位置时使 SA3 触点始终闭合，上升位置开关 SQ1 被串入提升回路中，从而实现上升的限位保护。

（二）下降重物时电路工作情况

下降重物时，主令控制器也有 6 个档位，根据吊钩上负载的大小和控制要求，可使电动机工作在不同的工作状态。当要求重物稳定停于

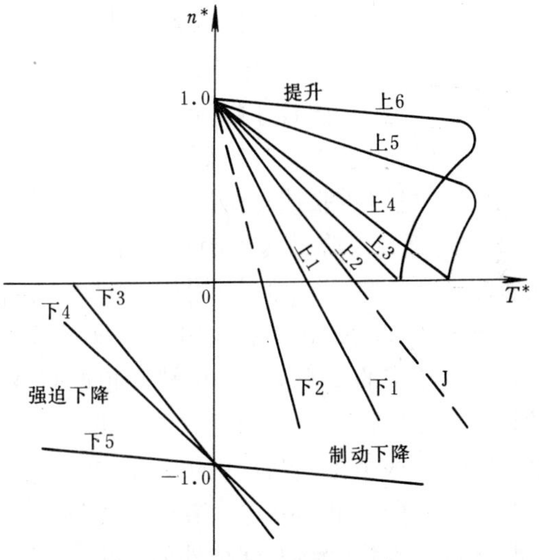

图 3-40　磁力控制器控制提升电动机机械特性

空中或在空中作平移运动时，电动机可工作于倒拉反接制动状态，同时电磁抱闸对电动机实行制动；当要求低速下降重载时，电动机也工作于倒拉反接制动状态；当轻载或空钩下降，重力矩不足以克服摩擦力矩时，必须采用强迫下降。

1. "J"档位　此时主令控制器的 SA3、SA6、SA7、SA8 闭合，使接触器 KM1$^+$、KM4$^+$、KM5$^+$，电动机定子正向通电，转子短接两段电阻，产生一个提升方向的电磁转矩，与重力矩相平衡。又因 SA4 未闭合，KM3$^-$ 而使电磁抱闸处于制动状态，吊钩及重物被牢牢闸住。所以 "J" 一般用于提起重物后稳定地停在空中或移行。

"J"档的另一个作用是在下放重物时，控制器手柄由下降任何一档扳回零位都将经过该档位，这时即有电动机的倒拉反接制动，又有电磁抱闸的机械制动，在两者共同作用下，可以有效地防止溜钩，以实现准确停车。

下降"J"档所串电阻与上升第 2 档所串电阻相同，所以该档的机械特性为上升第 2 档特性曲线在第四象限的延伸。

2. 下降第 1、2 档　用于重物低速下降。操作手柄在下降第 1、2 档位时，SA4$^+$，KM3$^+$，YB$^+$，电磁抱闸松开，电动机定子正向通电；SA7$^-$、SA8$^-$，KM4、KM5 相继断电，电动机转子电阻逐渐加入，其机械特性逐级变软，使电动机产生的制动力矩减小，电动机工作在不同速度的倒拉制动状态，获得两级重载下降速度，机械特性如图 3-40 中第四象限中的下1、

下 2 两条特性所示。

必须注意，只有在下降重物时，为获得低速才使用这两档。倘若空钩或下放轻物时将手柄置于第 1、2 档，非但不能下降，而且由于电动机产生的提升转矩大于负载转矩，还会上升。此时应将手柄扳至强力下降位置。为防止误操作而产生上述现象，甚至上升超过极限位置，因而操作手柄在下降第 1、2 档时使 SA3[+]，将上升限位开关 SQ1 串入控制回路，以实现上升时的限位保护。

3. 下降第 3、4、5 档　此 3 个档位用于轻载的强力下降。当手柄处于下降第 3、4、5 档时，SA2、SA5、SA4、SA7～SA12 相继闭合，KM2[+]，电动机定子电路反向通电，KM3[+]，YB[+] 松开电磁抱闸，电动机产生的电磁转矩与吊钩负载转矩方向一致，强迫推动吊钩下降，故称强力下降。KM4～KM9 相继通电，电动机转子所串电阻依次被逐段切除，可以获得三种强力下降速度。电动机的工作特性，对应于图 3-40 中第三象限下 3、下 4、下 5 三条线。

由上述分析可知，J 档为提起重物后稳定地停在空中或平移，或用于重载时的准确停车；下降 1、2 档用于重载时的低速下降；下降 3、4、5 档用于空钩或轻载的强力下降。

（三）电路的联锁与保护

1. 由强迫下降过渡到制动下降　由于起重机控制是远距离控制，很可能发生判断错误。如实际上是一重载，而司机将其估计为轻载，而将操作手柄扳到下降第 5 档，此时，货物在自身重力矩和电磁转矩的作用下加速下降，速度愈来愈快，电动机工作状态沿下降特性 5 过渡到第四象限的 d 点，电动机转速超过同步转速而进入再生发电制动状态。这是非常危险的，必须迅速将手柄从第 5 档扳致下降第 1 或第 2 档，以获得重载低速下降。但是，就在手柄扳致下降第 2 或第 1 档的过程中，一定要经过下降第 4、第 3 档。在转换过程中 SA9～SA12 相继开，对应的接触器断电，转子电阻逐段串入，机械特性变软，电动机转速越来越高。其工作状态从下降特性线 5 到特性线 4 再到下降特性线 3 一直到 e 点再过渡 f 点，才稳定下来见图 3-41。

为避免因判断失误而引起的重物超高速下降的危险，从下降第 5 档转回到第 2、第 1 档的过程之中，希望从特性 5 上的 d 点直接过渡到 f 点稳定下来，即希望在转换过程中，转子电路中不串电阻，使电动机工作点变化保持在特性 5 上。为此在控制电路中，将触点 KM2（17-24）与触点 KM9（24-25）串接后接于 SA8 与 KM9 之间，这时因手柄置于下降第 5 档时 KM9 通电并自锁，再由下降第 5 档扳回第 4、第 3 档时，虽然触点 SA12[-]，但经 SA8、KM2（17-24）、KM9（24-25）使 KM[+]，转子电路始终只串入一段常串的软化电阻，电动机始终运行在下降特性 5 上，由 d 点经 e' 点平稳过渡到 f 点，最后稳定在低速下降状态，实现由强迫下降过渡到制动下降避免出现高速下降的保护。该支路中串入 KM2（17-24）是为了提升时该支路不起作用。

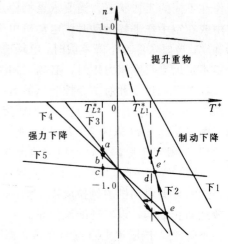

图 3-41　由强力下降进入到制动下降的过渡情况

2. 保证反接制动电阻接入后才进入制动下降的联锁　在下降第 3 档扳到第 2 档时，SA5[-]、SA6[+]、KM2[-]、KM1[+]，电动机由电动状态进入反接制动状态。为了避免反接时冲击电流和保证进入第 2 档的反接特性，应使 KM9 立即断开并加入反接电阻，并要求只有在 KM9‾ 以后，KM1 才通电。为此，除在主令控制器闭合顺序上保证 SA8 断开后 SA6 才能闭合外，同时增设了触点 KM9（12-13）与 KM2（11-12）和 KM1（9-10）构成互锁环节。以保证 KM9 断电释放后 KM1 才能接通并自锁。此环节还可防止由于 KM9 主触点因电流过大出现熔焊使触点分不开，使转子电路短接，造成提升操作时直接起动的危险。

3. 避免下降换档时的强烈震动　控制电路中采用了 KM1（8-14）、KM2（8-14）、KM3（8-14）并联回路，使手柄在下降第 2、第 3 档转换时，避免高速下降瞬间机械制动引起强烈震动而损坏设备和发生人生事故。因 KM1 与 KM2 之间采用了电气互锁，一个断电后，另一个才能接通。换接过程中必然有一瞬间两个接触器均不通电，这就会造成 KM3 突然失电，YB‾ 而发生突然的机械制动。为此，采用 KM1、KM2、KM3 三个触点并联，避免了以上情况的发生。

4. 电动机转子电阻的顺序控制　为了保证电动机转子所串各段电阻按顺序切除，在加速接触器 KM6～KM8 线路中，都串入了上一级接触器的辅助常开触点，只有上一级接触器投入工作后，后一级接触器才能吸合，以防止工作顺序错乱。

5. 完善的保护　由继电器 KA 和主令控制器 SA 共同实现零压与零位保护；过电流继电器 KOC 实现过电流保护；位置开关 SQ1、SQ2 实现吊钩上升与下降的限位保护。

五、起重机的电气保护设备

为了保证起重机安全、可靠地工作，各种起重机械电气控制系统中均设置了完善的自动保护与联锁环节，主要有：电动机过流保护、短路保护、失压保护、控制器的零位保护、各运动方向的极限位置保护、舱盖、端梁及拦杆门安全保护等。

（1）电动机过流和短路保护　对于绕线型异步电动机采用过电流继电器进行保护，其中瞬动的过电流继电器只能作短路保护，反时限的过电流继电器既可作短路保护，又可作过载保护。对于笼型异步电动机采用熔断器或空气断路器作短路保护。大型起重机和有的电动单梁起重机的总保护用空气断路器作短路保护，一般桥式起重机的总保护用总过流继电器和接触器作短路保护。

（2）失压保护　对于凸轮控制器操纵的机构，利用保护箱中的线路接触器来作失压保护；对于主令控制器操纵的机构，一般在其控制站控制电路中加零压继电器作失压保护。在起重机总保护和部分机构中，用可自动复位的按钮加线路接触器作失压保护。

（3）控制器的零位保护　要求主令或凸轮控制器手柄在"零位"时，才能接通控制电路。一般将控制器仅在"零位"闭合的触点与该机构作失压保护用的零压继电器或线路接触器线圈相串联，并用该继电器或接触器触点作自锁，实现零位保护。这就避免了停电后再送电时电动机的自起动。

下面介绍几种保护设备与元件。

（一）XQB1 型保护箱

由于起重机使用很广泛，所以其控制设备，包括保护装置均已标准化，并形成系列产品。常用的保护装置有 XQB1 系列和 GQX6100 系列等。主要根据被控电动机的数量及电动机的容量来选择。

XQB1 型保护箱是为采用凸轮控制器操作的控制系统进行保护而设置的。它由刀开关、接触器、过流继电器、熔断器等电器元件组成。

图 3-42 为 XCB1 型保护箱的主电路图，用来实现对凸轮控制器控制的大车、小车和副卷扬电动机的保护。图中 Q 为总电源开关，KM 为线路接触器，KOC0 为总过电流继电器，KOC1～KOC4 为各机构拖动电动机的过电流继电器。

图 3-43 为 XOB1 型保护箱的控制电路。图中 HL 为电源指示灯，QS 为紧急开关，用作出事故时紧急断开电源，SQ6～SQ8 分别为驾驶舱门、顶盖出入口、桥梁栏杆出入口的联锁开关，KOC0～KOC4 为过电流继电器的常闭触点，2SA、3SA、4SA 分别为副卷扬、小车、大车用凸轮控制器触点，SQ1、SQ2 为大车移行机构位置开关，SQ3、SQ4 为小车移行机构位置开关，SQ5 为副卷扬提升位置开关，SB 为控制按钮。当所有控制器都处于零位，各安全开关都闭合时，按下 SB，接触器 KM 线圈通电，常开辅助触点闭合，经 SA 的零位闭合触点和各限位开关形成自锁回路。如操作 SA4 使大车机构运行时，SA4 的零位闭合触点只有一对串入自锁回路中，当大车运行至某个方向极限位置时，相应的限位开关断开使接触器 KM 断电，整个起重机停止工作。此后必须将全部控制器手柄扳回零位，重新按起动按钮 SB 送电后，机构才可能工作。

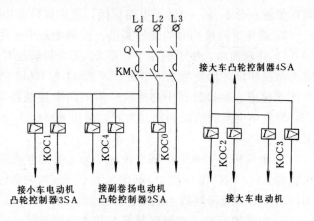

图 3-42　XQB1 型保护箱主电路图

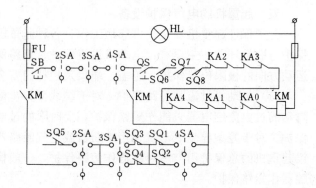

图 3-43　XQB1 型保护箱控制电路图

图 3-44 为 XQB1 型保护箱信号及照明电路图。图中 EL1 为驾驶室照明灯，EL2～EL4 为桥架下方的照明灯，另外还有插座 XS1～XS3 以及音响装置 HA。EL2～EL4 为 220V 电压，其余为 36V 安全电压。

（二）过电流继电器

JL5、JL12、JL15 系列过电流继电器用于交流 380V 及直流 440V 以下，电流 5～300A 的电路中作过流保护。其中 JL5 与 JL15 系列为瞬动元件，只能作起

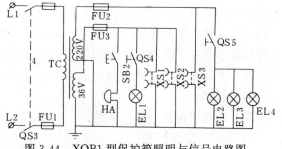

图 3-44　XQB1 型保护箱照明与信号电路图

重机的短路保护，而 JL12 系列为反时限动作元件，可作起重机的短路与过载保护。

JL12 系列过电流继电器有两个线圈，串入电动机定子的两根相线中，线圈中各有可吸上的衡铁，当流过线圈的电流超过一定值时，衡铁吸上，顶住微动开关使其动作实现保护。由于该衡铁置于阻尼剂（201—100 甲基硅油）中，当衡铁在电磁吸力作用下向上运动时，必须

克服阻尼剂的阻力，所以只能缓慢向上移动直至推动微动开关动作。正因有硅油的阻尼作用，继电器才具有反时限的保护特性，同时也避免了电动机起动时的误动作。如出现短路，由于短路电流很大，电磁力足以使微动开关在瞬时动作而实现短路保护。

硅油的粘性受环境温度的影响，使用时应根据环境温度调整衡铁的上下位置，以达到反时限特性要求。

JL12 系列过电流继电器线圈额定电流有 $5\sim300$A，共 12 种。触点额定电流为 5A。表 3-6 为其技术数据。

表 3-6　JL12 系列过流继电器技术数据

额定电流 I（A）	被保护电动机功率 P（kW）	额定电流 I（A）	被保护电动机功率 P（kW）
5	2.2	30	11
10	3.5	40	16
15	5.0	60	22
20	7.5	75	30

（三）位置开关

位置开关在起重机中用来限制各移行机构的行程，以实现限位保护。在桥式起重机上应用最多的是 LX7、LX10、LX6Q 系列位置开关。其中 LX7 系列与 LX10—31 型位置开关用于提升机构上。LX6Q 系列主要用于舱口盖作为舱口开关。LX8 系列用作紧急开关。

对于提升机构位置开关，LX7 系列是安装在提升机构的卷筒轴上，当吊钩上升时卷筒转动，通过蜗杆蜗轮机构使 LX7 开关触点在吊钩上升到允许最高高度时断开。而 LX10—31 型位置开关结构简单，如图 3-45 所示，当吊钩上升到极限高度时，吊钩装置上的托板将托起重锤，而在另一重锤的作用下，使转轴转动，断开开关触点。

除上述位置开关外，现已生产出 LX22 系列新型位置开关，其中 LX22—1 型为自动复位式，LX22—2 型为非自动复位式，都用于平移机构。LX22—3 的触点机构原理类式 LX7 型位置开关，用于提升机构。

六、制动器与制动电磁铁

制动器是桥式起重机的重要部件之一，它即是工作装置又是安全装置。根据制动器的构造可分为：块式制动器、盘式、多盘式制动器、带式制动器、圆锥式制动器等。根据操作情况不同又分为：常闭式、常开式和综合式。根据动力不同，又可分为电磁制动器和液压制动器。

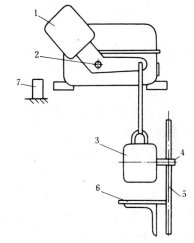

图 3-45　LX10—31 位置开关
使用简图

1、3—重锤　2—转轴　4—套环
5—钢丝绳　6—托板　7—支柱

桥式起重机用的是常闭式双闸瓦制动器，它具有结构简单，工作可靠的特点。平时常闭式制动器抱紧制动轮，当起重机工作时才松开，这样无论在任何情况停电闸瓦都会抱紧制动轮。

（一）短行程电磁式制动器

图 4-46 为短行程电磁瓦块式制动器的工作原理图。制动器是借助主弹簧，通过框形拉板

使左右制动臂上的制动瓦块压在制动轮上,借助制动轮和制动瓦块之间的摩擦力来实现制动。

制动器松闸借助于电磁铁。当电磁铁线圈通电后,衔铁吸合,将顶杆向右推动,制动臂带动制动瓦块同时离开制动轮。在松闸时,左制动臂在电磁铁自重作用下左倾,制动瓦块也离开了制动轮。为防止制动臂倾斜过大,可用调整螺钉来调整制动臂的倾斜量,以保证左右制动瓦块离开制动轮的间隙相等,副弹簧的作用是把右制动臂推向右倾,防止在松闸时,整过制动器左倾,而造成右制动瓦块离不开制动轮。

短行程电磁瓦块式制动器动作迅速、结构紧凑、自重小;铰链比长行程少,死行程少;制动瓦块与制动臂铰链连接,制动瓦与制动轮接触均匀,磨损均匀。但由于行程小,制动时起重机在惯性作用下会使桥架剧烈振动,同时由于制动力小,所以这种制动器多用于起重量不大的小车和大车移行机构上。

（二）长行程电磁式制动器

当机构要求有较大的制动力矩时,可采用长行程制动器。由于驱动装置和产生制动力矩的方式不同,又分为重锤式长行程电磁铁、弹簧式长行程电磁铁、液压推杆式长行程及液压电磁铁等双闸瓦制动器。

图4-47为长行程电磁式制动器工作原理图。它通过杠杆系统来增加上闸力。其松闸通过电磁铁产生电磁力经杠杆系统实现,紧闸借助弹簧力通过杠杆系统实现。当电磁线圈通电时,水平杠杆抬起,带动螺杆4向上运动,使杠杆板3绕轴逆时针方向旋转,压缩制动弹簧1,在螺杆2与杠杆作用下,两个制动臂带动制动瓦左右运动而松闸。当电磁铁线圈断电时,靠制动弹簧的张力使制动闸瓦闸住制动轮。

上述两种电磁铁制动器的结构都简单,能与它控制的机构用电动机的操作系统联锁,当电动机停止工作或发生停电事故时,电磁铁自动断电,制动器抱紧,实现安全操作。但电磁铁吸合时冲击大,有噪声,且机构需经常起动、制动、电磁铁易损坏。

与短行程电磁式制动器比较,由于长行程电磁式制动器采用三相电源,制动力矩大,工作较平稳可靠,制动时自振小。联结方式与电动机定子绕组联结方式相同,有△联接和丫联结。一般起重机上多使用长行程电磁式制动器,特别是提升机构。

七、桥式起重机控制电路分析

（一）起重机供电特点

交流起重机电源由公共的交流电网供电,由于起重机的工作是经常移动的,因此

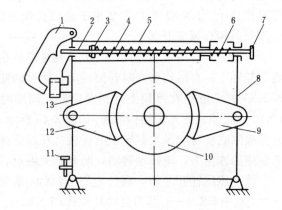

图 3-46 短行程电磁瓦块式制动器工作原理图
1—电磁铁 2—顶杆 3—锁紧螺母 4—主弹簧 5—框形拉板 6—副弹簧 7—调整螺钉 8、13—制动臂
10—制动轮 11—调整螺钉 9、12—制动瓦块

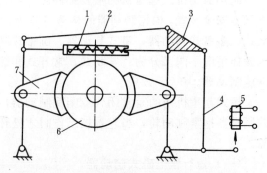

图 3-47 长行程电磁式制动器工作原理

113

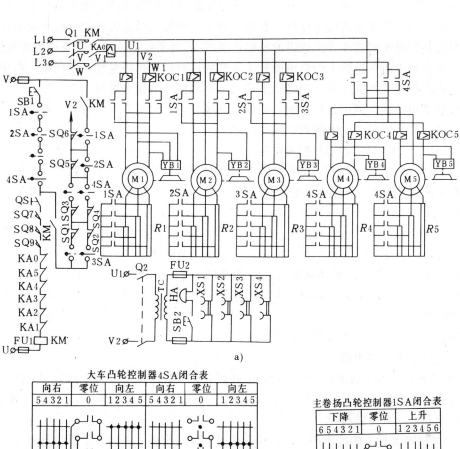

a)

大车凸轮控制器4SA闭合表

向右	零位	向左	向右	零位	向左
5 4 3 2 1	0	1 2 3 4 5	5 4 3 2 1	0	1 2 3 4 5

副卷扬、小车凸轮控制器2SA、3SA闭合表

下降	零位	上升	下降	零位	上升
5 4 3 2 1	0	1 2 3 4 5	5 4 3 2 1	0	1 2 3 4 5

主卷扬凸轮控制器1SA闭合表

下降	零位	上升
6 5 4 3 2 1	0	1 2 3 4 5 6

b)

图 3-48　15/3t 中级桥式起重机电气控制电路图

其与电源之间不能采用固定的联结方式。对于小型起重机供电方式采用软电缆供电,随着大车或小车的移动,供电电缆随之伸展和叠卷。对于一般桥式起重机常用滑线和电刷供电。三相交流电源接到沿车间长度方向架设的三根主滑线上,再通过电刷引到起重机的电气设备上,首先进入驾驶室中的保护柜上的总电源开关,然后再向起重机各电气设备供电。对于小车以及其上的提升机构等电气设备,则经位于桥架一侧的辅助滑线来供电。

滑线通常用角钢、圆钢、V形钢或钢轨来制成。当电流值太大或滑线太长时,常将角钢与铝排逐段并联,以减少电阻即减少线电压降。

(二)15/3t 中级桥式起重机控制电路

图 3-48 为 15/3t 中级桥式起重机电气控制电路图。整机电路由主电路和控制电路两部分组成。该起重机有两个卷扬机构,主钩起吊量为15t,副钩起吊量为3t,由电动机 M1,M2 拖动,用 KT14—60J/1 型(1SA)和 KT14—25J/1 型(2SA)凸轮控制器分别操作;大车移行机构采用分别驱动,由同一台 KT14—25J/2 型(4SA)凸轮控制器控制两台拖动电动机 M4,M5;小车移行机构由 KT14—25J/1 型(3SA)凸轮控制器控制 M3 拖动。起重机用 GQR6—GECDD 型保护箱保护。凸轮控制器的控制原理在前面已作了介绍,这里不再重复。

控制线路中设有过电流、短路、零位、限位、舱门、紧急操作等各种保护,其工作原理在这里也不再重复。

该控制电路设有三根主滑线,18 根辅助滑线,它们的作用请读者自行分析。

八、桥式起重机的维修

1. 维护保养 为了确保安全生产,除了在起重作业过程中遵守合理的规章制度外,还要维护保养好起重设备,做到"三好四会"。"三好"即管好、用好、修好。"四会"即会使用、会保养、会检查、会排除故障。

2. 常见故障分析 如前所述,桥式起重机属于大型设备,由许多零部件及电气控制系统组成。对于机械部分的故障这里不作分析。下面分析常见电气故障。

(1)合上配电保护箱的主开关时,控制回路熔断器熔丝熔断,说明控制回路中有接地或短路现象,应逐段检查予以检查排除。

(2)合上控制屏上的控制回路开关时,控制回路熔断器熔丝烧断,说明控制回路中有接地或短路之处。

(3)合上紧急开关时主接触器不能通电。其原因可能是:主开关未合;通道门未关好,或虽已关闭,但安全开关未压紧,其触点未完全合上;控制器手柄不在零位,或虽在零位,但其零位触点未完全闭合;线路上无电压;控制回路熔丝熔断;过电流继电器触点未完全闭合;限位开关触点未按要求闭合;接触器线圈烧坏。

(4)操纵控制器后,过电流继电器动作。其原因可能是:过电流继电器动作电流整定值与要求不符;机械部分有卡住现象;制动器未打开;该机构主回路有接地或短路之处;转子回路接线错误,使电动机在无转子电阻情况下起动。

(5)操纵控制器后电动机不转。其原因可能是:定子回路开路;线路上无电压;制动器未打开;控制器触点接触不良;转子回路开路;滑线与集电器接触不良。

(6)电动机力矩小,转速慢。其原因可能是:制动器未打开;线路电压降过多;滑线过长电压降落过多,此时可改用中间供电;滑线与集电器接触不良;定、转子有一相接错(即定子线误接在转子上,转子线误接在定子上)。

（7）控制器手柄推至最高档时电动机达不到额定转速。其原因可能是：转子回路接线错误，使转子电阻未切除；转子回路附加电阻过大，此时可增大转子回路导线截面或滑线改为中间供电。

（8）限位开关动作后，相应的电动机不断电。其原因可能是：限位开关回路中有短路现象；限位开关回路中接线有错误。

（9）接触器线圈断电后，接触器不释放。其原因可能是：控制回路中有短路；铁心卡住；触点熔焊。

第八节 电动葫芦和梁式起重机的电气控制

电动葫芦是将电动机、减速器、卷筒、制动器和小车等紧凑地合为一体的起重机械。它轻巧、灵活、成本较低，广泛用于中小型物件的起重吊装中。它可以是固定的，也可以通过小车和桥架组成电动单梁桥式起重机，简易双梁桥式起重机和简易龙门式起重机等。

电动葫芦根据电动机、制动器和卷筒等主要部件布置不同而分为 TV 型、CD 型、DH 型和 MD 型，其结构型式如图 3-49 所示。按用途可分为通用和专用两种。通用的可在 $-20\sim+35℃$ 温度范围内使用，适用于普通场合。专用电动葫芦可以在恶劣场所使用。

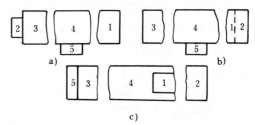

图 3-49 电动葫芦结构型式

a) TV 型 b) CD 型 c) DH 型

1—电动机 2—制动器 3—减速器 4—卷筒 5—电器

一、TV 型电动葫芦

TV 型电动葫芦的起重量为 $0.25\sim5t$，起升高度为 $6\sim30m$，提升速度为 $4.5\sim10m/min$，共有 23 种规格，另外有 1、4、10t 非标准电动葫芦。

图 3-50 为 TV 型电动葫芦提升机构图。电磁盘式制动器直接装在电动机轴上，依靠压缩弹簧实现制动。当制动器电磁铁线圈通电时，电磁铁吸力压紧弹簧，使制动片松脱，制动器松开，电动机自由转动。制动力矩大小可由调螺丝来实现。对于起重量 1t 以上的电动葫芦还装有一个载荷自制式制动器，与电磁盘式制动器联合制动。

TV 型电动葫芦的移行机构是由移行电动机经减速器拖动车轮组成，运行速度为 $20\sim30m/min$。

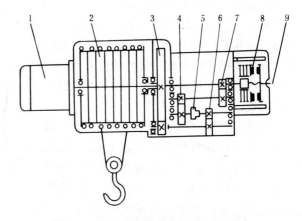

图 3-50 TV 型电动葫芦提升机构图

1—电动机 2—卷筒 3—第 4 级减速齿轮 4—第 2 级减速齿轮 5—载荷自制式制动器 6—第 3 级减速齿轮 7—第一级减速齿轮 8—电磁盘式制动器 9—调节螺钉

TV 型电动葫芦结构简单，制造、修理方便，通用部件较多，互换性好，但体积大，自重大，起动不平稳，与单梁桥式起重机配套使用时起、制动不便。

二、CD 型电动葫芦

CD 型电动葫芦是我国自行设计的新产品。具有体积小、自重轻、结构简单等优点。它有 8 种起重量、10 种结构型式，型号意义为：

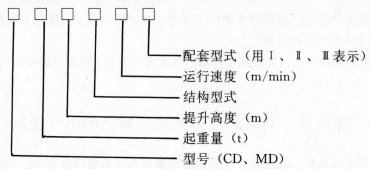

配套型式（用 I 、II 、III 表示）

运行速度（m/min）

结构型式

提升高度（m）

起重量（t）

型号（CD、MD）

其中 CD 型为锥形转子电动机单速电动葫芦，MD 型为有慢速的电动葫芦。

CD 型电动葫芦的提升机构由锥形转子电动机、制动器、卷筒、减速器等部件组成。采用 JZZ、ZD、ZDY 系列锥形转子制动异步电动机。

图 3-51 为锥形转子受力分析图。当电动机接通电源时，在电动机转子上作用一个电磁力 F。该力作用方向垂直于锥形转子表面，在它的轴线方向的分力 $F\sin\alpha$ 作用下使电动机转子沿电动机轴线往右移动，进而压缩弹簧，而与锥形转子同轴的风扇制动轮也随着右移，使风扇制动轮与电动机后端盖脱开，制动器处于松闸状态。制动时，依靠弹簧张力，使风扇制动轮和后端盖刹紧借助锥形制动圈的摩擦力实现制动。

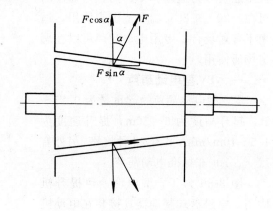

图 3-51　锥形转子受力分析图

三、电动葫芦的电气控制

常用的 CD 型电动葫芦由两个结构上相互有联系的提升机构移动装置组成。它们都有各自的电动机拖动，其提升机构前已叙述，而电动葫芦的移动是通过导轮的作用在工字梁上进行的，导轮由另一台电动机经圆柱形减速箱驱动。

图 3-52 为电动葫芦电气控制原理图。提升电动机 M1 由升降用接触器 KM1、KM2 控制实现正、反转，YB 为制动电磁线圈，移动电动机 M2 由前后控制用接触器 KM3、KM4 控制。它们都由电动葫芦悬挂按钮站上的 4 个复式按钮 SB1～SB4 实现点动控制，SQ 为提升限位开关。

四、梁式起重机

LD 型电动单梁起重机和 DDQ 型电动单梁起重机，都是将 CD 型电动葫芦安装于可

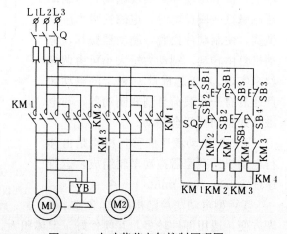

图 3-52　电动葫芦电气控制原理图

沿厂房来回移动的梁架上，来实现上、下、前、后、左、右 6 个方向的移动。梁式起重机中梁架的移动可由笼型或绕线型异步电动机拖动，由悬挂按钮站或控制器控制。后者用于设有驾驶室的梁式起重机中，且由绕线性异步电动机拖动。

五、常见故障及维修

（1）提升电动机不能把悬挂的重物吊起。原因可能是电压过低或电动机有故障。

（2）重物不能被制动器制动在悬空状态中，制动行程过大。原因可能是制动弹簧的弹力不足，制动片的摩擦面有油污。

（3）电动葫芦的电线与电源接通后，接触器虽然闭合，但发出嗡嗡声。其原因是接触器接触不良或电动机出了故障。

（4）当提升机构的磁力起动器闭合时制动器电磁盘或制动电磁铁发出嗡嗡声。其原因可能是电磁铁调整不好，电源线头在接线板上接触不好，或者弹簧过紧。

（5）制动电磁铁线圈发热。原因为线圈匝间导线短路。

（6）在闭合磁力起动器时，起动器发出剧烈火花，触点焊接。其原因可能由触点表面烧坏，或以强大的起动电流作频繁的长时间的闭合所引起。

出现故障时，要根据故障现象，查找故障原因，修理或更换元件，进行故障排除。

第九节　机床电气故障的诊断方法和步骤

机床电气控制线路各种各样，机床电气控制系统的故障错综复杂，并非千篇一律，就是同一故障现象，发生的部位也会不同，而且它的故障又往往和机械、液压系统交织在一起，难以区分，因此作为一名电气维修人员应善于学习，积极实践，认真总结经验，掌握正确的诊断方法和步骤，做到迅速而准确地排除故障。机床电气线路发生故障后的一般检查方法和步骤如下所述。

一、学习机床电气系统维修图

机床电气维修图包括机床电气原理图、电气箱（柜）内电器布置图、机床电气布线图及机床电器位置图。通过学习电气维修图，做到掌握机床电气系统原理的构成和特点，熟悉电路的动作要求和顺序，熟悉各个控制环节的电气过程，了解各种电气元件的技术性能。对于一些较复杂的机床，还应学习和掌握一些机床的机械结构、动作原理和操作方法。如果是液压控制机床，还应了解一些液压系统基本知识，掌握本机床的液压原理。实践证明，学习并掌握一些机床机械和液压系统知识，不但有助于分析机床故障成因，而且更有助于迅速、灵活、准确地判断、分析和排除故障。在检查故障时应对照电气维修图分析，再设想或拟订出检查步骤、方法和线路，做到有的放矢、有步骤地逐步深入进行。除此以外，电气维修人员还应掌握一些机床电气安全知识。

二、详细了解电气故障产生的经过

机床发生故障后，首先必须向机床操作者详细了解故障发生前机床的工作情况和故障现象（如响声、冒烟、火花等），询问故障前有哪征兆，这对处理故障极为有益。

三、分析故障情况，确定故障的可能范围

知道了故障产生的经过以后，对照原理图进行故障情况分析，即使比较复杂的机床线路

看起来似乎很复杂，但可把它拆成若干控制环节来分析，缩小故障范围，就能迅速地找出故障的确切部位。另外还应查询机床的维修保养、线路更改等记录，这对分析故障和确定故障部位有帮助。

四、进行故障部位的外表检查

故障的可能范围确定后，应对有关电气元件进行外观检查，检查方法如下：

1. 闻　在某些严重的过电流、过电压情况发生时，由于保护器件的失灵，造成电机、电气元件长时间过载运行，使电机绕组或电磁线圈发热严重，绝缘破坏，发出臭味、焦味。所以闻到焦味就能随之查到故障的部位。

2. 看　有些故障发生后，故障元件有明显的外观变化，如各种信号的故障显示，带指示装置的熔断器、空气断路器或热继电器脱扣，接线或焊点松动脱落，触点烧毛或熔焊、线圈烧毁等。看到故障元件的外观情况，就能着手排除故障。

3. 听　电气元件正常运行时和故障运行时发出的声音有明显差异，听听它们的工作声音情况有无异常，就能查找到故障元件。如电动机、变压器、接触器等元件。

4. 摸　电动机、变压器、电磁线圈、熔体熔断的熔断器等发生故障时，温度明显升高，用手摸一摸发热情况，也可查找到故障所在，但应注意必须在切断电源后进行。

五、试验机床的动作顺序和完成情况

在外表检查中没有发现故障点时，或对故障还需进一步了解时，可采用试验方法对电气控制的动作顺序和完成情况进行检查。应先对故障可能部位的控制环节进行试验，以缩短维修时间。此时可只操作某一只按钮或开关，观察线路中各继电器、接触器、各行程开关的动作是否符合规定要求，是否能完成整个循环过程。如动作顺序不对或中断，则说明此电器与故障有关，再进一步检查，即可发现故障所在。但是在采用试验方法检查时，必须特别注意设备和人生安全，尽可能断开主回路电源，只在控制回部部分进行，不能随意触动带电部分，以免故障扩大和造成设备损坏。另外，也要预先估计到部分电路工作后可能发生的不良影响或后果。

六、用仪表测量查找故障元件

用仪表测量电气元件是否通路，线路是否有开路情况，电压、电流是否正常、平衡，这也是检查故障的有效措施之一。常用的电工仪表是：万用表、兆欧表、钳形电流表、电桥等。

1. 测量电压　对电动机、各种电磁线圈、有关控制电路的并联分支电路两端电压进行测量，如果发现电压与规定要求不符时，则是故障的可能部位。

2. 测量电阻或通路　先将电源切断，用万用表的电阻档测量线路是否通路、触点的接触情况、元件的电阻值等。

3. 测量电流　测量电动机三相电流、有关电路中的工作电流。

4. 测量绝缘电阻　测量电机绕组、电气元件、线路的对地绝缘电阻及相间绝缘电阻。

七、总结经验、摸清故障规律

每次排除故障后，应将机床故障修复过程记录下来，总结经验，摸清并掌握机床电气线路故障规律。记录主要内容包括：设备名称、型号、编号、设备使用部门及操作者姓名、故障发生日期、故障现象、故障原因、故障元件、修复情况等。

习　题

3-1　在 M7130 平面磨床中为什么采用电磁吸盘来夹持工件？电磁吸盘线圈为何要用直流供电而不能用交流供电？

3-2　在 M7130 磨床电气原理图中，若将热继电器 FR1、FR2 保护触点分别串接在 KM1、KM2 线圈电路中，有何缺点？

3-3　M7130 平面磨床电路中具有哪些保护环节。

3-4　试叙述将工件从吸盘上取下时的操作步骤及电路工作情况。

3-5　在 Z3040 摇臂钻床电路中，时间继电器 KT 与电磁阀 YV 在什么时候动作，YV 动作时间比 KT 长还是短？YV 什么时候不动作？

3-6　试叙述 Z3040 钻床操作摇臂下降时电路工作情况。

3-7　Z3040 钻床电路中有哪些联锁与保护？为什么要有这几种保护环节？

3-8　X62W 万能铣床由哪些基本控制环节组成。

3-9　X62W 万能铣床控制电路中具有哪些联锁与保护？为什么要有这些联锁与保护？它们是如何实现的？

3-10　X62W 万能铣床，主轴旋转工作时变速与主轴未转时变速其电路工作情况有何不同？

3-11　在 X62W 电路中，若发生下列故障，请分别分析其故障原因：①主轴停车时，正、反方向都没有制动作用。②进给运动中，不能向前右，能上后左，也不能实现圆工作台运动。③进给运动中，能上下左右前，不能后。④进给运动中，能上下右前，不能左。

3-12　试述 T68 镗床主轴电动机高速起动时操作过程及电路工作情况。

3-13　在 T68 电路中，时间继电器 KT 的作用是什么？其延时长短有何影响？

3-14　T68 电路中，在总电源接通情况下，要使主轴电动机在以下几种工作状态中，应操作哪些电器？①主轴反转低速运行。②主轴正向点动。③主轴在已工作情况下进行变速。

3-15　在 T68 电路中，KM3 接触器在主轴电动机几种工作状态下不动作。

3-16　在 T68 电路中，出现下列故障，请分别加以分析：①主轴电动机低速档能起动，但作高速起动时，只能长期运行在低速档的速度下。②作高速档操作时，能低速起动，后又自动停止。③在作变速操作时，有主轴变速冲动，但没有进给变速冲动。

3-17　组合机床由哪些主要部件组成？加工特点是什么？其电气控制电路有何特点？

3-18　试设计控制两台电动机，既能同时起动和停机，又可单独工作，并能点动的控制电路。

3-19　用镗孔专机，镗孔动力头放在机械滑台上对工件进行加工。试设计满足如下要求的控制电路：①滑台快进到一定位置转工进，同时主轴电动机起动加工；②退回到转工进位置时，主轴电动机才停止；③滑台退回到原位自行停止；④油泵电动机工作一循环时不停机；⑤必要的保护环节。

3-20　桥式起重机的电气控制有哪些控制特点？

3-21　起重机上采用了各种电气制动，为何必须设有机械制动？

3-22　起重机上电动机为何不采用熔断器和热继电器作保护？

3-23　对于图 3-39 起重机控制电路，主令控制器操作时应注意什么问题？

3-24　当吊车正在起吊，大车向前，小车向左运动时，当小车碰撞终端开关时，将会影响哪些运动？要想将小车退出终端开关，应如何操作？

3-25　起重机上、下、左、右运动，但不能向前运动，这是为何？

第四章　可编程序控制器

第一节　概　述

可编程序控制器（Programmable Controller）简称 PC，是在继电器接触器控制和计算机控制基础上开发出来，并逐渐发展成以微处理器为核心，把自动化技术、计算机技术、通讯技术融为一体的新型工业控制设备。

国际电工委员会（IEC）于 1985 年给 PC 作了如下定义："可编程序控制器是一种数字运算操作的电子系统，专为工业环境下应用而设计。它采用可编程序的存储器，用来在其内部存储执行逻辑运算、顺序控制、定时、计数和算术运算等操作指令，并通过数字式、模拟式输入和输出，控制各种类型的机械或生产过程。可编程序控制器及有关设备，都按易于与工业系统联成一个整体，易于扩充其功能的原则设计。"

自从 1969 年美国 DEC 公司研制出第一台 PC 以来，日本、德国、法国也相继开始研制和生产。PC 成为各工业发达国家的标准设备。我国也从 1974 年开始研制，近几年来 PC 技术发展更加迅猛，几乎每年都推出不少新产品，其功能已超出上述定义范围。PC 在工业上的应用也越来越广泛，PC 和 CAD/CAM（计算机辅助设计/计算机辅助制造）及机器人技术已成为现代工业自动化的三大支柱。因此，学习和掌握 PC 技术已成为工程技术人员迫切的任务。

本章将在介绍 PC 基础原理及工作特点的基础上，着重介绍小型可编程序控制器应用的入门知识。

一、可编程序控制器的组成及工作过程

（一）继电器控制系统与 PC 控制系统

通过前面的学习，我们知道，任何一种继电器控制系统都由三个部分组成，见图 4-1。

（1）输入部分　它由输入设备组成，如按钮、位置开关、传感器等。用以产生控制信号。

（2）控制部分　它是按照被控对象实际需要的动作要求而设计，并由许多继电器按某种固定方式连接好的控制线路。控制逻辑固定在线路中，不能灵活变更。

（3）输出部分　它由输出设备组成，如继电器、接触器、电磁阀等执行元件以及信号灯等信号元件。用以控制被控对象及状态指示。

与继电器控制系统比较，PC 控制系统也可认为由输入、控制、输出三部分组成，见图 4-2。但 PC 控制系统的控制部分采用了大规模

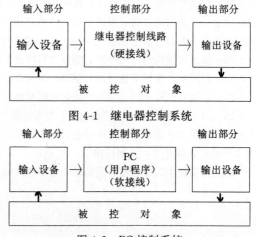

图 4-1　继电器控制系统

图 4-2　PC 控制系统

集成电路的微处理器及程序存储器。其控制作用是通过编好并存入存储器的程序来实现的。这样通过编程，可以灵活地改变其控制程序，相当于改变了继电器控制的线路接线。当然，PC控制部分除具有继电器控制的功能外，有的还具有数值运算、过程控制等各种复杂功能。

　　对于使用者来说，可以不考虑微处理器及存储器内部的复杂结构，也不必使用计算机语言，而是把PC内部看成由许多"软继电器"组成，它还给使用者提供了一种按照设计继电器控制电路相同方式的编程方法——梯形图。这样，从功能上来讲就可以把PC的控制部分

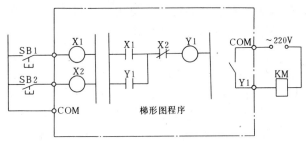

图4-3　PC等效电路

看作由许多"软继电器"组成的等效电路。如图4-3所示，这是一个起、保、停电气线路的PC等效电路，用-○- -‖- ⦸ 来表示软继电器的线圈、常开、常闭触点。

　　（二）PC的组成及各部分的作用

　　PC实质上是一种工业控制用的专用计算机。图4-4是PC组成的简化框图。

　　PC由基本单元、I/O（输入/输出）扩展单元及外围设备组成。基本单元和扩展单元采用微机的结构形式，其内部由CPU、存储器、输入单元、输出单元以及接口等部分组成。基本单元内各部分之间均通过总线连接。总线分电源总线、数据总线、地址总线和控制总线。

　　以下介绍各部分的作用。

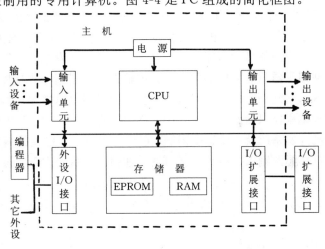

图4-4　PC组成的简化框图

　　1. CPU　它是PC的核心部分。CPU在PC中的作用类似于人体的神经中枢，是PC的运算和控制中心，用来实现逻辑运算、算术运算，并对全机进行协调和控制。它按照PC中系统程序所赋予的功能，完成以下任务：①接收并存储从编程器输入的用户程序和数据；②诊断电源、PC内部电路工作情况和编程过程的语法错误等；③接收现场输入设备的状态或数据，并存入输入映象寄存器或数据寄存器中；④逐条读入和解释用户程序，产生相应的控制信号去控制有关的电路，完成用户程序中规定的逻辑运算或算术运算等任务，并根据运算结果更新有关寄存器内容；⑤将输出映象寄存器送给输出单元，去控制外部负载，或通过其它I/O接口实现制表、打印或数据通信等功能。

　　现代PC使用的CPU主要有通用微处理器、单片微处理器和位片式微处理器。

　　2. 存储器　存储器分为系统存储器和用户存储器。前者存放系统监控程序、编译程序及

诊断程序等，这些程序由 PC 生产厂家提供，并固化在系统程序存储器 EPROM 盒中。后者一般分为程序存储区和数据存储区。程序存储区是用来存放用户编写的应用程序；数据存储区是用来存放输入、输出以及中间结果状态和特殊功能要求的有关数据。用户程序存储器通常以字（16 位/字）为单位来表示存储容量。由于系统存储量与用户无关，故 PC 产品说明书中所指的存储器容量与型号，一般指的是用户存储器。用户存储器一般采用低功耗 CMOS-RAM，并配以锂电池以实现掉电保护。

3. 输入/输出（I/O）单元　I/O 单元是 CPU 与现场输入输出设备或其它外围设备之间的连接部件。与现场 I/O 设备连接的 I/O 单元的主要作用是：

（1）将输入设备提供的不同电压或电流的信号转换成 CPU 所能接收的低电平信号或将 CPU 控制的低电平信号转换成输出设备所需的电压或电流信号。

（2）采用光电隔离的措施，将 CPU 与现场输入输出设备之间有效地隔离开，以提高 PC 的抗干扰能力。

此外，某些 PC 还具有其它一些功能的 I/O 单元。如串/并行变换、数据传送、A/D（模拟/数字）、D/A（数字/模拟）、高速计数单元等。

4. 电源　PC 配有开关式稳压电源，用来对 PC 内部电路供电。某些 PC 还为外部输入设备提供 24V 直流电源。

5. 编程器　编程器用作用户程序的编制、编辑、调试和监视，还可以通过其键盘去调用和显示 PC 的一些内部状态和系统参数。它通过接口与 CPU 连接，实现人机对话。

编程器分为简易型和智能型，以及个人计算机开发系统。

简易型编程器只能联机编程，且只能输入和编辑指令表程序。智能型编程实际上是一台专用计算机，它既可联机，也可脱机编程，而且可以直接生成和编辑梯形图程序。

前两种编程器只能对某一厂家生产的 PC 进行编辑，是专用编程器，使用范围有限。那么个人计算机开发系统就不受这些限制，它只要利用厂家提供的编辑/监控软件，既可在个人计算机上进行梯形图输入、编辑，又可通过通信口实现与 PC 之间程序传送以及监控等。

6. I/O 扩展单元　当用户所需的 I/O 点数超过主机的 I/O 点数时，用它扩展 I/O 点数。

除以上组成部分外，PC 还可能配设其它一些外设。如盒式磁带机、打印机、EPROM 写入器等。

（三）PC 的工作过程

PC 运行时，有众多的操作需要去执行，但 CPU 不能同时去执行多个操作，它只能按分时操作的原理每一时刻执行一个操作。由于 CPU 的运算处理速度很高，使得外部出现的结果从宏观上似乎同时完成。这时分时操作的方式称扫描工作方式。

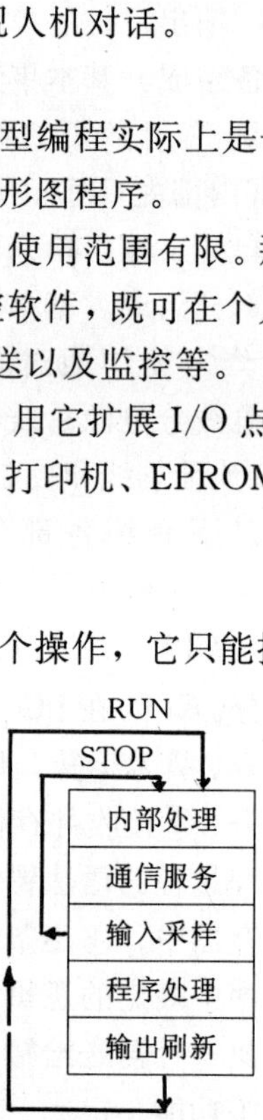

PC 的用户程序由若干条指令组成。指令在存储器中按步序号排列。用户程序的执行是按扫描工作方式完成的。在没有跳转指令或中断的情况下，CPU 从第一条指令开始，顺序逐条地执行用户程序，直到最后一条指令结束，然后返回第一条指令开始新一轮扫描。

图4-5 为 PC 扫描工作过程示意图，PC 除了周而复始地重复上述程序执行，每次扫描过程还要完成输入采样、输出刷新、内部处理、通信服务等工作。扫描一次所用的时间称为扫描周期。扫描周期与用户程序长

图 4-5　PC 扫描
过程示意图

短和扫描速度有关，通常为 1～100ms。

1. **内部处理阶段**　这一阶段包括 PC 检查内部电路的硬件是否正常、将监控定时器复位，以及完成其它一些内部工作。监控定时器是用来监视每次扫描是否超过规定时间，从而避免了由于 CPU 内部故障使程序执行进入死循环而造成故障的影响。

2. **通信服务阶段**　包括 PC 与外围设备通讯、响应编程器输入的命令、更新编程器的显示内容等。

当 PC 处于停止运行（STOP）状态时，只执行以上两阶段的操作。当 PC 处于运行（RUN）状态时，还要完成以下操作，如图 4-6 所示。

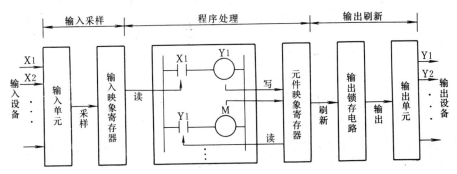

图 4-6　PC 程序执行过程

3. **输入采样阶段**　这一阶段指 PC 以扫描方式按顺序将所有输入端的输入信号状态读入到输入映象寄存器中寄存起来。接着转入程序执行阶段，在程序执行期间，即使输入状态变化，输入映象寄存器的内容也不会改变。输入状态的变化只能在下一个工作周期的输入采样阶段才被重新读入。

4. **程序处理阶段**　指 PC 对程序按顺序进行扫描。如果程序是用梯形图表示，则总是按先上后下，先左后右的顺序进行扫描。每扫描一条指令时，所需要的输入状态或其它元件状态分别从输入映象寄存器和元件映象寄存器中读出，而执行结果写入到元件映象寄存器中。也就是说，元件映象寄存器中的内容，会随程序执行过程而变化。

5. **输出刷新阶段**　当程序执行完后，进入输出刷新阶段。此时，将元件映象寄存器中所有输出的元件状态转存到输出锁存电路中，通过一定方式输出，去驱动用户输出设备。

开关量的输出方式有继电器输出、晶闸管输出和晶体管输出三种。

以上这种集中输入采样与集中刷新工作方式的特点是：在采样阶段，将所有输入信号一起读入，此后在整个程序处理过程中 PC 与外界隔开，直至下一周期采样阶段再采集输入信号。对于 I/O 点数较少，用户程序较短，采用这种方式虽然在一定程度上降低了系统的响应速度，但从根本上提高了系统的抗干扰能力，系统可靠性增强。而对于 I/O 点数多，控制功能强，用户程序较长的 PC，为提高系统响应速度，也采用在程序处理过程中定期输入采样输出刷新、直接输入采样输出刷新、或采用高速响应模块及中速处理等措施。

二、可编程序控制器的分类

目前，PC 的品种繁多，型号和规格也不统一。各种产品的结构形式、输入/输出方式、I/O 点数，CPU 的种类、存储器的种类以及功能范围等都各不相同，因此很难详细地划分它们的类别。通常只能根据 I/O 点数、结构形式及功能范围三个方面来大致分类。

（一）按 I/O 点数分类

根据 PC I/O 点数的不同，可分为小型、中型、大型三类 PC。

1．小型 PC　I/O 点数为 256 点以下（包括 256 点）。

2．中型 PC　I/O 点数为 256 点以上，2048 点以下。

3．大型 PC　I/O 点数为 2048 点以上（包括 2048 点）。

（二）按结构形式分类

根据 PC 硬件结构的不同，可将其分为整体式和模块式。近年来有将这两种形式结合起来的趋势。

1．整体式 PC　又称箱体式 PC，它把 CPU、存储器及 I/O 单元等基本单元装在少几块印制电路板上，并连同电源一起装在一个箱状机壳内，形成一个整体。小型 PC 一般采用这种结构。整体式 PC 由不同 I/O 点数的基本单元和扩展单元组成。基本单元内有 CPU、存储器、I/O 单元和电源，扩展机内有 I/O 单元和电源。它们之间用扁平电缆连接。基本单元及扩展单元的输入点与输出点的比例一般是固定的（如 3：2）。

整体式 PC 一般还配备有许多专用的特殊功能单元。如模拟量 I/O 单元、位置控制单元等，使 PC 的功能得到扩展。

这种结构的特点是结构紧凑、体积小、价格低，但是其 I/O 点数固定，使用不够灵活；另外维修比较麻烦。

2．模块式 PC　又称积木式 PC，大中型 PC 一般采用这种结构，它把 CPU（包括存储器）和输入、输出单元做成独立的模块，即 CPU 模块、输入模块、输出模块，通过插件装在一个电源框架内，有的 PC 电源也做成单独模块。PC 厂家备有不同槽数的框架供用户使用。如果一个框架容纳不下所选用的模块，可以增添一个或数个扩展框架。各框架之间用 I/O 扩展电缆相连，有的 PC 没有框架，各模块安装在基板上。

这种结构特点是 I/O 模块及点数可根据用户需要灵活组合，同时也便于维修，但是结构较复杂，插件多，价格高。

3．叠装式 PC　它吸收了整体式和模块式 PC 的优点。它的基本单元、扩展单元及其它扩展块做成等高等宽，但是长度不等。它们不用基板或框架，仅用扁平电缆连接。紧密拼装后组成一个整齐的长方体，输入、输出点数的配置也相当灵活。

（三）按功能分类

根据 PC 功能范围的不同，可分为低档、中档和高档 PC。

1．低档 PC　它以逻辑控制为主，故又称为 PLC。它具有逻辑运算、定时、计数、移位以及自诊断、监控等基本功能。还可能增添少量模拟量输入/输出、算术运算、数据传送、通信等功能。

2．中档 PC　除具有低档机功能外，还具有较强的模拟量输入/输出、算术运算、数据传送和比较、数制转换、运程 I/O、子程序、通信联网等功能。还可能增添中断控制、PID（比例积分微分调节器）控制、平方根运算等功能。

3．高档 PC　其功能与工业控制计算机相近，除具有中档 PC 功能外，还具有带符号数运算、矩阵运算、特殊功能函数运算、表格功能等，一般具有网络结构和较强的通信联网能力，可用于大规模的过程控制，构成 PC 分布式控制系统或整个工厂的自动化网络。

三、可编程序控制器的特点

（一）可靠性高、抗干扰能力强

PC 专为工业控制而设计，从硬件和软件两方面采取措施，可以大大提高其可靠性和抗干扰能力，同时，PC 还能在恶劣环境中可靠地工作，这也是它优于一般计算机控制的一大特点。

1. 硬件措施

（1）屏蔽　对电源变压器、CPU、编程器等主要部件，采用导电、导磁良好的材料进行屏蔽，以防外界干扰。

（2）滤波　对电源及 I/O 线路采用各种形式的滤波，以消除干扰和削弱各单元之间的相互影响。

（3）隔离　在 CPU 与 I/O 电路之间，采用光电隔离。

（4）联锁　所有输出单元都受开门信号控制，而这个信号只有在规定的各种条件都满足时才有效，从而防止了产生不正常输出的可能性。

（5）电源的调整与保护　对 CPU 这个核心部件所需的电源，采用多级滤波，并用集成电压调整器进行调整，以适应交流电网的波动。

（6）设置环境检测和诊断电路等

2. 软件措施

（1）故障检测　软件定期地检测外界环境并进行处理。

（2）信息的保护和恢复　当出现偶发性故障，软件功能可以不破坏内部信息，并且一旦故障消除，就可恢复正常，继续原来的工作。

（二）编程简单、使用方便

这是 PC 优于计算机的另一特点。目前大多数 PC 均采用梯形图编程方式。这种编程方式既继承了传统控制线路清晰直观的优点，又考虑到了大多数电气技术人员的读图习惯，所以即使对计算机不太了解的人员也容易掌握。另外，PC 的 I/O 接口系统已设计好，可与用户设备直接连接，接线方便。

（三）功能强

前面介绍过，现代 PC 不仅具有逻辑运算、计时、计数、步进等功能，而且还能完成 A/D、D/A 转换、数字运算和数据处理以及通信联网、生产过程监控等。

（四）通用性好

由于 PC 的系列化和模块化、硬件配置相当灵活，可以组成能满足各种控制要求的控制系统。硬件配置确定后，可以通过修改用户程序，方便快速地适应工艺条件的变化。

（五）体积小、功耗低

由于 PC 采用半导体集成电路，结构紧凑，体积较小，功耗低，以 F—40 M　PC 为例，其外型尺寸为 305mm×110mm×100mm，功耗小于 25VA。

由于 PC 具有上述特点，所以是实现机电一体化的理想控制设备。

四、小型可编程序控制器的硬件组成和性能

PC 以其面向工业控制的鲜明特点，普遍受到电气控制领域的欢迎。特别是小型 PC 成功地取代了传统的继电器系统，使控制系统的可靠性大大提高。目前各国生产的 PC 品种繁多，

发展迅速。本章着重介绍我国已引进生产，并广泛应用的 F 系列 PC 的硬件组成、特性、指令系统及应用等基本知识。

F 系列 PC 是日本三菱公司的产品，属于整体式小型低档 PC，以开关量控制为主。

（一）F 系列 PC 的型号、机种

1. 型号　F 系列 PC 型号是：

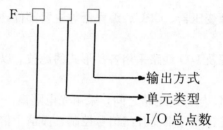

输出方式：R——继电器输出；S——晶闸管输出；T——晶体管输出。

单元类型：M——基本单元（即主机）；E——扩展单元（即扩展机）。

例如，F—40MR 表示：F 系列 PC 的基本单元，其 I/O 点数为 40，采用继电器输出方式。

2. 机种　F 系列 PC 具有多种机型，其典型产品有：

基本单元：F—12R、F—20M、F—40M。

扩展单元：F—10E、F—20E、F—40E 以及 F—4T（扩展定时器）。

辅助外设：F—20P—E（简易编程器）、F—20MW（ROM 写入器）、GP—80（图形编程器）等。

（二）F 系列 PC 硬件结构

图 4-7 是 F—40MR 的硬件框图。它由四个部分组成。

1. 基本单元　基本单元中有 CPU、RAM、ROM 锂电池及 I/O 接口。输入口由光电隔离、滤波器、缓冲器等组成，将外部信号送到系统总线上；输出口采用锁存器及驱动器，由继电器输出。基本单元的主要作用是系统监控、程序执行、解释及信号的输入输出。

2. 编程器　编程器上有编程键盘、数码及 I/O 显示器、编程/监控选择开关，主要用于用户程序的输入、检查以及运行监视。为了便于与基本单元交换信息，其内部也配有缓冲器和锁存器。有关编程器 F—20P 的使用，在附录 C 中介绍。

3. 扩展单元　I/O 扩展单元包含输入及输出口。当基本单元 I/O 点数不够时，配上相应的扩展单元，便能实现扩充 I/O 点数的目的。扩展单元外形与基本单元类似，但其内部不具有 CPU、ROM、RAM，所以不能单独使用，要与基本单元一起才能使用。。

4. ROM 盒　对于已经调试完毕的用户程序，可采用程序固化的方法，将用户程序烧结在 ROM（只读存储器盒中的 EPROM 上。若 EPROM 容量允许，可将不同的用户程序烧结在同一 EPROM 中，利用输入端的程序选择开关选择对应的程序，也可分别烧结在不同 EPROM 芯片中，不同的控制要求更换不同程序的 EPROM 芯片。

（三）F 系列 PC 的性能

以 F—40M 为例。其主要技术性能和输出技术指标分别见表 4-1 和表 4-2。

（四）F 系列 PC 的接线端子及功能

以 F—40MR 为例，其接线端子及功能见表 4-3。

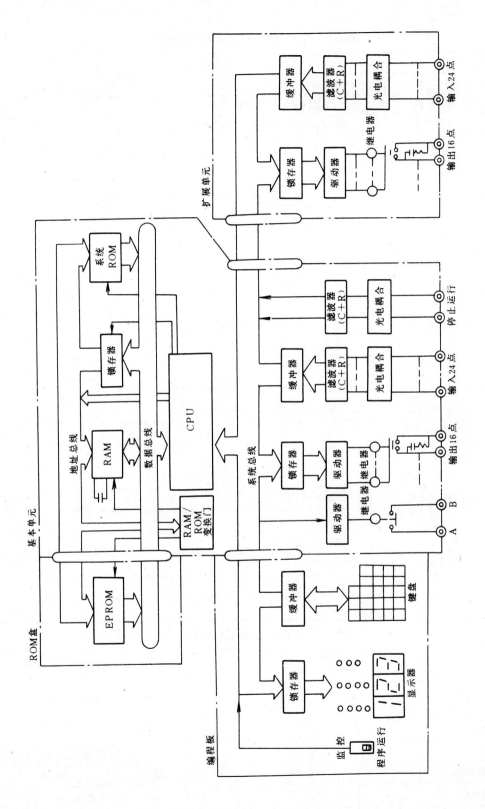

图 4-7　F—40MR 硬件框图

表 4-1　F—40M 型 PC 的主要技术性能

<table>
<tr><td rowspan="2">电源</td><td colspan="2">电　压</td><td>AC100～110V/AC200～220V±^{10%}_{15%}50/60Hz</td></tr>
</table>

电源	电　压		AC100～110V/AC200～220V±10%15% 50/60Hz
	功　耗		＜25VA
输入	点　数		24＋2 点（运行、停止用）
	输入形式		无电压触点或 NPN 晶体管开关触点（集电极开路）
	电　流		7mA/DC24V
输出	点　数		16 点
	方式	继电器型	电阻负载 2A/点，电感负载 80VA/点，DC24V，AC200V
		双向晶闸管型	电阻负载 1A/点，4A/8 点，电压 AC200V 光电隔离，开路漏电流 2mA/AC200V
		晶体管型	负载 1A/点，4A/8 点，电压 DC24V 光电隔离
定　时　器			16 点，设定位数 3 位，设定范围 0.1～999
计　数　器			16 点，设定位数 3 位，设定范围 1～999，复位优先，有断电保持功能
用户存储器容量			890 步
辅助继电器			192 只，其中 64 只有继电保护功能
演算	指　　令		继电器符号方式 14 种
	速　度		平均 45μs/步序
可靠性措施和情况	电池保护		锂电池，可连续使用五年，保持 RAM 程序
	瞬时停电补偿		＜20ms 的瞬时停电可不出错继续运行
	抗电平干扰能力		1000V，1μs
	耐振动能力		10～55Hz，0.5mm，最大 2G
	CPU 出错自诊断		程序监视器（Watch dog），求和校验（Sum check）
	电池电压监视		电压不足指示灯显示
一般	环境温度		0～+55℃（库存温度-15～+65℃）
	环境湿度		85% RH 以下（无结露）
	绝缘耐压		AC1500V，1min
	外形尺寸		305mm×110mm×110mm
	重　量		2.3kg

表 4-2　F 系列 PC 输出技术指标

		继电器输出型 AC100V，200V，DC24V	SSR 输出型 AC100V，AC200V	晶体管输出型 DC24V
电阻负载额定输出电流		2A/1 点	1A/1 点，4A/8 点合计	1A/1 点，4A/8 点合计
最大负载	电感性（如电磁阀、接触器、线圈等）	80VA	50VA（AC100V）100VA（AC200V）	24W（DC24V）
	灯泡	100W	100W	3W 或 2W 灯泡+6W 线圈
	骤增电流	10A/周期	10A/周期	DC3A
最小负载	电感性		1.6VA（AC/200V），0.4VA（AC100V）	
	灯泡		1W（AC200V），0.5W（AC100V）	

表 4-3 F—40MR 型 PC 的接线端子及功能

端　　子	功　　能	说　　　　明
0 100 200	电　源	AC110V/120V AC220V/240V
DC24V+ DC24V—	电源（当输入器件需要电源时用）	D24V±8V
A B	出错检验输出 （PC 内有对触点）	在正常运行状态，A、B 触点接通。若电噪声干扰等原因使 CPU 出错时切断。可用于紧急停车电路或报警，输出负载＜35VA
E	接地	连至接地点（＜100Ω）。接控制柜的地，不可与大功率设备共用一个接地点
RUN	运行状态	起动操作
STOP	停止（全部输出断开，定时器和 128 个辅助继电器全部复位。但全部计数器和 64 个辅助继电器仍然保持）	停止任何操作。STOP 端接通，所有输出均断开。但推荐在紧急停车时，在外部另外接一些紧急停车的器件，作为支持备用
400～413 500～513	输入端子	
430～437 530～537	输出端子	
COM1 COM2 COM3 COM4	输出端子的公共点	430～433 共用 434～437 共用 530～533 共用 534～537 共用
24+ GND	DC24V 正极 DC24V 负极	各输入器件（如接近开关）需 24V 电源时用。GND 在 PC 内部与 COM 点接通，不应接地

第二节　小型可编程序控制器的指令系统

所谓 PC 的指令，是指规定 PC 进行某种操作的命令，每条指令一般包括指令名称和目标元件（操作对象）两部分。

小型可编程序控制器的指令一般只有十几条到二十几条。F 系列 PC 共有 20 条基本指令，这些指令都是以 PC 内部软继电器为目标元件，这些软继电器各有自己的功能，并以不同的编号加以区分。它们的状态存放在指定地址的内存单元中，供编程时调用。所以在编制用户程序时，必须熟悉每条指令涉及的软继电器的功能及其规定的编号，不同型号的 PC 有不同的编号方式。

一、可编程序控制器的内部软继电器及其编号

下面以 F—40M 型 PC 为例。F—40 从型 PC 的软继电器编号用一个字母和三位八进制数来表示。

（一）输入继电器（X）

输入继电器在输入映象寄存器中，是 PC 专门用来接收从输入设备发来的开关量信号，它与 PC 内部的输入端相连，具有无数对常开、常闭触点，供编制时使用（实质上是调用该继电器的状态），但不能直接输出驱动输出设备。另外，输入继电器只能由外部信号来驱动，而不能在程序内部用指令驱动。

输入继电器的编号为：

基本单元（24 个）：X400～X407，X500～X507、X410～X413、X510～X513。

扩展单元（24 个）：X414～X417、X420～X427、X514～X517、X520～X527。

（二）输出继电器（Y）

输出继电器在元件映象寄存器中，是专门用来将 PC 输出信号传送给输出单元，再由输出单元的硬继电器去驱动外部输出设备。硬继电器仅有一对常开触点，但有无数对供编程使用的内部常开、常闭触点。内部使用的常开、常闭触点，也就是对应于元件映象寄存器中该元件的状态。另外，输出继电器只能在程序中用指令来驱动，外部信号无法驱动。

输入继电器、输出继电器的等效电路见本章第一节中图 4-3。

输出继电器的编号：

基本单元（16 个）：Y430～Y437、Y530～Y537。

扩展单元（16 个）：Y440～Y447、Y540～Y547。

（三）辅助继电器（M）

辅助继电器在内部存储器中，PC 备有许多辅助继电器。和输出继电器一样，辅助继电器只能由程序驱动。每一个辅助继电器也有无限对常开、常闭触点，专供编程使用，其作用相当于继电器控制电路中的中间继电器。但辅助继电器触点不能直接输出驱动外部输出设备。

辅助继电器分两种，其编号为：

通用辅助继电器：M100～M277（128 个）

掉电保护辅助继电器：M300～M377（64 个）

（四）移位寄存器

移位寄存器由辅助继电器 M 组成。在 F—40M 中每 16 个辅助继电器构成一个移位寄存器，共可组成 12 个移位寄存器。组合情况如下（带 * 号为有掉电保护）：M100～M117、M120～M137、M140～M157、M160～M177、M200～M217、M220～M237、M240～M257、M260～M277、M300～M317*、M320～M337*、M340～M357*、M360～M377*。

构成移位寄存器的第一个辅助继电器的编号，就是该移位寄存器的编号。注意，当辅助继电器已用于构成移位寄存器时，不可再作它用。

图 4-8 是一个 16 位移位寄存器的工作电路，其中 OUT 为数据输入端，首位 M300 状态由 X400 的通断状态决定。SFT 为移位输入端，X401 每接通一次，移位寄存器 M300 的 16 个辅助继电器内数据相应右移一位，最高位 M317 的数据溢出。RST 为复位输入端，当 X402 接通时 M300～M317 全部断开，

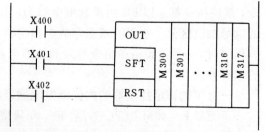

图 4-8　移位寄存器

因此需移位时，应将 X402 断开。

当移位寄存器位数不够时，可以将多个移位寄存器串接使用。如图 4-9 所示，将两个移位寄存器串接使用，第一个移位寄存器的输出作为第二个移位寄存器的输入，而构成 32 位移位寄存器。必须注意，其接法应是高位在前，低位在后，即移位寄存器 M320 应在 M300 之前。否则，移入 M320 的内容不是 M317 的内容，而是 M316 的内容，因为 M317 内容已经溢出。

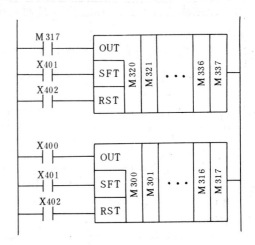

（五）特殊辅助继电器

1．M70——运行监视继电器　当 PC 运行时，M70 接通；当 PC 停止时，M70 断开。其波形见图 4-10。

2．M71——初始化脉冲，当 M70 接通后，M71 在第一个扫描周期接通，如图 4-10 所示。

M71 可用于计数器、移位寄存器等初始化复位。

图 4-9　移位寄存器的串接

3．M72——100ms 时钟　M72 提供周期为 100ms 的时钟脉冲。其波形见图 4-10。

4．M76——电池电压下降监视　当 PC 内部锂电池电压降至一定值时，M76 接通。

5．M77——禁止输出　当 M77 接通，全部输出继电器（Y）的输出自动断开，但其它继电器、定时器、计数器仍继续工作。

（六）定时器（T）

PC 中的定时器相当于继电器控制系统中的通电延时型时间继电器，但它可提供无数对延时动作的常开、常闭触点供编程使用。不能用其触点直接驱动外部输出设备。

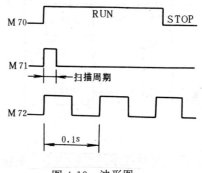

图 4-10　波形图

F—40M 有 16 个定时器，其编号为：T450～T457、T550～T557。

定时范围为 0.1～999s，具体定时时间由设定值 K 决定。

图 4-11a 为一定时器，当 X400 接通时，T450 开始定时。从设定值 $K=5$ 开始，T450 的当前值每隔 0.1s 减去 0.1。5s 后当前值减为零，T450 常开触点接通，常闭触点断开。当 X400 断开后，T450 复位，其常开触点断开，常闭触点接通，当前值恢复为设定值。

PC 中定时器只能提供接通后延时动作的触点。如果需要断开后延时动作的触点，可以使用图 4-11b 的电路。

注意，定时器没有掉电保持功能，为扩大延时范围，也可用多个定时器串接使用。

（七）计数器（C）

F—40M 型 PC 有 16 个计数器，其编号为：C460～C467、C560～C567。

计数范围为 1～999。具体计数次数由编程时设定值 K 决定。计数均有掉电保持功能，电源中断时，当前值还保持着。在不需要掉电保护计数器数据的场合，可以用初始化脉冲 M71

作为其复位输入，如图 4-12 所示。

图中，PC 开始运行时，M71 将 C460 复位。它的常开触点断开，常闭触点接通，同时其计数当前值为设定值 $K=5$。

当复位输入断开后，计数输入 X401 由断开变为接通（脉冲上升沿），计数器当前值减 1。在 5 个脉冲之后，当前值减为零，此时 C460 的常开触点闭合，计数器的当前值自动恢复为设定值。

图 4-13 是用计数器定时的电路。利用 M72 产生周期为 0.1s 的固定脉冲来实现定时。当 X402 接通时开始定时。定时时间为 0.1s×600＝60s。X402 断开时复位。

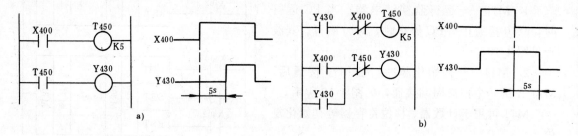

图 4-11　定时器

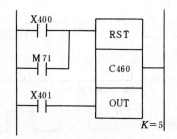

图 4-12　计数器

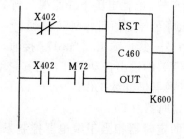

图 4-13　用计数器定时

二、可编程序控制器的指令系统

F 系列可编程序控制器共 20 条指令。见表 4-4。现按用途分类说明如下：

表 4-4　F 系列 PC 指令表

指　　令	功　　能	目　标　元　件	备　　注
LD	逻辑运算开始	X、Y、M、T、C	常开接点
LDI	逻辑运算开始	X、Y、M、T、C	常闭接点
AND	逻辑"与"	X、Y、M、T、C	常开接点
ANI	逻辑"与反"	X、Y、M、T、C	常闭接点
OR	逻辑"或"	X、Y、M、T、C	常开接点
ORI	逻辑"或反"	X、Y、M、T、C	常闭接点
ANB	块串联	无	
ORB	块并联	无	
OUT	逻辑输出	Y、M、T、C	驱动线圈

（续）

指　　令	功　　能	目标元件	备　　注
RST	计数器、移位寄存器复位	C、M	用于计数器和移位寄存器
PLS	脉冲微分	M100～M377	
SFT	移　　位	M	
S	置　　位	M200～M377Y	
R	复　　位	M200～M377Y	
MC	主　　控	M100～M177	用于公共串接接点
MCR	主控复位	M100～M177	
CJP	条件跳转	700～777	
EJP	跳转结束	700～777	
NOP	空　操　作	无	
END	程序结束	无	

（一）LD、LDI、OUT 指令

LD——取指令。用于常开触点与母线连接。每个以常开触点开始的逻辑行都要使用这一指令。

LDI——取反指令。用于常闭触点与母线连接。每个以常闭触点开始的逻辑行都要使用这一指令。

OUT——输出指令。用于输出逻辑运算的结果，去驱动一个指定的线圈。

LD、LDI 指令的目标元件为 X、Y、M、T、C。这两条指令不作逻辑运算，只作取本身之状态。另外，其还可与块指令配合，用于分支的起点。

OUT 指令的目标元件为 Y、M、T、C，不能是输入继电器 X。本指令可连续使用若干次，相当于线圈并联。用于定时器 T 和计数器 C 的 OUT 指令之后应跟设定常数 K 值。

LD、LDI、OUT 指令的使用，见图 4-14。

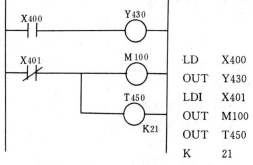

图 4-14　LD、LDI、OUT 指令的使用

（二）AND、ANI 指令

AND——与指令。用于常开触点的串联，完成逻辑"与"运算。

ANI——反与指令。用于常闭触点的串联，完成逻辑"与非"运算。

AND、ANI 是单个触点与左边电路串联的指令。一般来说，串联触点的个数不限。目标元件为：X、Y、M、T、C。

AND、ANI 指令的使用，见图 4-15。

（三）OR、ORI 指令

OR——或指令。用于常开触点的并联，完成逻辑"或"运算。

ORI——或反指令。用于常闭触点的并联，完成逻辑"或非"运算。

OR、ORI 指令是指单个触点与前面电路并联，并联触点的左端应接到母线，右端与前一条指令对应的触点的右端相连。

目标元件为：X、Y、M、T、C。

OR、ORI 指令的使用，见图 4-16。

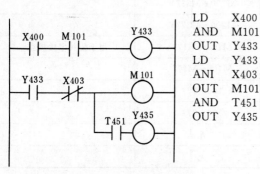

```
LD    X400
AND   M101
OUT   Y433
LD    Y433
ANI   X403
OUT   M101
AND   T451
OUT   Y435
```

图 4-15　AND、ANI 指令的使用

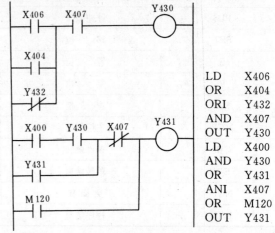

```
LD    X406
OR    X404
ORI   Y432
AND   X407
OUT   Y430
LD    X400
AND   Y430
OR    Y431
ANI   X407
OR    M120
OUT   Y431
```

图 4-16　OR、ORI 指令的使用

（四）ORB 指令

ORB——块或指令。用于串联电路块的并联连接。

两个或两个以上触点串联连接而成的电路称为串联电路块。在使用 ORB 指令之前，每个串联电路块内部应先连接好。每个块的起点都要用 LD、LDI 指令。

ORB 为独立指令，无目标元件。

ORB 的使用见图 4-17。

（五）ANB 指令。

ANB——块与指令。用于并联电路块与前面电路的串联连接。

两条或两条以上支路并联连接而成的电路称并联电路块。在使用 ANB 指令之前，也应先完成并联电路块的内部连接。并联电路块的起点用 LD、LDI 指令，ANB 相当于两个电路块之间的串联连线。

ANB 也是独立指令，无目标元件。

ANB 的使用见图 4-18。

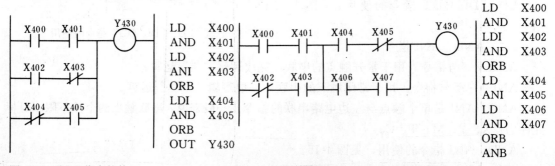

```
LD    X400
AND   X401
LD    X402
ANI   X403
ORB
LDI   X404
AND   X405
ORB
OUT   Y430
```

图 4-17　ORB 指令的使用

```
LD    X400
AND   X401
LDI   X402
AND   X403
ORB
LD    X404
ANI   X405
LD    X406
AND   X407
ORB
ANB
```

图 4-18　ANB 指令的使用

（六）RST 指令

RST——复位指令。用于计数器和移位寄存器的复位。

所谓"复位"，即将计数器的当前值回复至设定值或消除移位寄存器的内容。另外，RST 有效时，计数器或移位寄存器不接受输入信号。如图 4-19 所示，RST 用于计数器复位。

（七）SFT 指令

SFT——移位指令。用于移位寄存器的移位操作。

SFT 的使用见图 4-20。

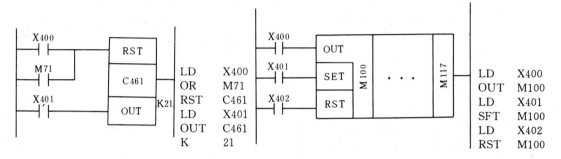

图 4-19　RST 指令的使用　　　　　　　图 4-20　SFT 指令的使用

（八）PLS 指令

PLS——微分指令。它将脉宽较宽的信号变成脉宽等于 PC 扫描周期的脉冲信号，但脉冲周期不变。

PLS 指令的目标元件为辅助继电器 M、其用法如图 4-21 所示。

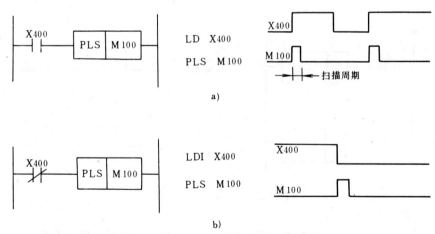

图 4-21　PLS 指令的使用

（九）NOP 指令

NOP——空操作指令。用于程序的修改。

在编程过程中，使用 NOP 指令，那么在更改程序或增加程序时，步序号变更较少；将已编好的程序中的指令改为 NOP 指令，可以变更程序。见图 4-22。

（十）S、R 指令

S——置位指令。使元件状态保持。

R——复位指令。使元件的状态保持解除。

S、R 指令目标元件为：Y、M200~M377。

S、R 指令的编写次序可以任意安排。置位指令优先执行。如图 4-23 所示，当 X401 接通后，即使断开 M200 还保持得电状态，只有当 X402 接通，才使 M200 复位。如果 X401、X402 同时闭合，此时先执行 S 置位指令。

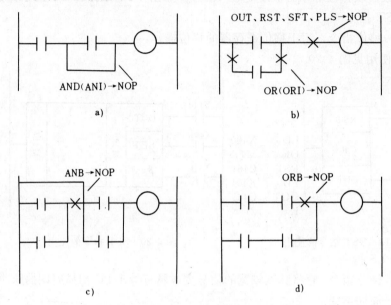

图 4-22　NOP 指令的使用

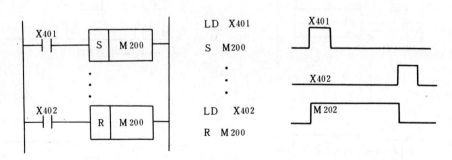

图 4-23　S、R 指令的使用

（十一）MC、MCR 指令

MC——主控指令。用于公共逻辑条件控制多个线圈。将母线右移，形成分支母线。

MCR——主控复位指令。用于主控结束时返回母线。

MC、MCR 指令的目标元件为：M100~M177。

使用主控指令的触点称为主控触点。主控触点之后的触点必须用 LD、LDI 指令开头。换句话说，使用 MC 指令后，母线移到主控触点的后面，而 MCR 指令却使母线回到原来的位置。

MC、MCR 的使用见图 4-24。图中可省去 MCR100，因为 MC101 指令可自动将 MC100 指令复位。

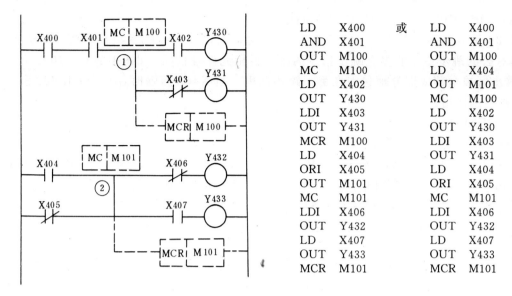

LD	X400	或	LD	X400
AND	X401		AND	X401
OUT	M100		OUT	M100
MC	M100		LD	X404
LD	X402		OUT	M101
OUT	Y430		MC	M100
LDI	X403		LD	X402
OUT	Y431		OUT	Y430
MCR	M100		LDI	X403
LD	X404		OUT	Y431
ORI	X405		LD	X404
OUT	M101		ORI	X405
MC	M101		MC	M101
LDI	X406		LDI	X406
OUT	Y432		OUT	Y432
LD	X407		LD	X407
OUT	Y433		OUT	Y433
MCR	M101		MCR	M101

图 4-24 MC、MCR 指令的使用

（十二）CJP、EJP 指令

CJP——条件跳步指令。用于跳步开始。

EJP——跳步结束指令。用于跳步终止。

CJP、EJP 指令的目标元件为：700～777。

当 CJP 前的逻辑条件为 ON 时，则 CJP 与 EJP 之间的程序停止执行，跳去执行 EJP 后面的程序，被跳过的程序中的各元件状态保持原样不变。计数器不接受计数输入，也不接受复位输入，而保持跳步前的状态，定时器也同样保持跳步前状态。

如图 4-25 所示，X400 断开时，程序 A、B、C 均执行。当 X400 接通，则程序 B 不执行，执行完程序 A 后，直接跳去执行程序 C。

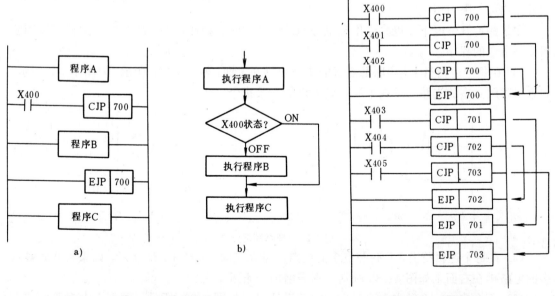

图 4-25　CJP、EJP 指令的使用　　　　图 4-26　多重跳步

注意，CJP、EJP 必须成对使用，它们的目标元件必须一致。

图 4-26 是多重跳步指令使用的示意图。各行之间可能有一些程序，在图中没有一一画出。具有公共跳步终点的多重跳步指令的跳步目标元件号相同，如图中的 CJP700。允许某一跳步区被全部或部分地包围在另一跳步区内。当 X403 接通时，指令 CJP702 和 CJP703 将不起作用。

（十三）END 指令

END——结束指令。表示程序终了。

在程序结束时使用 END 指令，这样，PC 只在第一步至 END 这一步之间反复执行。若程序终了不用 END 指令，则 PC 将从用户程序存储器的第一步执行到最后一步。

在调试程序时可以将 END 指令插在各段程序之后。从第一段开始分段调试，调试好后再逐一删去 END 指令。这种方法对程序的查错也很有用处。

第三节 可编程序控制器的程序设计

可编程序控制器的程序设计是指以指令功能为基础，以工艺过程的控制要求和现场信号与 PC 软继电器编号对照表为依据，画出梯形图，然后编写程序清单。

梯形图程序的设计是 PC 程序设计中最关键的一步。

一、梯形图设计规则

梯形图是各种 PC 通用的编程语言。PC 的梯形图设计类似于继电器控制电路的设计，但梯形图又有它本身的规则和技巧。在梯形图设计和程序编制过程中应遵循如下规则：

（1）梯形图按自上而下，从左到右的顺序排列。每一个继电器线圈的控制电路为一个逻辑行。每一逻辑行起于左母线，终于右母线。线圈与右母线直接连接，不能在线圈和右母线之间连接其它元件。

（2）一般情况下，梯形图中某个编号的继电器线圈只能出现一次，而继电器的常开、常闭触点均可无限引用。

在某些特殊情况下，也允许出现重号的继电器线圈。如使用多个跳步指令的程序段和使用步进指令的程序。

（3）在每个逻辑行上，串联触点多的支路应排在上面，如图 4-27a 所示。如图 4-27b 所示，如果串联触点多的支路安排在下面，则需增加一条指令。

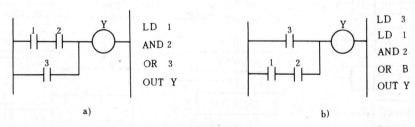

图 4-27 梯形图之一

（4）在每个逻辑行上，并联触点多的电路应排在左面，如图 4-28a 所示。如果将并联触点多的电路排在右面，如图 4-28b 所示，则需增加一条指令。

（5）不允许在一个触点上有双向"电流"通过。如图 4-29a 所示，触点 5 上有双向"电流"通过，这是不可编程电路，因此是不允许的。对于这样的电路，应根据其逻辑功能作适当变换，使之成为图 4-29b、c 的可编程电路。

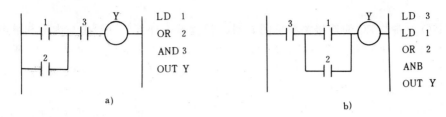

图 4-28　梯形图之二

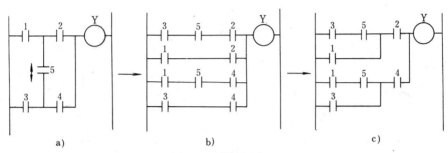

图 4-29　梯形图之三

（6）在编程中，遇到很多条逻辑行都具有相同的控制条件时，如图 4-30a 中，并联触点 0、1 是各条逻辑所共有的控制条件。为了节省语句数量，常将具有相同控制条件的逻辑行并列在一起，用同一控制条件对它们实行综合控制，如图 4-30b 所示，利用主控指令或分支指令来编程。这样，在并列逻辑行较多的情况下就可以使语句减少，从而节约了内存容量，这种容量小的 PC 更具有意义。

（7）梯形图中输入继电器的开关信号一般均按由外部输入设备常开触点提供来设计，所以也建议 PC 的外部输入尽可能用常开触点。如果某些信号只能用常闭输入，可以先按输入全部为常开触点来设计，然后将梯形图中有关输入继电器的触点改为相反的触点，即常开改为常闭，常闭改为常开。

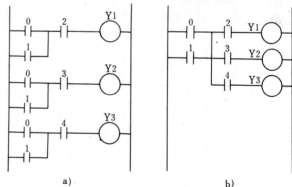

图 4-30　梯形图之四

二、梯形图的设计方法

（一）经验设计法

这种设计方法沿用了继电器控制电路的设计法，即在一些基本电路的基础上，根据被控对象具体要求，不断地修改和完善梯形图。有时需要多次反复地调试和修改梯形图，增加很多辅助触点和中间编程元件，最后才能得到一个较为满意的结果。这种设计方法没有规律可遵循，具有很大的试探性和随意性，最后结果不是唯一的。设计所用的时间、设计质量与设计者的经验有很大关系。所以称之为经验设计法。下面通过例子来说明这种设计方法。

送料小车自动控制系统的梯形图设计。送料小车在限位开关 SQ1 处装料（见图 4-31a），

10s 后装料结束，开始右行。碰到 SQ2 后停下来卸料，15s 后左行。碰到 SQ1 后又停下来装料。这样不停地循环工作，直到按下停止按钮 SB3。按钮 SB1、SB2 分别用来起动小车右行和左行。

外部 I/O 设备与 PC 的连接关系见图 4-31b。根据这个外部 I/O 设备与内部软继电器的对应情况，开始设计梯形图：首先利用继电器接触器基本环节电路组成如图 4-31c 所示的梯形图。为了使小车自动停止，将 X403、X404 常闭触点串入 Y430、Y431 的线圈电路。为了使小车自动起动，将控制装料、卸料延时的定时器 T450 和 T451 的常开触点分别与手动起动右行和左行的 X400 和 X401 的常开触点并联，并用两个限位开关的常开触点分别接通装料、卸料相应的定时器，最后得出如图 4-31d 所示的梯形图。

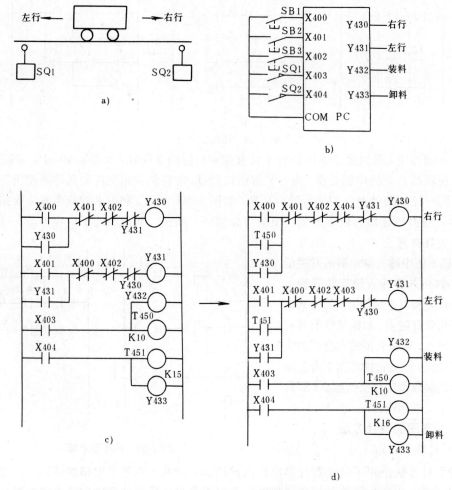

图 4-31　小车控制系统梯形图

经验设计法只能用于较简单的梯形图设计，对于复杂系统的梯形图设计，存在以下问题：①考虑不周，设计麻烦、周期长；②设计出的梯形图非常复杂，系统维修困难。

（二）顺序控制设计法

在工业控制领域，顺序控制的应用面很广尤其在机械行业，几乎无例外地采用顺序控制，实现加工的自动循环。因此，可编程序控制器的设计者们为顺序控制程序的编制提供了大量的通用编程元件和指令，开发了供编制顺序控制程序用的功能表图语言，使这种先进的设计方法成为当前 PC 梯形图设计的主要方法。

顺序控制设计法很容易被初学者接受，程序的调试、修改和阅读也很容易，并且提高了设计的效率

1. 顺序控制设计法的基本步骤

（1）首先将系统的工作过程划分为若干阶段。这些阶段称为步（step）。步是根据 PC 输出量的状态划分的。只要系统的输出量的状态发生了变化，系统就从原来的步进入新的步。在各步内，各输出量状态保持不变。

（2）确定各相邻步之间的转换条件。转换条件是指使当前步进入下一步的条件。常见的转换条件有行程开关的通/断、定时器、计数器触点的接通等。转换条件可以是若干信号的"与"、"或"逻辑组合。

（3）画出功能表图。

（4）根据功能表图，采用某种编程方式，设计出系统的梯形图程序。

2. 功能表图的绘制

功能表图（Function chart）又称流程图、状态转移图。它是描述控制系统的控制过程、功能和特性的一种图形，并不涉及所描述的控制功能的具体要求，是一种通用的技术语言。

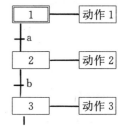

图 4-32　功能表图的组成

（1）功能表图的组成　功能表图主要由步、有向连线、转换和动作组成。如图 4-32 所示，步用矩形框表示（初始步用双线框表示），方框中的数字为该步的编号，编程时用编程元件（如辅助继电器）代表各步。因此，一般用相应编程元件的元件号作为步的编号，比如用 M200 作为步的编号。

步与步之间用有向连线连接，并用转换（短划线）将步分隔开。有向连线规定了线路的进展方向，习惯方向是从上到下、从左到右，否则应在有向连线上用箭头注明进展方向。a、b 为转换条件。转换条件可以用文字符号、布尔代数表达式或图形符号标注。当相邻两步之间有转换条件满足时，转换便得以实现。注意，转换必须是在前级步活动的前提下进行，如 1 步为活动步，此时当转换条件 a 成立时，1 步活动结束，进入 2 步活动。所以不会出现步的重叠。

步的右侧方框内容表示该步活动时要执行的动作。

（2）功能表图的基本结构　根据步与步之间进展的不同情况，功能表图有三种基本结构。

1）单序列结构　单序列由一系列按顺序排列、相断激活的步组成。每一步的后面反接有一个转换，每一个转换后面只有一个步，如图 4-32 所示。

2）选择序列结构　选择序列指一个活动步之后，紧接着有几个后续步可供选择的结构形式。选择序列的各个分支都有各自的转换条件。

图 4-33a 为选择序列的开始。设步 4 为活动步，如果转换条件 b 成立，则步 4 向步 5 进展；如果转换条件 d 成立，则步 4 向步 7 进展；如果转换条件 f 成立，则步 4 向步 9 进展。一般只允许同时选一个序列。

图 4-33b 中，为几个选择分支的合并，转换条件只能标在水平连线之上。如果步 6 为活动步，且转换条件 c 成立，则步 6 向步 11 进展。如果步 8 为活动步，且转换条件 e 成立，则步 8 向步 11 进展。同样如果是步 10 活动，且条件 g 成立，则步 10 向步 11 进展。

图 4-33　选择序列

3）并行序列　并行序列是指转换的实现导致几个序列同时激活的结构形式。

图 4-34a 为并行序列的开始。如果步 3 为活动步，且转换条件 e 成立，则 4、6、8 三步同时变为活动步，同时步 3 变为不活动。为了强调转换的同步实现，水平连线用双线表示。步 4、6、8 被同时激活后，每个序列中活动步的进展将是独立的。

图 4-34b 为并行序列的结束。当直接连在双线上的所有前级步都为活动步，且转换条件 d 成立时，才会发生步 5、7、9 到步 10 的进展，即步 5、7、9 同时变为不活动，而步 10 变为活动。

图 4-34　并行序列

除以上三种基本序列外，还有一些特殊序列，如跳步、重复和循环序列。

图 4-35a 为跳步序列。当步 2 为活动步时，若转换条件 e 成立，则步 3、4 不被激活，而直接转入步 5。

图 4-35b 为重复序列。当步 7 为活动步时，如果条件 i 不成立，而 h 成立，序列返回步 5，重复执行步 5、6、7。直到条件 i 成立，才转入步 8。

图 4-35c 为循环序列。即在序列结束后，用重复的办法直接返回初始步，形成系统的循环。

综上所述，经验设计法是直接用输入信号 X 控制输出 Y，见图 4-36a。由于各系统的 Y 与 X 之间关系

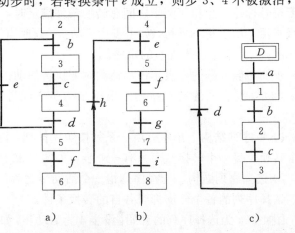

图 4-35　跳步、重复、循环序列

千变万化，所以不可能找出一种简单通用的设计方法。而顺序控制设计法是用输入 X 控制代表各步的编程元件（如辅助继电器 M），再用它们控制 Y，见图 4-36b。步是根据输出 Y 的状态划分的，所以 M 与 Y 之间具有很简单的组合关系，输出电路的设计极为简单。任何复杂系统的代表步的辅助继电器的控制电路，其设计方法都是相同的，并且很容易掌握。所以顺序控制设计法具有简单、通用的优点。由于 M 是依次顺序通/断的，所以实际上已经解决了经验设计法中的记忆联锁等问题。

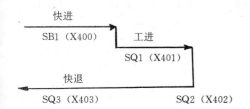

图 4-36　两种设计法的比较

三、编程方式举例

根据系统的功能表图设计出 PC 的梯形图的方法，称为顺序控制梯形图的编程方式。下面通过例子，介绍几种使用不同指令的编程方式。

（一）使用通用逻辑指令的编程方式

所谓通用逻辑指令，是指与触点和线圈有关的指令，如 LD、AND、OR、OUT 等。各种型号的 PC 都有这一类指令，所以这种编程方式可以用于各种型号的 PC。

图 4-37 是某组合机床动力头的进给运动示意图。

步序 ＼ 动作	YV1 (Y430)	YV2 (Y431)	YV3 (Y432)
初　　始	−	−	−
快　　进	＋	−	−
工　　进	＋	＋	−
快　　退	−	−	＋

图 4-37　动力进给运动示意图

图中，X400 是起动按钮信号的输入继电器，行程开关 SQ1、SQ2、SQ3 分别与 PC 的 X401、X402、X403 相连接，Y430、Y431、Y432 用来控制液压系统的三个电磁阀 YV1、YV2、YV3。根据动力头在三个工作阶段的状态不同，可将其一个工作过程分为快进、工进、快退 3 步。另外还设置了一个等待起动的初始步，所以整个循环共分四步。

在用顺序控制设计法中，一般我们用辅助继电器代表各步。假设用 M200～M203 代表初始步～快退步，共 4 步，画出功能表图，如图 4-38 所示。

根据功能表图，采用通用逻辑指令分别画出 M200～M203 的控制线路，然后将 M200～M203 用于控制输出动作，很容易就画出梯形图，如图 4-39 所示。

图中，为保证前级步为活动步，且转换条件成立时，才进行步的转换。总是将代表前一步的辅助继电

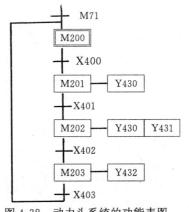

图 4-38　动力头系统的功能表图

器的常开触点与它们之间的转换条件相应的触点串联，来作为代表下步的辅助继电器线圈得电的条件。当条件成立，下步变为活动，同时要将上步变为不活动步。所以又将下步辅助继电器常闭触点串在上步辅助继电器电路中。如：将 M203 和 X403 的常开触点串联作为 M200 的起动电路，M201 常闭触点串入 M200 的线图回路，M201 接通，M200 断开。另外，PC 开始运行时应将 M200 接通，否则系统无法工作。所以将 M71 的常开触点与起动电路并联。各电路还并联了自锁触点。

由功能表图知 Y430 在步 M201 和 M202 都接通，为了避免双线圈输出，只能将 M201 和 M202 的常开触点并联后，去驱动 Y430。

（二）使用移位寄存器的编程方式

单序列功能表图要求各步的辅助继电器顺序地接通和断开，并且同时只能有一个辅助继电器接通。用移位寄存器很容易实现这种控制功能。

图 4-40 是用移位寄存器编制前面介绍过的动力头控制系统的梯形图。

图中，移位寄存器的前四位分别代表功能表图中的四位。PC 刚开始工作时，M201～M203 处于断开状态，数据输入端的三个常闭触点均闭合，M200 接通。按下起动按钮 X400，移位寄存器的输入电路第一行的 M200 和 X400 的常开触点均接通，使 M200 的"1"状态移到 M201，M201 接通。它的常闭触点使 M200 断开，M201 的常开触点使 Y430 接通，动力头快进。以后各行程开关接通产生的脉冲使"1"状态顺序向右移动，M201～M203 依次接通和断开。在后三步中，接在数据输入端的它们的常闭触点总有一个是断开的，所以 M200 一直断开。X403 接通产生的第 4 个移位脉冲使"1"状态移入 M204，M204 的常开触点使移位寄存器复位，M200～M217 断开，M201～M203 的常闭触点使 M200 接通，系统返回初始步。

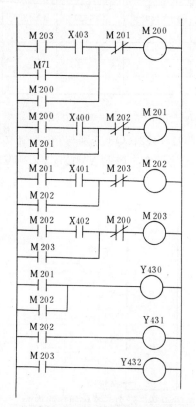

图 4-39　动力头系统的梯形图之一

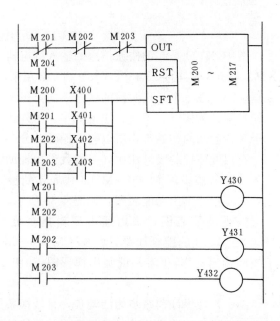

图 4-40　动力头系统的梯形图之二

移位寄存器的移位输入电路由若干串联电路并联而成。每一条串联电路由功能表图中某一步辅助继电器的常开触点和该步之后的转换条件对应的触点组成。这些串联电路也就是使用通用逻辑指令的编程方式中的起动电路。

从最后一步返回初始步，可以不将移位寄存器复位，即可去掉图 4-40 中 M204 的常开触点。当 M203 中的"1"状态移入 M204 时，M201～M203 的常闭触点均为闭合的，使 M200 接通，系统也能返回初始步。虽然 M204 中的"1"状态还会向右移位，但没有使用 M204～M217，所以对系统工作不产生影响。

（三）使用置位、复位指令的编程方式

几乎各种型号的 PC 都有置位、复位指令或相同功能的编程元件。顺序控制总是将前一步停止（复位），后一步激活（置位）。所以同样可以用置位、复位指令来编制顺序控制程序。

图 4-41 为用 R、S 指令编制前面介绍的动力头控制系统的梯形图。

图中，当前步为活动步时，转换条件成立，则将代表下一步的辅助继电器置位，而将代表当前步的辅助继电器复位，这样使当前步变为不活动，而将下一步激活。将代表步的辅助继电器置位、复位的条件，同前所述一样，用前步辅助继电器常开触点与转换条件相应的常开触点串联的电路。由于采用了置位、复位指令，从而省去了各步的自锁触点。

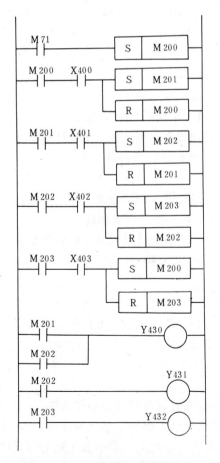

图 4-41 动力头控制系统梯形图之三

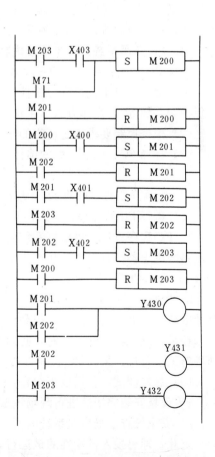

图 4-42 动力头系统梯形图之四

上述用置位、复位指令设计梯形图的思路，是以转换条件为中心的。这样就会使得置位、复位指令分开。这对于 F 系列的 S、R 指令来讲是可以的，但对于某些型号的 PC 具有与 F 系列的 S、R 指令相同的编程元件，其复位、置位功能不能分开。这时，同一辅助继电器的置位、复位电路应紧靠在一起，应以编程元件为中心来设计梯形图，如图 4-42 所示。

除以上编程方式外，许多型号的 PC 还具有专门为编制顺序控制程序而设置的步进指令。一般来说，专用顺序控制编程元件或指令的编程方式简单易学，使用方便，编制的程序较短，应优先选用。

对于没有专用顺控编程元件或指令的 PC，可采用上述几种编程方式。使用通用逻辑指令的编程方式可以用于任何型号的 PC，但编制的程序较长，而使用 S、R 指令的编程方式编制的程序可能较短。使用移位寄存器编程方式，辅助继电器的顺序接通和断开是用移位功能实现的，这部分电路较简单，宜用于系统的功能表图为单序列结构，且步数多的场合。不同型号 PC 的移位寄存器功能有一些差别，在编程时应加以注意。

第四节　可编程序控制器的应用

随着 PC 产品的发展，其应用范围越来越广泛。目前 PC 主要用于开关量逻辑控制、闭环过程控制、数字控制、工业机器人控制、组成多级控制系统等领域。本节主要介绍 PC 应用系统设计的步骤、内容以及 PC 在工业应用中的若干问题。

一、PC 应用系统设计步骤及内容

设计 PC 控制系统的一般步骤如图 4-43 所示。

（1）根据生产工艺过程分析控制要求。如需要完成的动作（动作顺序、动作条件、必要的保护和联锁等）、操作方式（手动、自动；连续、单周期、单步等）。

（2）根据控制要求确定所需的用户输入、输出设备。据此确定 PC 的 I/O 点数。

（3）选择 PC。包括机型的选择、I/O 点数的选择、存储器容量的选择、I/O 模块的选择等。

（4）分配 PC 的 I/O 点数，设计并绘制 I/O 连接图。可结合第（2）步进行。

（5）进行 PC 程序设计，同时可进行控制台（柜）设计和现场施工。

1）PC 程序设计　可根据系统的复杂程度采用经验设计法或顺序控制设计法。对于已有的成熟的继电器控制电路的生产机械改用 PC 控制，只要将原控制电路作适当改动，使之成为符合 PC 要求的梯形图即可。

2）控制台（柜）设计和现场施工　同一般电气系统施工设计一样，要完成如下工作：完整的电路图、电气元件清单、控制台（柜）电器布置图，电器安装接线图及互连图等。

在设计继电器控制系统时，必须在控制线路设计完后，才能进行控制台（柜）的设计和现场施工。可见，采用 PC 控制，可以使整个工程的周期缩短。

（6）总装调试，包括以下内容：

1）现场安装完毕后进行现场调试，并对某些参数进行现场整定和调整。

2）安全检查。最后对系统的所有安全措施（接地、保护、互锁等环节）作一彻底检查。至此，即可投入考验性的试运行。一切正常后，再把用户程序固化到 EPROM 中。

（7）编制控制系统的技术文件，包括说明书等。最后交付使用。

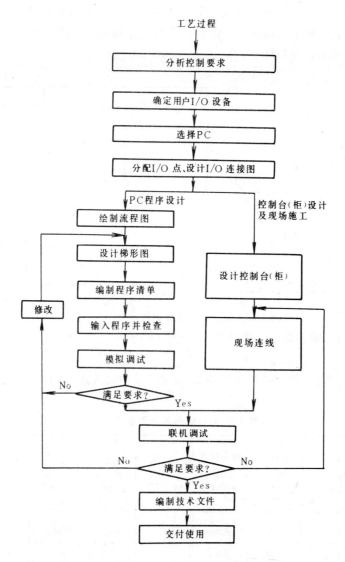

图 4-43 PC 控制系统设计步骤

二、PC 应用系统设计举例

某组合机床由主轴动力头、液压滑台和液压夹紧装置组成。其工作循环如图 4-44 所示。

（一）控制要求

（1）机床开始工作时，首先要起动液压泵电动机 M1，且每次循环工作结束不需要停止 M1。

（2）本机床具有半自动和点动调整两种工作方式。方式选择开关 SA 接通时，为点动调整方式，SA 断开时为半自动调整方式。

（3）半自动工作方式：先操作夹紧按钮 SB5，工件被夹紧后，压力继电器 KP1 动作，然后滑台快进，快进到位，压下行程开关 SQ2，自动转为工进，且主轴电动机起动开始加工。滑台到终点碰到死挡铁，压力继电器 KP2 动作，滑台快退，返回原位压下 SQ1，滑台及主轴电动机均停止，且松开工件，一个循环结束，下个循环再重新操作 SB5 按钮。

（4）调整工作方式：用 5 只按钮实现滑台、夹具、主轴电动机的单独点动调整。

（5）具有一定的指示、保护环节。

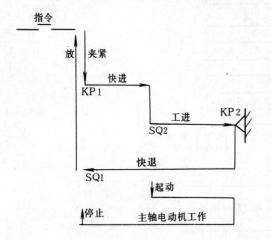

工步 \ 元件	YV1	YV2	YV3	YV4	YV5	KP1	KP2
原 位	—	—	—		+	—	—
夹 紧	—	—	—	(+)	—	—/+	—
快 进	+	—	—	(+)	—	+	—
工 进	+	+	—	(+)	—	+	—
死挡铁停留	+	+	—	(+)	—	+	—/+
快 退	—	—	+	(+)	—	+	—

图 4-44　组合机床工作循环示意图

（二）确定用户输入输出设备，选择 PC，分配 I/O 点

如表 4-5 所示。

根据 I/O 设备及控制要求，需 PC I/O 点数 18 点（其中输入点 10 个，输出点 8 个）。本例选用 F-40MR 型 PC。

表 4-5　I/O 设备及分配表

分类	名　称	元件代号	PC I/O 点	分类	名　称	元件代号	PC I/O 点
	液压泵电动机起动按钮	SB1	不进 PC	输入设备	滑台终点压力继电器	KP2	X411
	液压泵电动机停止按钮	SB2	不进 PC		液压泵电动机接触器	KM1	不进 PC
	工作方式选择开关	SA	X400		主轴电动机接触器	KM2	Y530
	滑台向前按钮	SB3	X401		滑台向前电磁阀	YV1	Y430
	滑台向后按钮	SB4	X402		滑台工进电磁阀	YV2	Y431
输入设备	工件夹紧按钮	SB5	X403	输出设备	滑台向后电磁阀	YV3	Y432
	工件松开按钮	SB6	X404		工件夹紧电磁阀	YV4	Y433
	主轴电动机点动按钮	SB7	X405		工件松开电磁阀	YV5	Y434
	滑台原位行程开关	SQ1	X406		滑台原位指示灯	HL1	Y534
	滑台转工进行程开关	SQ2	X407		滑台终点指示灯	HL2	Y535
	工件夹紧压力继电器	KP1	X410				

（三）程序设计

（1）用功能表图表示控制过程，如图 4-45 所示。

图中我们用辅助继电器 M200～M214 来表示各步。当初始步激活后，通过方式选择开关 SA，建立半自动和点动两个选择序列。当 SA 断开时，通过其常闭触点进入半自动工作方式，按夹紧按钮 SB5,系统按夹紧→快进→工进→停留→快退→松开的顺序实现半自动循环。循环的最后工步完成后,就返回预备状态,以备下次再作半自动循环或点动操作。例如回到初始步后,如果 SA 仍为半自动方式,步 M201 被激活,再按夹紧按钮 SB5,再工作一个循环。

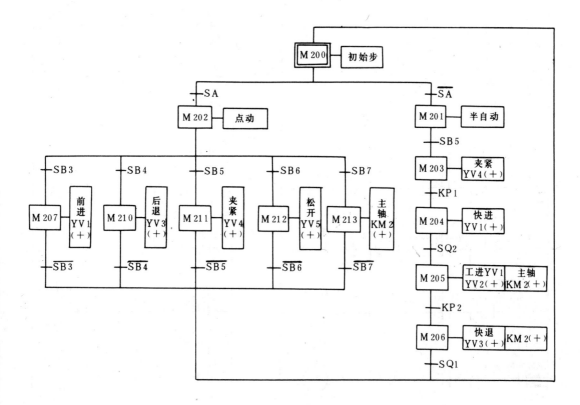

图 4-45　组合机床功能表图

点动调整的操作特点是按住某个调整按钮时,才有相应的动作。当 SA 使机床进入调整状态,即步 M202 被激活后,任意按一个调整按钮均可开启相应的调整工步。用调整按钮的常开,常闭触点分别作为调整的起动、停止转换信号。当调整按钮松开后,调整工步结束,且返回初始步,以保证下次可作任意部分调整或进行半自动工作。

(2)画出梯形图。根据功能表图及 I/O 设备与 PCI/O 点对照表,画出梯形图,如图 4-46 所示。

图中采用通用逻辑指令编程方式。当然也可以采用其它编程方式,或几种编程方式相结合进行梯形图设计。

另外,对于 F—40MR 型具有跳转指令的 PC 机,还可以运用 CJP、EJP 指令,把程序分成点动程序、半自动程序和共同程序三部分,直接通过工作方式选择开关(X400)确定跳过的程序和执行的程序,如图 4-47 所示。这样,整个梯形图程序就更加简洁、直观。

(3)编写程序清单(略)。

(四)现场施工设计

(1)绘制完整的 PC 系统电路图,如图 4-48 所示。

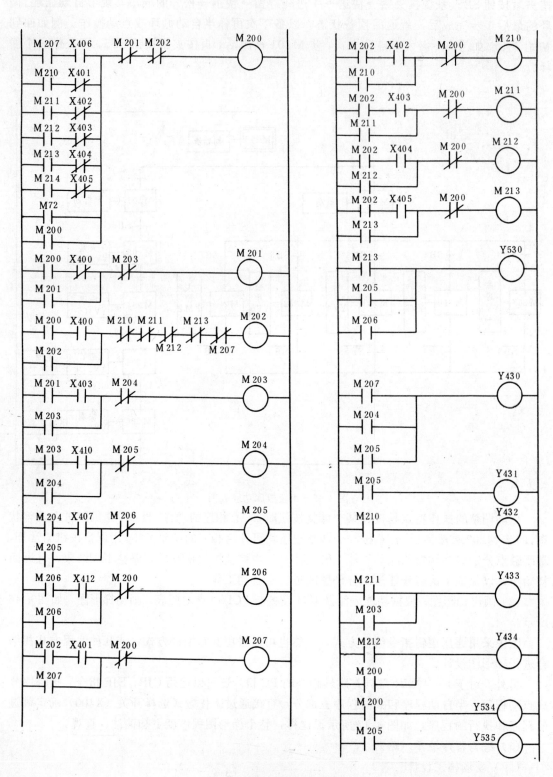

图 4-46　组合机床控制梯形图之一

其中图 4-48a 为电动机主电路及不进入 PC 的部分控制电路；图 4-48b 为 PC 输出设备供电系统图；图 4-48c 为 PCI/O 端子接线图，输出电路按执行电器的电源分类。公共端（COM）加接熔断器作短路保护。输入端分别接对应的按钮、旋钮、行程开关、压力继电器的常开触点。

（2）电气柜结构设计及柜内电器位置图（略）。

（3）现场布线图（略）。

三、PC 应用中的若干问题

（一）PC 的选用原则

在应用 PC 之前，首先应考虑是否有必要采用 PC。因为 PC 是属于高科技产品，价格相对较高。一般在下列情况下可以考虑使用 PC：

1）系统的 I/O 点数很多，控制要求特别复杂。如果用继电器控制，需要大量的中间继电器、时间继电器、计数器等器件。

2）系统可靠性要求特别高，继电器控制不能满足要求。

3）由于工艺流程和产品品种的变化，需要经常改变控制电路。

4）可以用一台 PC 控制多台设备的系统。

（二）减少 I/O 点数的措施

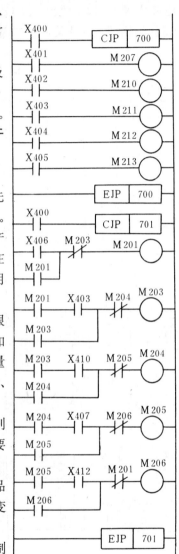
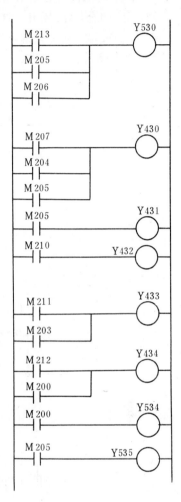

图 4-47 组合机床控制梯形图之二

PC 在结构上采用可扩展式结构，使 I/O 点数可灵活组合。但实际应用中常会碰到两个问题：一是 PC 可扩展 I/O 点数有限；另一是增加 I/O 扩展单元将提高成本。所以在系统设计时应合理使用 I/O 点数，尽可能减少 I/O 点数。一般可采用下列措施来减少 I/O 点数：

1. 输入点数的减少措施　从表面上看，系统的输入点等于系统的输入信号。实际上可采用如下方法来减少输入点数：

（1）分组输入。如图 4-49 所示，自动程序和手动程序不会同时执行，自动和手动这两种工作分式分别使用的输入量可以分成两组。X410用来输入自动/手动指令,供自动程序和手动程序切换之用。

图中的二极管是用来切断寄生电路用的。假设图中没有二极管,系统处于自动状态。Q1、Q2、Q3闭合,Q4断开,这时将有电流从X401端子流出,经Q2、Q1、Q3形成的寄生回路流回COM端,使输入继电器X401错误地接通。各开关串联二极管后,切断了寄生回路,避免了错误输入。

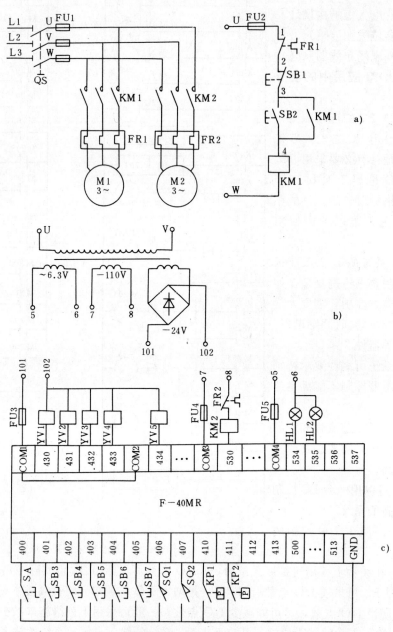

图 4-48　组合机床系统电路图

（2）采用一个按钮、多种功能的方法。比如普通的起动、保持、停止电路需要起动和停止两个按钮。图 4-50 用一个按钮通过 X400 控制 Y430 的通断。按下按钮 X400 接通，M100 产生的窄脉冲使 Y430 接通并自锁。再按一次按钮，M100 产生的窄脉冲使 M101 接通，M101 的常闭使 Y430 断开。

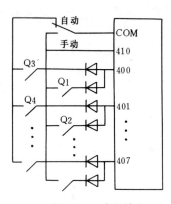

图 4-49　分组输入

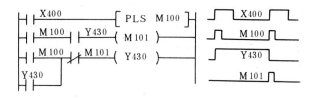

图 4-50　一个按钮的起保停电路

（3）输入触点的合并。将某些功能相同的常闭触点串联或将常开触点并联，只要占 PC 的一个输入点。

（4）某些功能简单，涉及面很窄的输入信号，可考虑将其设置在 PC 之外。

除以上措施外，还可采用矩阵输入的形式等，在此不一一叙述。

2.　输出点数的减少措施

（1）采用 X-Y 矩阵译码法　图 4-51 中采用 16 个输出点，组成 8×8 译码矩阵，当 X、Y 行列均有一个输出点有效，受控的 64 个接触器线圈中有一个线圈得电。这样用 16 个输出点可控制 64 个不同控制逻辑要求的负载。

（2）分组输出。通过外部的或受 PC 控制的转换开关的切换，PC 的每个输出点可以控制两个不同时工作的负载。

（3）通断状态完全相同的两个负载并联后可共用一个输出点。

（4）在指示电路中，用 PC 的一个输出点控制指示灯常亮或闪烁，可以显示两种不同的信息。

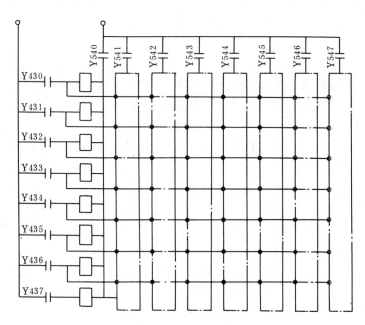

图 4-51　X-Y 矩阵译码法

（5）系统中某些相对独立、比较简单的部分可以采用继电器控制等。

（三）选择 PC 时应考虑的问题

1.　控制系统对 PC 指令系统的要求　对于小型单台仅需要开关量控制的设备，一般的小型 PC 都可以满足要求。如果选用有增强型功能指令的 PC，就显得大材小用。但是随着 PC 指令系统的不断发展，功能强的指令系统也将在较小的不那么贵的 PC 中出现。

如果系统要求 PC 完成模拟量与数字量的转换、PID 闭环控制等工作，PC 则应有算术运算、数据传送等功能，有时甚至要求有开方、对数运算等功能。

2. 对 I/O 点数、用户存储器容量的要求　确定系统所需的 I/O 点数后，一般情况下要留有一定的裕量，以便备用。通常 I/O 点数可按实际需要的 10%～15% 考虑裕量。

用户存储器容量在初步估算时，对于开关量系统，将 I/O 点数乘以 8，就是所需的存储器的点数。一般 PC 均能满足这种要求。

对于有模拟量控制功能的 PC，每一个模拟量输入信号大致需要 100 字的存储容量。

对于自动测量、自动存储和对系统补偿修正这些复杂运用的场合，对存储器容量的需求很大。有时甚至要求 PC 有十几 k 字甚至几十 k 字的存储容量。

3. 系统对 PC 响应时间的要求　对于大多数应用场合来说，PC 的响应时间并不是主要问题。然而对于某些个别的场合，则要求考虑响应时间。需采用措施提高 I/O 响应时间，以满足要求。

4. PC 的结构方式和安装方式选择　整体式的每一 I/O 点数的平均价格比模块式便宜，所以一般倾向于在小型控制系统中采用整体式 PC，但模块式 PC 的功能扩展方便灵活。I/O 点数的多少、输入点数与输出点数的比例、I/O 模块的种类、特殊 I/O 模块的使用等方面的选择余地都比整体式 PC 大得多，维修也很方便。因此对于较复杂的、要求较高的系统一般选用模块式 PC。

根据 PC 的安装方式，系统分为集中式、远程 I/O 式和多台 PC 联网的分布式。集中式不需要设置驱动远程 I/O 的硬件，系统反应快、成本低。大系统常用远程 I/O 式。因为它们的 I/O 装置分布范围很广，远程 I/O 可以分散安装在 I/O 装置附近，I/O 连线比集中式短。但需要增设驱动器和远程 I/O 电源。多台联网的分布式适用于多台设备独立控制和相互联系，可以使用小型 PC，但必须附加通讯模块。

5. 对 PC 联网通讯功能的要求

6. 对系统可靠性的要求　对可靠性要求极高的系统，应考虑是否采用冗余控制系统或热备用系统。

7. 在满足控制要求前提下，应尽量做到机型统一　同一种机型的 PC，其模块可互为备用，便于备品备件的采购与管理；其功能及编程方法统一，有利于技术力量的培训、技术水平的提高和功能开发；其外部设备通用，资源可以共享，配以二位机后，可把控制各独立系统的多台 PC 联成一个多级分布式控制系统，相互通信，集中管理。

（四）开关量 I/O 单元的选择

1. 开关量输入单元的选择　目前常用的开关量输入电路有三种：直流输入、交/直流输入和交流输入电路。如图 4-52a、b、c 所示。

其中交流输入接触可靠，适合于油雾、粉尘的恶劣环境下使用；直流输入电路延迟时间较短，还可以直接与接近开关、充电开关等电子装置连接。

常用的输入单元接线方式有：汇点式、分组式输入。如图 4-53a、b 所示。

另外，PC 输入单元的电压等级有：直流 5V、12V、24V、48V、110V 和交流 110V、220V。在选择时应根据现场输入设备与输入单元之间的距离来考虑。一般 5V、12V、24V 属于低电平，其传输距离不宜太远，距离较远的设备应选用较高电压的输入单元。

2. 开关量输出单元的选择　当外部负载确定后，根据负载电源的类型及控制动作频率来选择输出单元。

常见的开关量输出电路有三种：继电器输出、晶闸管输出和晶体管输出，见图 4-54a、b、c。

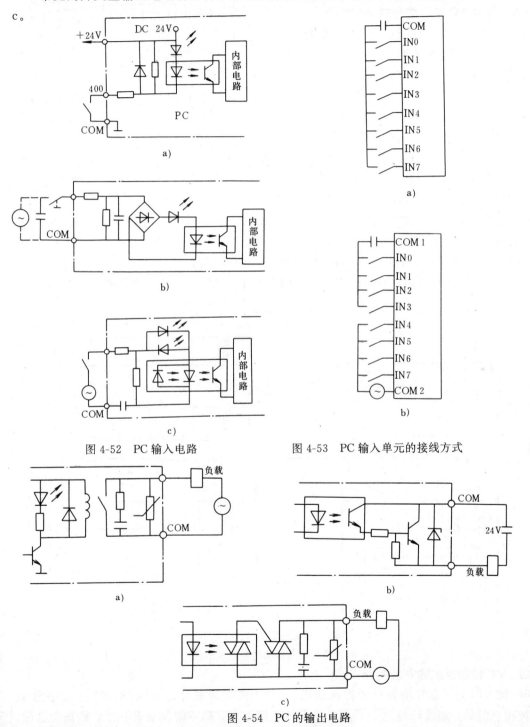

图 4-52　PC 输入电路　　　　　图 4-53　PC 输入单元的接线方式

图 4-54　PC 的输出电路

其中晶体管动作频率最高，要求直流负载电源；晶闸管动作频率次之，要求交流负载电源；而继电器相对于前两种来讲，动作频率较低，但它对交/直流负载电源都适用。

另外，开关量 PC 输出接线方式常见的有两种：分组式和分隔式，见图 4-55a、b。

（五）消除 PC 输入信号抖动的措施

实际应用中，有些开关输入信号在接通过程中，由于外界干扰会发生触点时通时断的"抖动"现象。这在继电器系统中，因电磁惯性一般不会造成误动作，但 PC 不断以高速循环扫描，抖动信号会被检测到而造成误动作。如图 4-56a 所示，X400 的抖动会引起输出 Y430 发生触点抖动。消除这种干扰的方法之一是采用计数器经适当编程来实现，其梯形图如图 4-55b 所示，当抖动干扰使 X400 断开时间间隔 $\Delta t < K \times 0.1s$ ，计数器输出为零，输出继电器 Y430 保持导通，干扰不影响 PC 正常工作，仅当

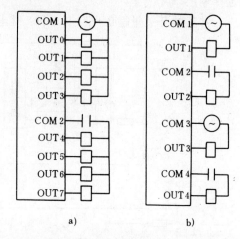

图 4-55 PC 输出单元的接线方式

X400 断开时间 $\Delta t \geqslant K \times 0.1s$ 时，计数器 C460 计满 K 次，C460 常闭断开，输出继电器 Y430 才输出为零。 K 为计数常数，实际调试时可根据干扰情况修改。

（六）编程时注意灵活、合理使用特殊辅助继电器，增强 PC 的控制功能

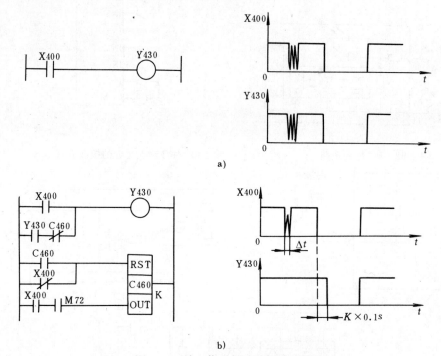

图 4-56 输入信号抖动的影响及消除

四、PC 控制系统的安装简介

PC 是专门为工业环境设计的控制装置。一般不需要采取什么措施，就可以直接在工业环境使用。但是，如果环境过于恶劣，或安装使用不当，都不能保证 PC 的正常安全运行。

因此，PC 控制系统的安装要注意以下问题。

（一）对 PC 工作环境的要求

（1）PC 要求环境温度 0～55℃。安装时不能把发热量大的元件放在 PC 下面。PC 四周通风散热的空间应足够大。开关柜上、下部应有通风的百叶窗。

（2）为了保证 PC 的绝缘性能，空气的相对湿度一般应小于 0.85（无凝露）。

（3）应使 PC 远离强烈的振动源。可以用减振橡胶来减轻柜内或柜外产生的振动的影响。

（4）如果空气中有较浓的粉尘、腐蚀性气体和盐雾，在温度允许时可以将 PC 封闭，或者将 PC 安装在密闭性较好的控制室内，并安装空气净化装置。

（5）PC 应远离强干扰源，如大功率晶闸管、高频及大型动力设备等。

（6）PC 不能与高压电器安装在同一个开关柜内。在柜内 PC 应远离动力线，二者间的距离应大于 200mm。

（7）不是由 PC 控制的电感性元件与 PC 装在同一个开关柜内时最好并接消弧电路。

（二）对 PC 控制系统电源的安装要求

电源是干扰进入 PC 的主要途径之一。在干扰较强或可靠性要求很高的场合，可以加接带屏蔽层的隔离变压器。还可以串接 LC 滤波电路。同时，在安装时还要注意如下问题：

（1）动力部分、控制部分、PC、I/O 电源应分别配线。隔离变压器与 PC 和与 I/O 电源之间应采用双绞线连接。

（2）系统的动力线应足够粗，以降低大容量设备起动时的线路压降。

（3）外部输入电路用的外接直流电源最好是稳压电源。那种仅将交流电压整流滤波的电源含有较强的纹波，可能使 PC 接收到错误信息。

（三）对 PC 控制系统的布线要求

（1）I/O 线与控制线应分开走线，并保持一定距离。如不得已要在同一线槽中布线，最好使用屏蔽电缆。

（2）交流线与直流线、输入线与输出线都最好分开走线。开关量、模拟量 I/O 线最好分开，模拟量 I/O 线最好用屏蔽线。

（3）传送模拟信号的屏蔽线的屏蔽层应一端接地。为了泄放高频干扰，数字信号线的屏蔽层应并联电位均衡线，其电阻应小于屏蔽层电阻的 1/10，并将屏蔽层两端接地。如果无法设置电位均衡线，或只考虑抑制低频干扰，也可一端接地。

（4）PC 的基本单元与扩展单元之间的电缆传送的信号低、频率高，很容易受到干扰。不能与别的线敷设在同一管道内。

（四）输入、输出配线时应注意的问题

（1）输入端或输出端接有感性元件时，应在它们两端并联续流二极管（对于直流电路）或阻容电路（对于交流电路），以抑制电路断开时产生的电弧对 PC 的影响，如图 4-57 所示。电阻可以取 51～120Ω，电容可以取 0.1～0.47μF，电容的额定电压应大于电源峰值电压。续流二极管可以选 1A 的管子，其额定电压应大于电源电压

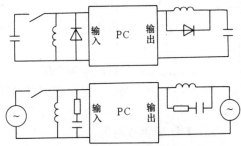

图 4-57　输入/输出电路的处理

的 3 倍。

（2）如果输入信号由晶体管提供，其截止电阻应大于 10kΩ，导通电阻应小于 800Ω。

（3）当接近开关、光电开关这一类两线式传感器的漏电流较大时，可能出现错误的输入信号。可以在输入端并联旁路电阻，以减小输入电路漏电流。

（五）PC 的接地

良好的接地是 PC 安全可靠运行的重要条件。PC 应与其它设备分别使用自己的接地装置，如图 4-58a 所示；也可以采用公共接地方式，如图 4-58b 所示。但是禁止使用图 4-58c 所示的串联接地方式。因为这种方式会产生各设备之间的电位差。

另外，接地线的截面积应大于 2mm²，接地点应尽量靠近 PC。

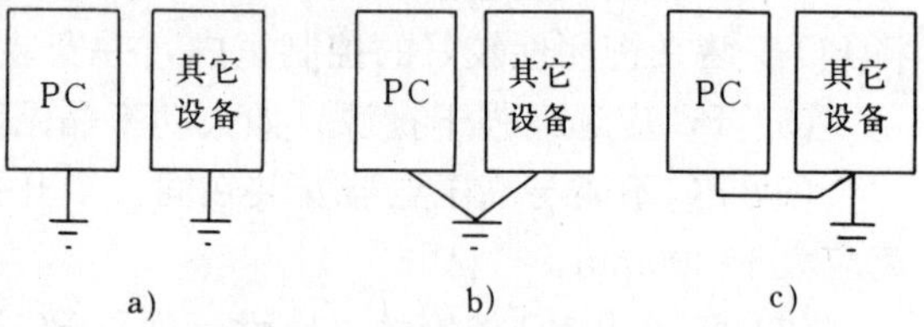

图 4-58 PC 的接地

五、可编程序控制器的发展方向

（一）小型 PC 发展迅速

近几年来小型 PC 的发展速度比大、中型 PC 快。PC 生产厂家不断推出功能更强的小型 PC 产品。如三菱公司在小型 PC 方面先后推出 F、F1、F2、FX2 等系列产品。它们的性能价格比越来越高。例如 FX2 系列有很强的数学运算功能，有大量供用户使用的编程元件，用户存储器容量为 8k 字，具有转移、循环、子程序调用、多层嵌套等许多过去大型 PC 才有的功能。它的扫描速度高达 0.75μs/步，超过许多大型 PC。另外小型 PC 的体积进一步缩小，密封性、坚固性加强，向超小型方向发展。

（二）大型 PC 向高速、大容量、高性能方向发展

某些大型 PC 可以处理几万个开关量 I/O 信号和几千个模拟量 I/O 信号，用户存储器容量最大达十兆字。有的扫描速度高达 0.1μs/步。

（三）过程控制功能不断增强

某些 PC 除具有 PID 调节外，还具有自适应参数自整定功能。由于采用了功能强大的微处理器，系统具有屏幕显示、数据采集、记录打印等功能。某些 PC 的模拟量控制功能非常强，以致难分清 PC 与工业控制计算机和分散控制系统的界限。

（四）采用标准总线，增强通讯联网能力

许多 PC 厂家研制了采用工业标准总线的产品。他们采用的总线很多种，其中最引人注目的是 VME 总线。使系统在功能、可靠性、可维护及适应性等方面，更能满足工业控制的要求。

加强 PC 的通讯联网功能，使 PC 与 PC 之间、PC 与其它智能控制设备之间交换数字信息，形成一个统一的整体，以实现分散控制或集中控制。现在几乎所有的 PC 产品都有通讯联网功能，有的通过双绞线、同轴电缆或光纤，信息可以送到几十公里远的地方。PC 与 PC 之间的网络是各厂家专用的，但是它们可以通过主机，与遵循标准通讯协议（如 MAP）的大网络联网。

（五）I/O 模块智能化

智能 I/O 模块是以微处理器为基础的功能部件。其 CPU 与 PC 的主 CPU 并行工作，有利于提高 PC 的扫描速度。智能 I/O 模块本身就是一个小的微机系统，有很强的信息处理能力和控

制功能。有的模块甚至可以自成系统，单独工作。它们能完成许多 PC 本身无法完成的任务，使 PC 的功能大为增强。例如三菱公司的 A 系列 PC 配有 26 种智能专用功能模块。智能 I/O 模块简化了某些控制领域的系统设计和编程，提高了 PC 的适应性和可靠性。

（六）自诊断和容错能力不断提高

现在许多系统采用了三重冗余处理结构及双机热备用系统，实现容错和故障自动恢复。近年来还发展了公共回路远距离诊断和网络诊断技术。

（七）编程语言标准化和高级化

美国生产的 PC 在基本控制方面编程语言已标准化，均采用梯形图。日本、英国也进入标准化阶段。这种编程方法使用方便，容易掌握，但在处理较复杂的运算、通讯和打印报表等功能时显得效率低、灵活性差，所以目前有在原梯形图编程语言的基础上加入高级语言的动向。运用于 PC 的高级语言有 BASIC、FORTRAN、PASCAL、C 等。

习　题

4-1　与继电器接触器系统相比，PC 有哪些优点？

4-2　PC 由哪几个部分组成？各部分的作用是什么？

4-3　简述 PC 的工作过程。

4-4　引起 PC 输入—输出滞后的原因是什么？

4-5　PC 按结构形式分为哪几种？各有什么特点？

4-6　PC 有哪些主要特点？为保证 PC 的可靠性采取了哪些抗干扰措施？

4-7　I/O 模块的外部接线有哪几种？

4-8　输出模块有哪几种类型？各有什么特点？

4-9　写出如题 4-1 图所示的指令表程序。

4-10　画出与下面的指令表程序对应的梯形图。

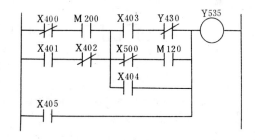

题　4-1 图

    LD   M150
    ANI   X400
    OR   M200
    AND   X401
    LD   X402
    AND   N201
    ANI   M202
    ORB
    LDI   X404
    OR   T450
    ANB
    ANI   X405
    OR   M203
    AND   X406
    OUT   Y533
    ANI   X411
    OUT   Y534

```
AND   X510
OUT   M100
```

4-11　用两个定时器设计一个定时电路。在 X400 接通 1200s 后将 Y534 接通。

4-12　用两个计数器设计一个定时电路。在 X401 接通 80000s 后将 Y435 接通。

4-13　在按钮 X400 按下后 Y430 接通并保持。X401 输入 10 个脉冲后（用 C460 计数），T450 开始定时。6s 后 Y430 断开，同时 C460 被复位。PC 在开始运行时 C460 也被复位。试设计出梯形图。

4-14　画出题 4-14 图 a 中 M206 的波形。

4-15　画出题 4-14 图 b 中 M120、M121 和 M122 的波形。

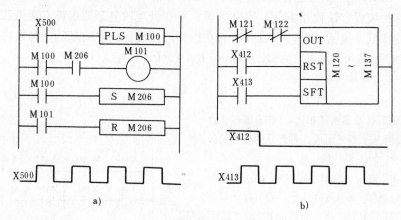

题　4-14 图

4-16　试用移位寄存器设计一个四位环形双向移位彩灯控制器，控制 Y430～Y433 的通断。移位方向用 X400 控制，移位脉冲的周期为 0.4s，移位寄存器的初始状态用程序设定。

4-17　小车在初始位置时限位开关 X400 接通。按下起动按钮 X403，小车按题 4-17 图所示顺序运动，最后返回并停在初始位置，试画出功能表图和梯形图。

4-18　结合前面所学的继电器接触器电路，试将其改成梯形图。

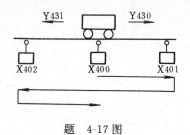

题　4-17 图

第五章　电气控制电路设计基础

在生产实际中，除定型产品的电力拖动系统外，还经常遇到一些自制的专用设备。对于这些设备，必须对电气控制电路进行设计，并提供完整的技术资料。本章将以继电器—接触器控制电路为基础，介绍电气控制电路的设计方法、步骤以及一般设计原则和常用控制电器的选择。

第一节　电气控制电路设计的主要内容

机电一体化是现代机械工业发展的总趋势，机械设计人员只有了解了电气控制的最新成果及机电结合技术（不是简单的机电组合），才能有效地利用各自特点及效能，使其融为一体，设计出高效能、低造价的现代化设备。

一、电气设计的主要内容

（1）根据总体技术要求，确定拖动方案。

（2）选择拖动电动机。

（3）根据总体技术要求及拖动方案，确定控制方案。

（4）设计控制电路。

（5）选择电器元件。

（6）绘制接线图和装配图，编写技术文件。

二、拖动方案的设计

电力拖动自原始的成组拖动到现在的多台电动机的分立拖动，这个过程实质是简化机械传动机构的过程。一台设备的电力拖动方式，要视其设备的功能而定。例如一台普通小型机床，用一台电动机单独拖动，并通过简单的机械传动就能完成切削功能，就没有必要选择多台电动机拖动；假如是一台主轴、刀架、工作台、润滑泵、冷却泵和辅助运动较多的专用机床，则可选择分别拖动，以减少机械传动环节。

现代机床的主轴运动、进给运动都要求有快速平稳的动态性能和准确无惯性的定位特性。比如龙门刨的切削运动，根据加工工艺的需要，要求开始、行进和终了速度不同，因此需要变速拖动，即需要调速。为了达到这一目的，可采用齿轮变速、液压调速或多速电动机、直流无级调速和交流无级调速等。重型、大型及精密机床，可采用无级调速，以简化机械结构，增加准确度，降低造价并提高功效；一般中小型机床，可采用单速或多速异步电动机配以简单经济的有级变速箱。

拖动方向的改变，视其频繁程度确定由机械传动反向，还是由电动机反向。若反向运动不甚频繁，一般由电动机来完成比较容易，但频繁反向，将使电动机过热甚至烧毁。

拖动电动机的起动与制动也需作适当考虑，一般机床拖动电动机容量比较小，所以除重型机床，都不需另加起动设备。为了克服较大的静转矩，可以考虑选择高起动转矩的电动机。

电动机的制动在机床拖动中应用较多，制动方式有反接制动、能耗制动和再生发电制动等。龙门刨床、坐标镗床、数控机床等不但要求频繁的起动、制动和反向，而且要求高速、平稳且定位准确，这种动态性能要求较高的机床，需要在控制系统及驱动系统中设置专门的环节来解决。另外对于象吊车之类的起重设备、往往还要采用机械制动或机械加电气双重制动的方式（见第三章）。

在拖动方案的设计工作中，当确定了电动机造型、起动、制动、反向、调速方法后，还应考虑电动机的调速性质和负载特性的适应问题。比如双速电动机，当定子绕组由三角形改成双星形联结时，转速上升一倍、但功率却基本不变。因此，它适用于恒功率传动，对于低速为星形联结的双速电动机改为双星形联结后，转速和功率都增加了一倍，而其输出转矩不变，因此适合于恒转矩转动。

总之，拖动方案的设计，其要点为电动机的选择和电动机控制方式的确定。只有拖动方案确定以后，才有可能进一步考虑控制方案。

三、控制方案的设计

设备的电气控制方法很多，有传统的继电器—接触器控制，也有用通用性很强的顺序控制器控制，近年来由于可编程序控制器不断发展，采用可编程序控制器的设备越来越多。总之，合理地确定控制方案，是实现简便可靠、经济的重要前题。

控制方案的确定，应遵循以下原则：

1. 控制方式与拖动需要相适应—控制方式并非越先进越好，而应该以经济效益为标准。一般卧式车床和专用机床，其功能及加工程序基本固定，采用继电—接触器控制方式较为合理。对于经常改变加工程序的机床，则采用可编程序控制器较为合理，以便经常修改和变更程序。

2. 控制方式与通用化程度相适应　通用化是指机床加工不同对象的通用化程度，它与自动化是两个概念。比如某些专门用于加工一种或几种零件的专用机床，它的通用化程度很低，但它可以有较高的自动化程度，这种机床宜采用固定的控制电路；对于单件、小批量且可加工形状复杂零件的通用机床，则采用数字程序控制，或采用可编程序控制器，因为它们根据不同的加工对象而设定不同的加工程序，因而有较好的通用性和灵活性。

3. 控制方式应最大限度满足工艺要求

根据加工工艺要求，控制线路应具有自动循环、半自动循环（一次指令循环一次）、手动调整（点动）、紧急快退、保护性连锁、信号指示和故障诊断等功能，以最大限度满足生产工艺要求。

4. 控制电路的电源应可靠　简单的控制电路可直接用电网电源。元件较多、电路较复杂的控制装置，可将电网电压隔离降压，以降低故障率。据统计，110V 的电源与 220V 相比，元件的故障率可减少 70%。对于自动化程度较高的组合机床，可采用直流电源，这有助于节省安装空间，便于与无触点元件连接，元件动作平稳，操作维修也较安全。

影响方案确定的因素较多，最后选定方案的技术经济水平，取决于设计人员设计经验和设计方案的灵活运用。

第二节　电动机的选择

选择电动机的原则是：经济、合理、安全。选择电动机的技术指标是：结构、类型、转速和容量。正确的选择电动机，对设备性能影响很大。

一、结构的选择

（1）现代设备，如机床，多选用防护式电动机，而某些场所，在操作者和设备安全有保证的条件下也可采用开启式电动机，以利于散热和提高效率。

（2）在污染严重或粉尘较多的场所，应选用封闭式电动机。

（3）有爆炸危险的厂房车间，应选择防爆式电动机。

（4）比较潮湿或冷却液流散的场所，也应选择封闭型电动机；若温度较高时，应考虑选用湿热型电动机。

（5）露天作业，除选用封闭式电动机外，还应加防护措施。

二、类型的选择

选择电动机类型的依据是在安全经济的条件下，适应设备工作特性的要求。

（1）由于笼型异步电动机造价低，使用维修方便，所以对速度无特殊要求的设备，应首先选择笼型异步电动机。

（2）要求有调速性能的设备，可选用直流电动机，当然也可以采用交流调速装置而选用交流电动机，但要考虑其经济性。

（3）对要求速度变化级数较少的场合，可选用多速异步电动机。

（4）对要求调速范围较宽的设备，除考虑选用直流拖动外，还应考虑是否需要机械变速和电气调速结合使用，当然首先应该做到技术上和经济上的合理。

三、转速的选择

对于额定功率相同的电动机，额定转速愈高，电动机体积、重量和成本就愈小。因此，在条件允许的情况下，应尽可能选用高速电动机，但要根据设备对转速的要求，所以应综合考虑电动机转速与机械传动两方面的多种因素来确定电动机额定转速，一般要考虑以下几方面原则：

（1）低速运转的设备，宜选用一适当的转速为参考转速，以该转速选择电动机并与减速机构联合传动。

（2）对中高速运转的设备，可选用适当速度的电动机直接拖动。

（3）对要求调速的设备，应注意电动机转速与设备要求的最高转速相适应，使得调速范围留有余地。

（4）对经常起动、制动及反转的设备，如冶金及起重设备，其电动机的转速不宜选得过高，电动机的转动惯量应越小越好。

四、电动机额定电压的选择

交流电动机额定电压应与供电电网电压一致。一般车间低压电源电压为380V，因此，中小型异步电动机额定电压为220V/380V（△/Y 联结）及380V/660V（△/Y 联结）两种，后者可用于Y－△起动。当电动机功率较大时，可选用3000V、6000V及10000V的高压电动机。

直流电动机的额定电压也要与电源电压一致。当直流电动机单独由直流发电机供电时，额定电压常为220V 及110V；大功率直流电动机可提高到600～800V，甚至为1000V。当电动机由晶闸管整流装置供电时，为了配合不同的整流电路形式，新改进的 Z3 系列电动机除了原有的电压等级外，还增设了160V（配合单相整流）及440V（配合三相桥式整流）两种电压等级，Z2 系列电动机也增设了180V、340V、440V 电压等级。

五、电动机容量的选择

（一）电动机容量选择的依据

设备拖动电动机容量大小的选择应从如下几个方面考虑：

（1）设备的负载功率

（2）系统的运行情况　设备运行可分为连续运行、断续运行和短时运行。因为电动机的发热程度与运行时间和条件有密切的关系。

（3）发热是否超过了温升极限　由于电动机所用的绝缘材料等级不同，允许温升就不同。如果电动机超过了额定负载，在时间较短、温升不高时是允许的，但时间稍长就会使电动机温升超过允许温升值，使电动机绝缘老化，甚至烧毁。

（4）过载能力和起动转矩　电动机在短时过载是允许的，但过载能力有一定限制，超过允许值就会导致电动机严重破坏。感应电动机的最大过载能力受临界转矩的限制，超过临界转矩会使电动机堵转，造成事故。直流电动机则主要受整流条件的限制，若负载过大，电枢电流超过了允许值，整流子上将产生强烈火花，以致烧毁电动机。所以设备的最大负载应小于电动机允许的过载能力。

由于感应电动机的临界转矩与电源电压的平方成正比，所以还必须考虑电网电压降低的影响。对于重载下起动的电动机，必须保证电动机可能出现的最小起动转矩大于起动时可能出现的最大负载转矩。

（二）电动机容量的选择方法

电动机容量选择有两种方法，一种方法是分析计算法，即按照机械功率，设备的工作情况，预选一台电动机，然后按照电动机的实际负载情况作出负载图，根据负载图进行发热校验以及过载能力校验，从而确定预选电动机是否合格，不然应另行预选，直至合格为止。另一种方法是调查统计类比法。

1. 分析计算法　分析计算法是以计算电动机的温升为基础的。电动机带上负载后，电动机温度将上升，负载减小时，温度将下降。电动机温度上升的原因是由电动机的铜损、铁损和机械损耗所产生的热量所致。这部分热量一部分使电动机温度升高，另一部分被电动机散发到周围空间。

电动机开始运转时，电动机温升由零开始，损耗所产生的热量散出的很少，大部分使电动机温度升高。随着温度的升高，散热作用增强，电动机温度上升的速度变慢。当电动机升到一定温度后，每个瞬时损耗所产生的热量与电动机散出的热量达到平衡时，电动机温度不再升高，达到稳定温度。当负载增减时，温度将升或降至新的稳定值，这就是电动机温升变化的物理过程，其数字表达形式可用式（5-1）表示。

$$\tau = \frac{Q}{A}\left(1 - e^{-\frac{t}{C/A}}\right) + \tau_0 e^{-\frac{t}{C/A}} \qquad (5-1)$$

式中　τ——电动机的温升值（℃）；

　　　Q——电动机在单位时间内产生的热量，（J/s）；

　　　A——散热量，即电动机温度比周围空间每升高1℃，在1s内电动机散出的热量（J/℃）；

　　　C——电动机的热容量，即电动机温度升高1℃所需的热量（J/℃）；

　　　τ_0——初始温升（℃）。

当 $\tau_0=0$ 时：

$$\tau=\frac{Q}{A}\ (1-e^{-\frac{t}{C/A}}) \tag{5-2}$$

式（5-2）表示电动机自温升为零开始的温度上升过程是一条指数曲线。

令

$$T=\frac{C}{A} \tag{5-3}$$

它表示温升的快慢，称为发热时间常数。T 值愈大，电动机达到稳定温升所需的时间愈长。

电动机冷却时：

$$\tau=\frac{Q}{A}e^{-\frac{t}{T}} \tag{5-4}$$

它是一条按指数衰减的曲线。图 5-1 为电动机升温，冷却曲线。

按照电动机负载时的温升特点，电动机有三种运转状态：①连续运转——电动机工作时间 $t_g\geqslant(3\sim4)\ T$ 的运转状态。此时，电动机在工作时间内能够达到稳定温升；②短时运转——电动机工作时间 $t_g\leqslant(3\sim4)\ T$ 的运转状态，电动机在工作时间内达不到稳定温升，在停歇时间内，电动机完全被冷却，使温升为零；③断续运转——电动机工作时间 $t_g\leqslant(3\sim4)\ T$，电动机在工作时间内达不到稳定温升，但在间歇时间里也达不到完全冷却。这样，温升在工作、间歇时间里周期性地波动。

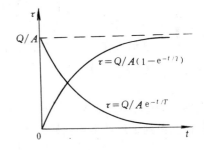

图 5-1　电动机升温冷却曲线

电动机运转状态不同，按发热条件校验电动机容量的方法也就不同。下面仅以连续运转电动机容量的选择为例来说明。

连续运转电动机有恒定不变负载和变化负载两种，在选择电动机容量时，其方法有些不同。

（1）恒定负载　电动机在恒定负载下长期工作时，它所达到的稳定温升应当等于电动机所允许的最高温升，只有这样，对电动机的利用才是最充分的。而电动机的额定功率又是按电动机在所允许的最高温升条件下长期工作时所能输出的功率确定的。在选择这种工作制的电动机容量时，应使电动机的额定功率等于或稍大于负载功率。

如机床所需的切削功率为 P_z，机床主运动传动系统的效率为 η_z，则所需电动机额定功率 P_e 可按下式计算：

$$P_e=\frac{P_z}{\eta_z} \tag{5-5}$$

这时可按电动机产品样本选择电动机的额定功率，使其近于或稍大于上式所计算出的数值。

若机床进给运动与主运动合用一台电动机传动，这时额定功率的计算值将增加 5% 左右。

（2）变动负载　在生产实际中，大多数电动机负载是周期变化的，图 5-2 所示是这种负载一个周期的负载图。在这种负载下长期工作，要求电动机的温升不超过允许值，当负载为最大值时，电动机能满足其所需功率。对于这种情况，通常是先按过载条件预选一台电动机，然后再按发热条件进行发热校验。其方法与步骤如下：

1）按过载条件选择电动机功率　按照过载条件，电动机的额定功率 P_e 应满足下式：

$$P_e > \frac{P_m}{\lambda} \tag{5-6}$$

式中　P_m——在工作循环中，电动机所需输出的最大功率（kW），如图 5-2 中的 P_1；

　　　λ——电动机的过载系数。

2）按发热条件选择电动机的功率　电动机的额定功率是对恒定负载下长期工作而言的。因此，在变动负载下工作时，必须按发热条件找出它所相当的恒定负载，即等值负载 P_{DZ}。

以图 5-2 负载图为例，若在一个工作循环内，电动机在等值负载 P_{DZ} 下工作发出的热量为 $Q_{DZ}T$，它应与电动机在变动负载 P_1、P_2、…下工作时发出的热量为 $Q_1 t_1$、$Q_2 t_2$…的总和相等，即

$$Q_{DZ}T = Q_1 t_1 + Q_2 t_2 + \cdots \tag{5-7}$$

式中　Q_{DZ}——电动机在等值负载下工作时，每秒所发出的热量（kJ/s）；

　Q_1、Q_2…——电动机在负载 P_1、P_2、…下工作时每秒所发出的热量（kJ/s）；

　　　T——工作循环时间，$T = t_1 + t_2 + \cdots$，（s）；

　t_1、t_2…——负载 P_1，P_2…工作时间（s）。

由于电动机在每秒钟内所发出的热量 Q 是与电动机的损耗 ΔP（kW）成正比，因此式（5-7）可改写成

$$\Delta P_{DZ}T = \Delta P_1 t_1 + \Delta P_2 t_2 + \cdots$$

式中　ΔP_{DZ}、ΔP_1、ΔP_2、…——电动机在功率 $P_{DZ}T$、P_1、P_2…下的损耗（kW）。

这样就得到了所谓平均损耗公式：

$$\Delta P_{DZ} = \frac{\Delta P_1 t_1 + \Delta P_2 t_2 + \cdots}{T} \tag{5-8}$$

利用平均损耗公式选择电动机的方法如下：

第一步，根据过载条件即式（5-6）选出比额定功率稍大一点的电动机容量。

第二步，根据图 5-3 所示的电动机效率曲线，$\eta = f(P)$，按式（5-9）求出在负载为 P_1、P_2、…时的损耗 ΔP_1、ΔP_2、…。

$$\Delta P_i = \frac{P_i}{\eta_i} - P_i \tag{5-9}$$

式中　ΔP_i——电动机在输出功率为 P_i、效率为 η_i 时的损耗。

第三步，根据平均损耗公式（5-8），求出电动机的平均损耗 ΔP_{DZ}。

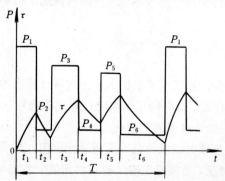

图 5-2　变载长期工作制电动机的负载图与温升曲线

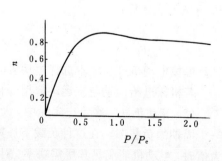

图 5-3　笼型异步电动机效率曲线

第四步,利用式(5-9)求出电动机在额定功率P_e时的损耗ΔP_e,并与ΔP_{DZ}比较。如果$\Delta P_{DZ} \leqslant \Delta P_e$,则电动机不会过热;若$\Delta P_{DZ} > \Delta P_e$,则说明电动机有过热的危险,应当改选功率稍大的电动机再进行验算,使ΔP_{DZ}与ΔP_e较为接近。即ΔP_e比ΔP_{DZ}稍大一点为好。

有时在负载图中,只给出机床的切削功率,这时应把它换算为电动机所需功率。

平均损耗的计算过程比较复杂。事实上,在一定条件下,可以转化为更加简单实用的形式。我们可将电动机的损耗分为两部分:一部分为定值损耗ΔP_c,它与电动机的负载大小无关,例如电动机的铁损;另一部分为变值损耗bI^2,即电动机的铜损,它与电动机的电流I的平方成正比(b为电动机的常数)。这样,式(5-8)可写成如下形式:

$$\Delta P_c + bI_{DZ}^2 = \frac{\sum\limits_{i=1}^{n} (\Delta P_c + bI_i^2)\ t_i}{\sum\limits_{i=1}^{n} t_i}$$

整理后消去ΔP_c和b,得

$$I_{DZ} = \sqrt{\frac{\sum\limits_{i=1}^{n} I_i^2 t_i}{\sum\limits_{i=1}^{n} t_i}} \tag{5-10}$$

式中　I_i —— 和损耗ΔP_1、ΔP_2、$\cdots$相对应的负载电流,(A);

　　　I_{DZ} —— 和平均损耗ΔP_{DZ}相对应的负载电流,称为等值电流(A)。

由此得到了变动负载下选择电动机的等值电流法。

在电动机转矩与电流成正比时(如直流电动机激磁磁通保持不变时),则转矩M与电枢电流I亦成正比;异步电动机在机械特性的稳定区段内工作时,转矩M也和电流I近似成正比关系,于是,可将等值电流的公式改写为等值转矩的公式,按转矩负载图计算M_{DZ},按M_{DZ}选择电动机。

$$M_{DZ} = \sqrt{\frac{\sum\limits_{i=1}^{n} M_i^2 t_i}{\sum\limits_{i=1}^{n} t_i}} \tag{5-11}$$

在电动机的机械特性很硬,以致电动机的转速在整个工作过程中可以认为近似不变时,电动机的功率近似与转矩成正比。这样,等值转矩公式改写为等值功率公式:

$$P_{DZ} = \sqrt{\frac{\sum\limits_{i=1}^{n} P_i^2 t_i}{\sum\limits_{i=1}^{n} t_i}} \tag{5-12}$$

按功率负载图求P_{DZ},按P_{DZ}选择电动机。

这四种方法，以平均损耗法较为准确，其次为等值电流法，但等值电流法不适用于固定损耗随负载变化的情况。

等值转矩法不适用范围更大一些。它还不适用于电动机磁通变化的场合。因为这会使电动机转矩不能和电流成正比。当然，如果可能把转矩负载图按电流变化情况加以修正，也可利用等值转矩法。

等值功率法的不适应条件更多一些。它还不适用转速变化很大，使功率与转矩不能正比的情况。电动机的起、制动过程，就是这样。

3）起动转矩的校验　对于笼型异步电动机，由于起动转矩较小，所以还要进行起动转矩的校验，看电动机的起动转矩 M_Q 是否大于负载起动时所需的转矩 M_{ZQ}。电动机的 M_Q 值可查电动机产品样本。

2. 调查统计类比法　我国机床制造厂对不同类型机床目前采用的主电动机的容量 P （kW）的统计分析公式如下：

车床： $\qquad\qquad P=36.5D^{1.54}$

式中　D——工件最大直径（m）。

立式车床： $\qquad\qquad P=20D^{0.88}$

式中　D——工件最大直径（m）。

摇臂钻床： $\qquad\qquad P=0.0646D^{1.19}$

式中　D——最大钻孔直径（mm）。

卧式铣镗： $\qquad\qquad P=0.004D^{1.7}$

式中　D——镗杆直径（mm）。

龙门刨床：

$$P=\frac{B^{1.16}}{1.66}$$

式中　B——工作台宽度（mm）。

按上式结果，选用稍大于或等于计算值的标准容量电动机。

另一种实用方法为类比法，它是调查研究经过长期运行考验的同类设备的电动机容量，然后采用主要参量、工作条件类比的方法来确定电动机的容量的。

表 5-1 列出了国产卧式车床主轴电动机的使用情况。

表 5-1　国产卧式车床主轴电动机一览表

型　　号	机床加工最大直径值 D （mm）	刀架最大纵向进给值 L （mm）	主　轴　转　速　等　级	主轴电动机容量值 P （kW）
C6132	320	3.34	正反转相同 12 级 45～1980r/min	4.5
C6136	360	4.74	正反转相同 8 级 42～980r/min	(4)3
C6140	400	4.16	23 级 12.5～2000r/min	7.5
C6160	650	1.33	正转 18 级 14～750r/min 反转 9 级 22～945r/min	10
C650	1020	3.15	正反转相同 12 级 4.25～192r/min	20

第三节　电气控制电路的设计

设备的电力拖动方案及拖动电动机容量确定之后，即可开始电气控制电路的设计。电气控制电路的设计必须满足设备的控制要求，为此，只有在设计前对设备的工作性能、结构特点和实际工作情况进行充分的研究、调查和了解，做到有的放矢，才能设计出合理的电气控制电路。

一、设计的一般要求

（一）电气控制系统应满足设备的工艺要求

在设计前，设计人员应对设备的工作性能、结构特点、运动情况、加工工艺过程及加工情况有充分的了解，并在此基础上考虑控制方案，如控制方式、起动、制动、反向及调速要求以及必要的联锁与保护环节等。

（二）控制电路电流种类与电压数值要求

根据 GB5226—85《机床电气设备通用技术条件》规定：如果电源具有接地中线时，可以把控制电路直接接到相线与接地中心之间。对于具有 5 个以上电磁线圈（接触器、继电器、电磁阀等）或电气柜外还具有控制器件或仪表的机床，必须采用分离绕组的变压器给控制电路和信号电路供电。当机床有几个控制变压器时，一个变压器尽可能只给机床一个单元的控制电路供电，只有这样，才能使不工作的那个控制电路不会危及人身、机床和工作的安全。

由变压器供电的交流控制电路，二次侧电压为 24V 或 48V，50Hz。对触点外露在空气中的电路，若电压过低而使电路工作不可靠时，应采用 48V 或 110V（优选值）和 220V 更高的电压，50Hz。

对于电磁线圈在 5 个以下的控制电路，可直接接在两相线间或相线与中线之间。

直流控制电路的电压有：24V、48V 和 220V。对于大型机床，因其线路长，串联的触点多，压降大，故不推荐使用 24V 或 48V 交直流电压。

对于只能使用低电压的电子装置，可以采用其它的低电压。

（三）控制电路应安全可靠

电气控制电路在事故情况下，应能保证操作人员、电气设备、生产机械的安全，并能有效地制止事故的扩大。为此，在电气控制电路中应采取一定的保护措施，常用的有：采用漏电开关的漏电保护、短路保护、过载保护、失压保护、欠压保护、联锁保护、行程保护与过流保护等。

（四）电路应操作维修方便

电气控制电路应从操作与维修人员的工作角度出发，力求操作简单、维修方便；同时，电气控制电路在满足设备控制要求的前提下，还应力求结构简单、经济可靠。

二、控制电路的设计方法

当设备的电力拖动方案及电动机容量确定之后，在明确控制系统设计要求的基础上，就可进行电气控制电路的设计。设计继电器—接触器控制的常用方法有两种：经验设计法和逻辑设计法。经验设计法是根据设备对电气控制的要求，先设计出各个独立的控制电路，然后根据设备的工艺要求决定各部分电路的联锁或联系，在满足设备控制要求的前提下，反复斟酌、修改，努力获得最佳方案。逻辑设计法是根据设备控制要求，写出控制电路的逻辑表达式并经过化简，再作出相应的电路结构图，这样设计出来的电路能够简单、可靠，但需要设计人员有逻辑代数方面的知识。下面仅就经验设计法作一简要介绍。

（一）设计原则

（1）控制电路应最大限度满足设备性能要求。

（2）控制电路应尽量简化。

（3）具有必要的联锁及保护环节。

（4）在保证安全运行的条件下，应达到经济可靠的要求。

（5）便于操作，易于维护。

（二）主回路设计

设计控制电路时应先设计主回路，然后设计控制回路。今以某一专用铣床为例，介绍电气控制电路的设计方法。

设某专用铣床为加工箱体两侧平面，装有左、右各一个动力头，用以铣削两平面、两个动力头中间装有滑台做前、后移动、滑台装夹被加工工件，动力头各用一台 4.5kW 异步电动机拖动，只要求单向旋转，滑台用 1.1kW 异步电动机拖动，要求可逆旋转。根据加工工艺要求，工作开始时，滑台快进，到达加工开始位置时变快进为工进（慢进），加工完毕，滑台自动停止，然后人工指令滑台快退至原位自动停止。动力头在滑台正向起动时同时起动，滑台停止时同时停止。

根据以上加工工艺要求，滑台拖动电动机应正反转，用接触器 KM1、KM2 控制；动力头电动机只需要单向旋转，故两台电动机共用接触器 KM3 控制。主回路原理图如图 5-4 所示。

（三）控制回路设计

通过本书前两章基本环节和典型设备电路的介绍，很容易确定这台专用铣床的控制回路。滑台控制可用电动机正反转控制环节。滑台拖动电动机的正反转用 SB3 和 SB4 控制，正反转停车用 SB4 和 SB5 控制，见图 5-5a。动力头电动机为单向旋转时，要求滑台电动机正转时起动，所以可用 KM1 的常开触点去控制 KM3。

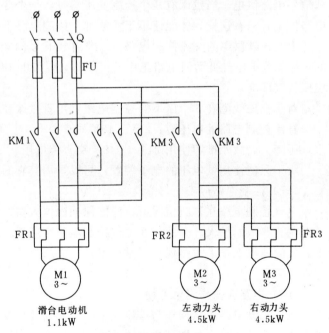

图 5-4 主回路

滑台快进变为工进是用电磁铁 YA 改变齿轮变速箱的快慢档实现的。当滑台电动机正向起动时，通过 KM1 触点接通电磁铁 YA，吸动变速齿轮为快档，滑台快进。当滑台快进到加工点碰撞限位开关 SQ3 时，电磁铁 YA 断电，滑台变为工进。见图 5-5b。

（四）联锁的设计

滑台电动机为可逆控制，若 KM1、KM2 同时得电，将导致电源短路。为此，用 KM1、

KM2各自常闭触点进行控制回路互相联锁，见图5-6。

（五）保护环节

主回路用熔断器FU1、控制回路用FU2进行短路保护，三台拖动电动机均用FR1、FR2、FR3进行过载保护，见图5-5、图5-6。整个控制电路具有失压保护功能。

（六）电路的检查与完善

完成电路初设计后，要进行功能检查。首先要检查各控制环节电路的可控性。所谓可控性即该环节是否完全达到设计意图，比如正反转环节能否使电动机可靠反向。其次检查元件的适应性、比如控制回路中接触器KM1的常开触点共用了三对，但实际接触器只有辅助常开触点，因此对线路要进行修改。修改的方法有多种，可以用增加中间继电器的方法，也可用调整元件的方法。图5-6中，KM1和KM3是同一信号控制通断的，所以可用KM3的一对触点代替KM1的一对触点去控制电磁铁回路。修改后的电路见图5-7。

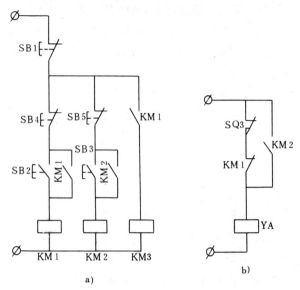

图 5-5　控制回路

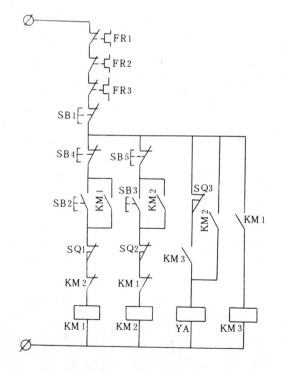

图 5-6　初设计的控制电路

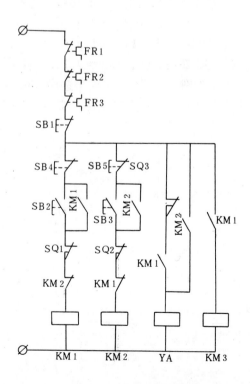

图 5-7　修改后的控制电路

三、设计过程中应注意的问题

（一）应尽量减少电气元件的数量

控制电路设计完了，应进行综合检查，尤其是用经验设计出来的电路，必要时还要进行电路的简化。如图 5-8a 所示的电路，经检查可以看出，接触器线圈 KM2 通电的必要条件是KM1 首先通电，所以可将 KM2 的控制电路接在 KM1 控制电路之后，从而省去一对触点，改接后的电路见图 5-8b。

（二）尽量减少连接导线

一个控制电路的各功能部分，比如继电器的线圈和触点，在控制电路的原理图上，是很难发现其位置对接线的影响，但经过仔细分析或通过画接线图就可以发现，达到同样控制的目的且使用的元件也相同，由于位置摆放不合理，将会造成接线的数量和长度的增加，且不利于检修。

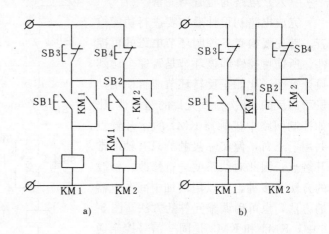

图 5-8 为减少触点数量而改接的控制电路

图 5-9a 中，SB1、SB2 是起停按钮，一般装在操作台上，而接触器则装在电器柜内，接线时须二次引线从操作台到电器柜，显然不合理。若按图 5-9b 将起停按钮直接连接，则可减少一根由操作台到电器柜的连线，此外，还可减少电源短路的机会。

（三）避免寄生电路的出现

在控制电路中，出现不应有的通电回路，称作寄生电路。图 5-10 中，当 KM1 得电，电动机正转过载时，热继电器触点 FR 断开 KM1 控制回路，但由于指示灯的存在，造成一条寄生电路，如图中虚线所示，结果造成 KM1 不能可靠释放，失去了热继电器的保护作用。若指示灯与接触器并联，就可免除了寄生回路的产生。

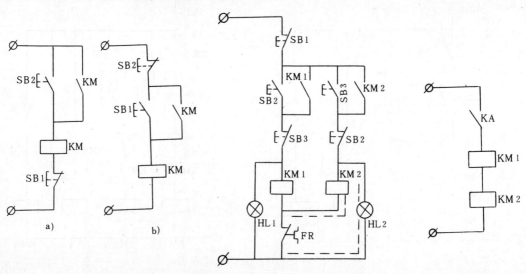

图 5-9　减少元件间的实际接线　　　图 5-10　有寄生回路的控制电路　　　图 5-11　错误的线圈连接

（四）控制元件的电磁线圈不能串联

如图 5-11 所示，电磁线圈串联时，由于阻抗不同，导致电压分配不均匀，不能可靠动作，阻抗大的线圈分压大，若分压大的线圈吸合后，其线圈电感显著增加，致使分压更大，此时，阻抗小的线圈由于分压小，可能不动作。因此，需要两个线圈同时动作时，应该使其线圈并联连结。

第四节　电器元件的选择

在设备电气控制线路中，为了满足生产工艺及电力传动的需要，电动机要经常地起动、制动、改变运动方向、调节转速；当电路发生过载、短路、欠压或失压等情况时，控制电路的保护环节还应自动切除故障。所有这些要求都需要借助于电器来实现。

由于各类电器在设备电气控制系统中所处的位置和所起的作用不同，因此，其选用的方法也就各异。下面仅就设备控制电路中常用的电器元件加以介绍。

一、熔断器的选择

（一）熔断器类型的选择

熔断器的主要参数有额定电压、额定电流（熔断器的额定电流、熔体的额定电流）、极限分断能力等。所以应根据负载的情况和电路短路电流的大小来选择熔断器类型。例如对容量较小的照明电路或电动机的保护，可采用 RC1 系列瓷插式半封式熔断器；对于短路电流相当大的电路或有易燃气体场所，可采用 RL6 系列或 RT14 系列有填料封闭式熔断器；对于用来保护硅元件及晶闸管的熔断器，则采用 RS 型快速熔断器。

（二）熔体额定电流的选择

熔体额定电流的选择，主要取决于负载的性质，一般要根据以下情况而定：

1. 负载平稳　无冲击电流的控制回路，如照明、信号回路等，其熔体的额定电流，可按被保护电路中的额定电流来选取，即

$$I_{NF} \geqslant I_{NX} \tag{5-13}$$

式中　I_{NF}——熔体额定电流（A）；

I_{NX}——线路中的额定电流（A）。

2. 负载有冲击电流　如异步电动机的起动电流为额定电流的 5～7 倍，为了避免熔体在电动机起动过程中熔断，则熔体的额定电流应选择大于负载的额定电流。

用于保护单台长期工作的电动机，可按下式选取熔体：

$$I_{NF} \geqslant (1.5 \sim 2.5) I_{NM} \tag{5-14}$$

用于保频繁起动电动机，可按下式选择熔体：

$$I_{NF} \geqslant (3 \sim 3.5) I_{NM} \tag{5-15}$$

用于保护多台电动机时，则按下式选择熔体：

$$I_{NF} \geqslant (1.5 \sim 2.5) I_{NMmax} + \Sigma I_{NM} \tag{5-16}$$

式中　I_{NMmax}——容量最大的电动机的额定电流；

I_{NM}——电动机的额定电流。

为了配合不同线路电流的需要，熔断器中熔体的额定电流等级很多。等级越多，选用就越合理，但从生产与供应而言，熔体额定电流的分档有一定的规定。由于熔体可装在绝缘外

壳内，并且同一外壳可装入不同额定电流的熔体，所以减少了外壳的规格。通常把可以装入的最大熔体的额定电流称为熔断器的额定电流。

（三）熔断器额定电流的选择

熔断器额定电流通常应等于或大于熔体的额定电流，但是有时可选大一级的。例如 60A 熔体，既可选用 60A 熔断器，也可选用 100A 熔断器，这时可按电路是否有小倍数过载来确定，若常有小倍数过载情况，应选用大一级的熔断器，以免其温升过高。

（四）校验熔断器的保护特性

熔断器的保护特性，应与保护对象的过载特性有良好的配合，使在整个曲线范围内获得可靠的保护。同时，熔断器的极限分断能力应大于或等于所保护电路可能出现的短路电流值，这样才能得到可靠的短路保护。

此外，当电源电压高于 380V 其等级电压时，还应考虑熔断器的额定电压，使熔断器的额定电压大于或等于工作电压。

二、热继电器的选择

参见第一章、第五节中三、热继电器、（五）热继电器的选用与调整方法。

三、接触器的选择

接触器是用来频繁地接通和分断电动机或其它负载主电路的一种控制电器。其主触点的额定电流比较大，通常为数安到数百安，甚至高达数千安，而辅助触点用于接通与分断控制电路，一般均在 5A 以下。因此，选择接触器时应最先考虑负载的性质，同时还应考虑具体的使用条件。

（一）类型的选择

在选择接触器产品类型时，应根据接触器所控制的负载工作任务来确定相应使用类别的接触器。交流接触器的使用类别有 AC-0～AC-4 五类。

AC-0 类用于感性负载或阻性负载，接通和分断额定电压和额定电流。

AC-1 类用于起动和运转中断开绕线转子电动机。在额定电压下，接通和分断 2.5 倍额定电流。

AC-2 类用于起动、反接制动、反向与密接通断绕线型电动机。在额定电压下，接通和分断 2.5 倍额定电流。

AC-3 类用于起动和运转中断开笼型异步电动机在额定电压下接通 6 倍额定电流，在 0.17 倍额定电压下分断额定电流。

AC-4 类用于起动、反接制动、反向与密接通断笼型异步电动机。在额定电压下接通和分断 6 倍额定电流。

接触器的产品系列是按使用类别设计的，所以，应首先根据接触器负担的任务来选择相应的使用类别。若电动机承担一般任务，其控制接触器可选 AC-3 类；若承担重任务，应选 AC-4 类。后一情形如选用了 AC-3 类，则应降级使用，即使如此，其它寿命仍有不同程度的降低，可参见表 5-2。CJ10 系列是按 AC-3 类设计的。

（二）主参数的选择

1. 接触器容量等级的确定　在确定接触器容量等级时，应使它与可控制电动机的容量相当或稍大一些。切忌仅仅根据电动机的额定电流来选择接触器的容量等级，通以相同电流时因为接触器在频繁操作和非频繁操作的情况下，前者触头的发热要严重得多。

2. 接触器线圈电压的确定   对于同一系列，同一容量等级的接触器，其线圈额定电压有好几种规格，所以应指明线圈的额定电压，它是由控制回路电压决定的。此外，接触器还有触点电压等级，它是指主触点间或辅助触点间允许承受的电压，使用时应小于或等于此电压值。

另外，有时根据使用地点的周围环境选择有关系列或特殊规格的接触器。

直流接触器的工作类别有 DC1～DC4 四种，其具体选择方法与交流接触器相同。

表 5-2   CJ10-10 系列接触器降级使用情况

AC-4 类负载在混合类负载中所占的比例	降 级 使 用 情 况	
	可控电动机功率 P（kW）	电寿命（万次）
0%	4	60
10%	2.2	30
100%	2.2	$6.7\% \times 60$
100%	4	$2\% \times 60$

四、继电器的选择

继电器的种类很多，这里仅介绍常用的几种继电器的选用方法。

（一）中间继电器的选择

中间继电器在设备电气控制系统中用于各种电磁线圈间，起信号传递、放大及转换的作用。一般而言，中间继电器的触点容量较小，而触点数量较多，其触点额定电流多数为5A，对于电动机额定电流不超过5A的电气控制系统，有时也可用中间继电器代替接触器进行控制。

中间继电器主要根据被控电路电压等级、所需触点的数量、种类和容量以及对操作频率的要求进行选择。

（1）中间继电器的额定电压应大于或等于被控制电路的额定电压。

（2）中间继电器的额定电流应大于或等于被控制电路的额定电流。

（3）根据被控制电路的需要选用中间继电器触点的数量、种类，并确定中间继电器的规格、型号及吸引线圈的额定电压值。

（二）时间继电器的选择

时间继电器的种类很多，本书已介绍了常用的几种时间继电器。一般说来，电磁时间继电器的结构简单，价格较低，但延时范围较短（0.2～10s），而且只能用于直流电路断电延时；电动式时间继电器的延时精度高，延时范围广（几秒至几十小时），但价格较贵；空气式时间继电器的结构简单，延时范围较长（0.4～180s），但延时准确度较差；电子式时间继电器的机械结构简单，体积小，延时范围宽（0.2～300s），其应用得到日益推广。

根据上述时间继电器的特点，选择时应从以下几方面考虑：

（1）根据控制电路中对延时触点的要求来选择延时方式，即通电延时型或断电延时型。

（2）根据控制电路电压来选择时间继电器（吸引线圈）的工作电压。

（3）对延时精度要求不太高的场所，一般宜选用空气式时间继电器；对延时精度要求较高的场所，则宜选用电动式或电子式时间继电器。

（4）在电源电压波动范围较大的场所，宜采用空气式或电动式时间继电器。

（5）在电源频率变化较大的场所，不宜选用电动式时间继电器。

（6）对温度变化范围较大的场所，不宜选用空气式或电子式时间继电器。

（三）过电流继电器的选择

过电流继电器主要用于重载频繁起动的场合，作为直流电动机及绕线式异步电动机的过流保护元件。

目前我国生产的过电流继电器有 JT4、JT7、JL12、JL14 系列。在设备控制电路中常用的有 JT4、JL12 及 JL14 系列过电流继电器。

JT4 系列为交流通用继电器，即加上不同的线圈或阻尼铜套后便可作为过电流继电器、电压继电器或中间继电器使用。JL14 系列为交直流通用继电器。JL12 系列具有过载、起动延时、过流迅速动作的保护特性。

过电流继电器的选用，一般根据下列原则进行：

（1）过电流继电器的线圈额定电流应大于或等于电动机的额定电流，对于频繁起动的电动机，考虑到起动电流在继电器中的发热效应，过电流继电器线圈的额定电流可选大一级。

（2）过电流继电器动作电流的整定，一般要满足下式，即

$$I_{ND} = (1.1 \sim 1.3) I_{MQ} \tag{5-17}$$

式中　I_{ND}——继电器动作电流值(A)；

　　　I_{MQ}——电动机的起动电流值(A)。

对于绕线式电动机或直流电动机：

$$I_{ND} = (2 \sim 2.5) I_{NM} \tag{5-18}$$

对于笼型电动机：

$$I_{ND} = (5 \sim 7) I_{NM} \tag{5-19}$$

式中　I_{NM}——电动机的额定电流 (A)。

五、断路器的选择

断路器的选择应从以下几方面来考虑。

（一）断路器类型的选择

断路器种类很多，目前我国生产的有：DZ 系列塑声式断路器、DW 系列框架式断路器、DZX19 型限流断路器、DZ15L 型漏电断路器及 DS 系列直流快速断路器等。选择时要根据电气控制装置的要求来确定断路器类型，一般保护电动机的断路器可选用 DZ 系列。

（二）电路保护内容的选择

根据电路对保护的要求来选择断路器脱扣器的类型。断路器保护特性有两段式或三段式。两段式即过载长延时和短路瞬时动作或过载长延时和短路短延时动作。三段式即过载长延时，短路短延时和特大短路瞬时动作。对于塑壳式断路器，具有过载长延时，短路瞬时动作的保护特性，以及电流脱扣器（短路保护）与热脱扣器（过载保护），但它不带失压脱扣器，若有此项要求时，可选其它类型断路器或另行采取措施。

（三）断路器额定电流的选择

根据电路的额定电压和额定电流确定断路器容量等级，并根据负载允许的长期平均电流来选择脱扣器额定电流，并保证：断路器的额定电流一定要大于或等于负载长期平均电流。

（四）断路器电流脱扣器的选择

1. 瞬时动作的断路器电流脱扣器的整定电流

$$I_{ND} \geqslant (1.7 \sim 2) I_{MQ} \tag{5-20}$$

式中　I_{ND}——自动开关瞬时动作整定电流（A）；

　　　I_{MQ}——电动机起动电流（A）。

对于保护电动机的断路器，其可调式瞬时电流脱扣器的整定电流调节范围为 3～6 倍或 8～12 倍脱扣器额定电流；其不可调式瞬时过电流脱扣器的整定电流为 5 倍或 10 倍脱扣器额定电流。

2. 延时动作的自动开关电流脱扣器的整定电流

$$I_{ND} \geqslant 1.1 I_{NM} \tag{5-21}$$

式中　I_{NM}——电动机的额定电流（A）。

延时动作的电流脱扣器在电动机长期过载 20% 时应动作，而电动机起动时不应动作。延时可调式电流脱扣器的整定电流调节范围为脱扣器额定电流的 70%～100%。

（五）选择断路器时应注意的问题

（1）如果电动机不需要频繁起动，这时可选用塑壳式断路器来代替磁力起动器和熔断器。

（2）断路器价格较贵，如非必要，仍宜采用刀开关和熔断器组合，另外，当电路中已经有了短路和过载保护时，也尽量不要采用自动开关作双重保护，而应采用组合开关将更为合理。

六、主令电器的选择

（一）控制按钮的选择

主要根据所需触点对数、使用场合及作用来选择控制按钮的型号及颜色。如根据不同的使用场合及使用功能可分别选用紧急式、旋钮式、钥匙式等。按钮颜色的含义及应用见表5-3。

表 5-3　按钮的颜色及其含义

颜　色	作　　　用	典　型　应　用
红	急情出现时动作	急停
	停止或断开	总停 停止一台或几台电动机 停止机床的一部分 停止循环（如果操作者在循环期间按下此按钮，机床在有关循环完成后停止）断开断装置 兼有停止作用的复位
黄	干预	排除反常情况或避免不希望的变化 如当循环尚未完成，把机床部件返回到循环起始点，按压黄色按钮可以超越预选的其他功能
绿	起动或接通	总起动 开动一台或几台电动机 开动机床的一部分 开动辅助功能 闭合开关装置 接通控制电路
蓝	上述三色未包括的任何特定含义	红、黄和绿含义未包括的特殊情况，可以用蓝色，如复位
黑、灰、白	未赋予特定含义	除专用"停止"功能按钮外，可用于任何功能。如：黑色点动；白色控制与工作循环无直接关系的辅助功能

（二）万能转换开关的选择

万能转换开关主要根据其用途和控制电路所需的触点档数、额定电流来选择，一般应按下列原则选取：

（1）当用来直接控制 7kW 以下电动机起动和停止时，万能转换开关的额定电流应等于电动机额定电流的三倍。

（2）当万能转换开关并不直接控制电动机的起动和停止，但需要承受起动时冲击电流的作用时，其额定电流只要稍大于电动机的额定电流即可。

（3）在选择万能转换开关类型时，除了要考虑其额定电流是否满足要求外，还要考虑产品的实际接线法应与被控电动机的内部接线方式、接线示牌及所需转换开关的开、合次序相符合。

（三）位置开关的选择

位置开关的选择主要有两项内容：一是根据控制电路对触点数量的要求，选择相应触点数量的开关；二是根据设备运动要求选择位置开关的结构形式。例如直动式、单轮式和双轮式结构，一般说来，对于单轮能自动复位的位置开关要配长挡铁；而对于双轮结不能自动复位式要配用短挡铁。

七、控制变压器的选择

控制变压器一般用于降低控制电路或辅助电路电压，以保证控制电路安全可靠。选择控制变压器的原则为：

（1）控制变压器一、二次电压应与电源电压、控制电路与辅助电路电压相等。

（2）应保证接于变压器二次侧的交流电磁器件在起动时可靠地吸合。

（3）电路正常运行时，变压器温升不应超过允许值。

控制变压器容量的近似计算公式为

$$P_B \geqslant 0.6\Sigma P_q + \frac{1}{4}\Sigma P_{kj} + \frac{1}{8}\Sigma P_{KM}k_i \tag{5-22}$$

式中　　P_B —— 控制变压器容量（VA）；

　　　　P_q —— 电磁器件的吸持功率（VA）；

　　　　P_{kj} —— 继电器、接触器起动功率（VA）；

　　　P_{KM} —— 电磁铁起动功率（VA）；

　　　　k_i —— 电磁铁工作行程 L_P 与额定行程 L_N 之比的修正系数。

当 $L_P/L_N = 0.5 \sim 0.8$ 时，$k_i = 0.7 \sim 0.8$

当 $L_P/L_N = 0.85 \sim 0.9$ 时，$k_i = 0.85 \sim 0.95$

当 $L_P/L_N \geqslant 0.9$ 时，$k_i = 1$

满足上式时，既能保证已吸合的电器在起动其它电器时仍能保持吸合状态，又能保证起动电器可靠地吸合。

也可按控制变压器长期运行的温升来考虑，这时变压器的容量应大于或等于最大工作负荷的功率，即

$$P_B \geqslant \Sigma P_q k_j \tag{5-23}$$

式中　k_j —— 变压器容量的储备系数，一般 $k_j = 1.1 \sim 1.5$。

第五节　电气控制系统图

电气控制系统图是由许多电气元件按一定要求联接而成的。为了表达设备电气控制系统的结构、原理等设计意图，同时也为了便于电气元件的安装、调整、使用和维修，将电气控制系统中各电气元件的联接用一定的图形符号和文字符号表示出来。在图上用不同的图形符号来表示各种电气元件，用不同的文字符号来表示各电气元件的用途。国家标准局参照国际电子委员会（JEC）颁布的有关文件，制定了我国电气设备的有关国家标准，如：

GB4728—85《电气图用图形符号》

GB5226—85《机床电气设备通用技术条件》

GB7159—87《电气技术中的文字符号制定通则》

GB6988—86《电气制图》

GB5094—85《电气技术中的项目代号》

电气图示符号有图形符号、文字符号及回路标号等。

一、图形符号

图形符号通常用于图样或其它文件中，用来表示一个设备或概念的图形、标记或字符。

电气控制系统图中的图形符号必须按国家标准绘制、附录A给出了电气控制系统的部分常用图形符号。图形符号有符号要素、一般符号和限定符号三种。

（一）符号要素

它是一种具有确定意义的简单图形，必须同其它图形组合才构成一个设备或概念的完整符号。如接触器常开触点就由接触器触点功能符号和常开触点符号组合而成。

（二）一般符号

它是用以表示一类产品和此类产品特征的一种简单符号。如电动机可用一个圆圈表示。

（三）限定符号

它是用于提供附加信息的一种加在其它符号上的符号。

运用图形符号绘制电气控制系统图时应注意：

（1）符号的尺寸大小、线条粗细依国家标准可放大缩小，但在同一张图样中，同一符号的尺寸应保持一致，各符号间及符号本身比例应保持不变。

（2）标准中示出符号方位，在不改变符号意义的前题下，可根据图表布置的需要旋转或成镜象位置，但文字和指示方向不得倒置。

（3）大多数符号都可以加上补充说明标记。

（4）有些具体器件的符号由设计者根据国家标准的符号要素、一般符号和限定符号组合而成。

（5）国家标准未规定的图形符号，可根据实际需要，按突出特征、结构简单、便于识别的原则进行设计，但需报国家标准局备案。当采用其它来源的符号或代号时，必须在图解和文件上说明其含义。

二、文字符号

文字符号适用于电气技术领域中技术文件的编制，用于标明电气设备、装置和元件的名称及电路的功能、状态和特征。

文字符号分为基本文字符号和辅助文字符号两种。常用的文字符号见附录 A。

（一）基本文字符号

基本文字符号有单字母符号与双字母符号两种。单字母符号按拉丁字母顺序将各种电气设备、装置和元件划分为 23 大类。每一类用一个专用单字母符号表示，如"C"表示电容器类，"R"表示电阻器类等。

双字母符号由一个表示种类的单字母符号与另一个字母组成，且按种类单字母符号在前，另一单字母在后的次序列出，如"F"表示保护器件类，"FU"则表示熔断器。

（二）辅助文字符号

辅助文字符号是用来表示电气设备、装置和元器件以及电路的功能、状态和特征的。如"RD"表示红色，"L"表示限制等。辅助文字符也可以放在表示种类的单字母符号之后组成双字母符号，如"SP"表示压力传感器，"YB"表示电磁制动器等。为简化文字符号，若辅助文字符号由两个以上字母组成时，允许只采用其第一位字母组合，如"MS"表示同步电动机。辅助文字符还可以单独使用，如"ON"表示闭合，"M"表示中间等。

三、主电路各接点标记

（1）三相交流电源引入线采用 L1、L2、L3 标记。

（2）电源开关之后的三相交流电源主电路分别按 U、V、W 顺序标记。

（3）分级三相交流电源主电路采用在三相文字代号 U、V、W 的前边加上阿拉伯字母 1、2、3 等来标记，如 1U、1V、1W、2U、2V、2W 等。

（4）电动机各分支电路接点标记采用三相文字代号后面加数字来表示，数字中的个位数表示电动机的代号，十位数字表示该支路各接点代号，从上到下按数值大小顺序标记。如 U11 表示 M1 电动机的第一极的第一个接点代号，U21 为第一相的第二个接点代号，依此类推。

（5）电动机绕组首端分别用 U、V、W 标记，尾端则用 U′、V′、W′ 标记。

（6）控制电路采用阿拉伯数字编号，一般由三位或三位以下的数字组成。标注方法按"等电位"原则进行，在垂直绘制的电路中，标号顺序一般由上而下编号，凡是被线圈、绕组、触点或电阻、电容等元件所间隔的线段，都应标以不同的电路标号。

四、电气控制原理图

电气控制原理图是为了便于阅读和分析控制电路工作原理的。其主要形式是把一个电气元件的各部件以分开的形式进行绘制，因此，电路结构简单、层次分明，适用于研究和分析电路工作原理，其主要绘制原则是：

（1）电路应是未通电时的状态，机械开关应是循环开始前的状态。

（2）原理图上的主电路、控制电路和信号电路应分开绘制。

（3）原理图上应标出各个电源的电压值，极性、或频率和相数；某些元件、器件的特性（如电阻、电容的数值等）；不常用电器（如位置传感器、手动触点等）的操作方式和功能。

（4）原理图上各电路的安排应便于分析、维修和寻找故障，原理图应按功能分开画出。

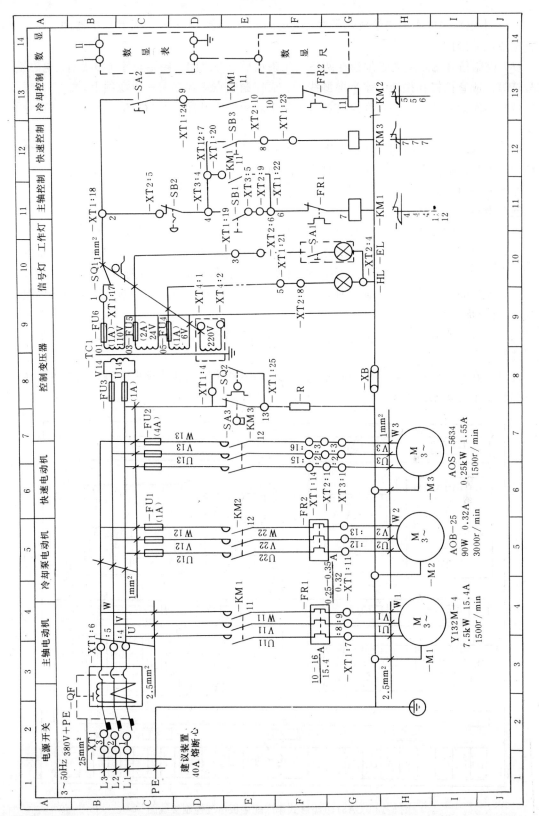

图 5-12　CA6140 型臥式车床电气控制原理图

（5）主电路的电源电路绘成水平线，受电的动力装置（电动机）及其保护器件支路，应垂直电源电路绘出。

（6）控制信号电路应垂直地绘在两条或几条水平电源之间。耗能元件（如线圈、电磁铁、信号灯等）应直接接在接地的水平电源线上。而控制触点应连在另一电源线上。

（7）为阅读方便，图中自左至右或自上而下表示操作顺序，并尽可能减少线条和避免线条交叉。

（8）在原理图上方将图分成若干图区，并标明该区电路的用途与作用；在继电器、接触器线图下方列出触点表以说明线圈和触点的从属关系。

图 5-12 为 CA6140 型卧式车床电气控制原理图。

五、电气控制接线图

电气控制接线图，是为了安装电气设备和电气元件进行配线或检修电气故障服务的。在图中显示出电气设备中各个元件的实际空间位置与接线情况。接线图是根据电器位置布置最合理、联接导线最方便且最经济的原则来按排的。有关接线图的绘制原则参见本章第六节。它可在安装或检修时对照使用。维修时，通常由原理图分析电路原理、判断故障，由接线图确定故障部位。

图 5-13 是 CA6140 型卧式车床配电板电气控制接线图。图 5-14 是 CA6140 型卧式车床电气互连图。

此外，在实际应用中，电气控制系统中还包括电器位置图和原理框图等。上述各图在设计部门和施工现场都得到了广泛应用。

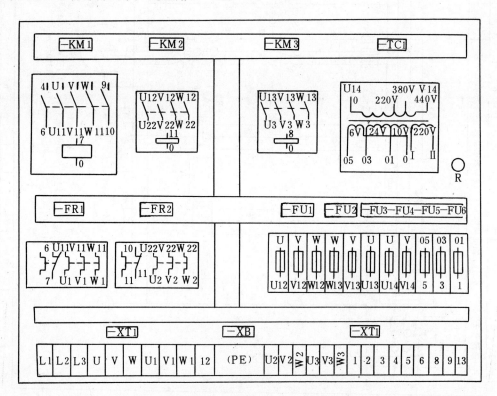

图 5-13　CA6140 型卧式车床配电板电气控制接线图

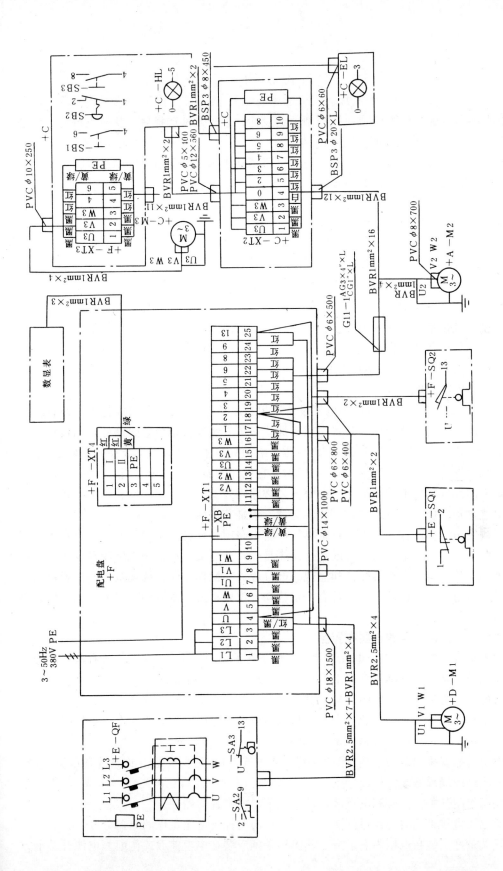

图 5-14 CA6140 型卧式车床电气互连图

第六节　电气设备的施工设计

继电器接触器控制系统在完成电气控制电路设计、电气元件选择后，就应进行电气设备的施工设计。下面以机床为例进行说明。

机床电气设备施工设计的依据是电气控制电路图和所选定的电器元件明细表。

一、电气施工设计的主要内容与步骤

（1）机床电气设备总体方案的拟定。

（2）机床电气控制装置的结构设计。

（3）绘制电气控制装置的电器布置图。

（4）绘制电气控制装置的电气接线图。

（5）绘制各部件的电气布置图。

（6）绘制电气设备内部接线图。

（7）绘制电气设备外部接线图。

（8）编制电气设备技术资料。

下面择要对几个步骤作一说明。

二、电气设备的总体布置

按照国家标准 GB5226—85《机床电气设备通用技术条件》规定，尽可能把电气设备组装在一起，使其成为一台或几台控制装置。只有那些必须安装在特定位置的部件，如按钮、手动控制开关、位置传感器（行程开关）、离合器、电动机等才允许分散安装在机床各处。

安放发热元件（如电阻器），必须使电柜内其它元件的温升不超过它们各自的允许极限。对于发热量大的元件、如电动机的起动电阻等，必须隔开安放，必要时，还可采用风冷。

所有电气设备应该可以靠近安放，便于更换、识别与检测。

在上述规定指导下，首先要根据设备电气控制电路图和设备控制操作要求，决定采用哪些电气控制装置，如控制柜、操纵台或悬挂操纵箱等，然后确定设备如机床床身及床身以外的电气装置的安放位置。需经常操作和监视的部分应放在操作方便、统观全局的位置；悬挂箱应置于操作者附近，接近加工工件且有一定移动方位处；发热或振动噪音大的电气设备要置于远离操作者的地方。

三、绘制电气控制装置的电器布置图

按 GB5226—85 规定，电柜内电气元件必须位于维修站台之上 0.4～2m。所有器件的接线端子和互联端子，必须位于维修台之上至少 0.2m 处，以便装拆导线。

安排器件时，必须隔开规定的间隔和爬电距离，并考虑有关的维修条件。

电柜和壁龛中裸露、无电弧的带电零件与电柜或壁龛导体壁板间必须有适当的间隙，一般 250V 以下电压，不小于 15mm；250～500V 电压，不小于 25mm。

电柜内电气的安排：按照用户技术要求制作的电气装置，最少要留出 10% 的备用面积，以供控制装置改进或局部修改。

除了人工控制开关、信号和测量部件，门上不得安装任何器件。

由电源电压直接供电的电器最好装在一起，从而与控制电压供电的电器分开。

电源开关最好安装在电柜内右上方，其操作手柄应装在电柜前面或侧面。电源开关上方

最好不安装其它电器，否则，应把电源开关用绝缘材料盖住，以防电击。

遵循上述规定，电器柜内电器可按下述原则布置：

（1）体积大或较重的电器置于控制柜下方。

（2）发热元件安装在柜的上方，并注意将发热元件与感温元件隔开。

（3）弱电部分应加屏蔽和隔离，以防强电及外界电磁干扰。

（4）应尽量将外形与结构尺寸相同的电气元件安装在一起，既便于安装和布线处理，又使布置整齐美观。

（5）布置的电器应便于维修。

（6）布置电器时应尽量考虑对称性。

一般可通过实物排列来进行控制柜的设计。操纵台及悬挂操纵箱则均可采用标准结构设计，也可根据要求选择，或适当进行补充加工和单独自行设计。

四、绘制电气控制装置的接线图

根据电气控制原理图与电气装置布置图，可进一步绘制电气控制装置接线图。绘制的原则如下：

（1）图中所有电气元件图形，应按实物，依对称原则绘制。

（2）图上各电器元件，均应注明与电气控制原理图上一致的文字符号、接线编号。

（3）图中一律用细实线绘制，应清楚地表示出各电气元件的接线关系和接线走向。

接线图的接线关系有两种画法：

1）直接接线法　即直接画出两元件之间的接线。它适用于电气系统简单、电器元件少，接线关系简单的场合。

2）符号标准接线法　即仅在电器元件接线端处标注符号以表明相互联接关系。它适用于电气系统复杂、电器元件多、接线关系较为复杂的场合。

（4）按规定清楚地标注配线导线的型号、规格、截面积和颜色。

（5）图中各电气元件应按实际位置绘制。

（6）板后配线的接线图应按控制板翻转后的方位绘制电器元件，以便施工配线，但触点方向不能倒置。

（7）接线板或控制柜的进出线，除截面较大外，都应经接线板外接。

（8）接线板上各接点按接线号顺序排列，并将动力线、交流控制线、直流控制线等分类排开。

五、设备内部接线图与外部接线图

（一）设备内部接线图

（1）根据设备上各电器的布置的位置，绘制内部接线图。

（2）设备上各处电器元件、组件，部件间接线应通过管路进行。

（3）图上应标明分线盒进线与出线的接线关系。接线柱排上的线号应标清，以便配线施工。

（二）设备外部接线图

（1）设备外部接线图表示设备外部的电动机或电器元件的接线关系。它主要供用户单位安装配线用。

（2）设备外部接线图应按电气设备的实际相应位置绘制、其要求与设备内部接线图相同。

六、电力装备的施工

（一）控制柜（板）内的配线施工

（1）电气设备上配线的导线应采用截面积为 $0.75mm^2$ 以上的塑料电线，但在电气控制柜内允许采用截面积 $0.75mm^2$ 以下的电线。穿管电线截面积不得小于 $0.75mm^2$，电线应具有 500V 额定绝缘，但弱电路例外。

（2）不同电路应采用不同颜色导线的标志。

交流或直流动力电路：黑色；交流控制电路：红色；直流控制电路：蓝色；联锁控制电路（电源开关断开仍带电）：桔黄色；与保护电路连接的导线：白色；保护导线：黄绿双色；动力电路中的中线和中间线：浅蓝色；备用线：与备用对象电路导线颜色一致。

弱电电路可采用不同颜色的花线，以区别不同电路的作用，颜色可自由选择。

（3）常用控制柜（板）内的配线方式有三种：板前配线、板后交叉配线和行线槽配线。配线方式的比例见表5-4。

（4）控制柜（板）上各电器元件之间的接线关系必须与电气接线图一致，有相对运动的电气安装板式元件之间的联线应留有余量，且用软线（用软管保护）。

表 5-4　常用的配线方式

配线方式	使　用　场　合	优　　点	缺　　点	施工人员数
板前配线	用于电气系统比较简单，电器元件数较少的场合	直观，便于查找线路，维护检修方便	工艺较为复杂，技术水平要求高占地大，耗线多	一个配线工操作
板后交叉配线	用于电气系统比较复杂，电器元件较多的场合	外观排列整齐、美观、节省导线，结构紧凑，施工方便，工艺性好	需增加穿线板结构，仅适于小批量生产	两人操作
行线槽配线	适用各种场合	便于施工走线、查线、检修方便，工艺性好，操作容易，可使用软导线配线，适于大批量生产	增加行线槽结构，占地大，耗线多	一个配线工操作

（二）电线管路的施工

（1）控制柜外的全部导线必须穿入管路中，或采用特殊护套的导线。其导线管若用钢管，其管壁厚度应大于 1mm；若用其它材料，其壁厚必须有与上述钢管等效的强度。

（2）与设备移动部件或可调整部件的电气设备联线必须用软线，而且应具有导线护套。导线护套应能承受机械运动、油、冷却液和温度等各种影响。

（3）安装在同一机械防护管路中的导线束应留出备用导线，其根数按表 5-5 的规定。

（4）所有穿管导线，在其两端头都应标明线号，以便查找与维修。

表 5-5　管中备用线的数量

同一管中同色同截面电线根数	3～10	11～20	21～30	30 以上
备用线根数	1	2	3	每递增 1～10，增加 1 根

（三）导线截面积

导线截面积必须按正常工作条件下流过最大稳定电流来选择，并要考虑环境条件。表5-6中列出了机床用电线的截流量表，这些数值为正常工作条件下的最大稳定电流。另外还应考虑电动机的起动、电磁线圈吸合或其它电流峰值引起的电压降，因此表5-6给出的导线截面积是最小截面积，施工时应予以注意。

表 5-6　机床用导线的载流量

导线截面积（铜）S（mm²）	一般机床载流量 I（A）		机床自动线载流量 I（A）	
	在线槽中	在大气中	在线槽中	在大气中
0.196	2.5	2.7	2	2.2
0.283	3.5	3.8	3	3.3
0.5	6	6.5	5	5.5
0.73	9	10	7.5	8.5
1	12	13.5	10	11.5
1.5	15.5	17.5	13	15
2.5	21	24	18	20
4	28	32	24	27
6	36	41	31	34
10	50	57	43	48
16	68	76	58	65
25	89	101	76	86
35	111	125	94	106
50	134	151	114	128
70	171	192	145	163
95	207	232	176	197
120	239	269	203	228
150	275	309	234	262
185	314	353	276	300
240	369	415	314	353

七、检查、调整与试验

电气控制装置安装完毕后，在投入运行之前，为了确保电路能够安全和可靠工作，必须对电路进行细致认真的检查、试验与调整。其主要步骤有：

（1）检查接线图　在画好接线图尚未装配元器件之前，应首先掌握整个电气设备原理图中每个电器元件的作用，然后根据电气原理图仔细检查接线图是否准确无误。这里要特别注意线路标号与端子编号。

（2）检查电器元件　按照电器元件明细表逐个检查设备上所装电器元件的型号、规格是否相符，特别要注意线圈额定电压是否与工作电压相符，产品是否合格及完好无损并进行简单的测试。

（3）检查接线的正确性　按照接线图进行检查，看是否有接错或漏接的导线，一般用万用表电阻档在断电情况下进行检查。

（4）绝缘强度的试验　为了确保绝缘可靠必须进行绝缘强度试验：主电路与主电路相联的辅助电路为2500V电压1min；不与辅助电路相联的辅助电路，应能承受二倍额定电压再加1000V电压1min内不被击穿。试验时电容器、线圈等要短接后再接入试验电压，隔离变压二次侧应短接后接地。

（5）检查、调整电路动作的正确性　在上述检查通过后，就可通电检查电路的动作情况。通过检查可按控制环节一部分一部分地进行，注意观察各电器的动作顺序是否正确，指示装置是否准确。在各部分完全正确的基础上才可进行整个电路的系统检查，在这一过程中常保有对一些电器元件的调整，特别要注意各运动部件的联锁关系，以确保安全。此过程往往要钳工师傅和操作人员共同进行，直至全部符合工艺和设计要求，控制系统的设计安装工作才算全部完成。

第七节　机床电气控制电路设计举例

今以 C6132 卧式车床电气控制电路为例，简要介绍该电路的设计方法与步骤。已知该机床技术条件为：床身最大工件回转直径为 160mm，工件最大长度为 500mm。具体设计步骤如下所述。

一、拖动方案及电动机的选择

车床主运动由电动机 M_1 拖动；润滑油泵由电动机 M_2 拖动；冷却油泵由电动机 M_3 拖动。

主拖动电动机由式 $P = 36.5D^{1.54}$ 可得：$P = 36.5 \times 0.16^{1.54}\text{kW} = 2.17\text{kW}$，所以可选择主电动机 M_1：JO2—22—4 型，2.2kW，380V，4.9A，1450r/min。润滑泵、冷却泵电动机 M2、M3 可按机床要求均选择：JCB—22，380V，0.125kW，0.43A，2700r/min。

二、电气控制电路的设计

（一）主回路

三相电源通过组合开关 Q1 引入，供给主运动电动机 M1、液压泵、冷却泵电动机 M2、M3 及控制回路。熔断器 FU1 作为电动机 M1 的保护元件，FR1 为电动机 M1 的过载保护热继电器。FU2 作为电动机 M2、M3 和控制回路的总保护元件，FR2、FR3 分别为电动机 M2 和 M3 的过载保护热继电器。冷却泵由组合开关 Q2 手动控制，以便根据需要供给切削液。电动机 M1 的正反转由接触器 KM1 和 KM2 控制，润滑泵由接触器 KM3 控制。由此组成的主回路见图5-14的左半部分。

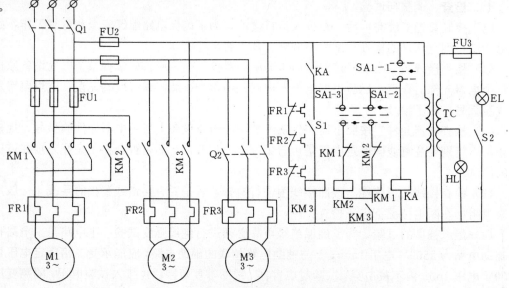

图 5-15　C6132 卧式车床电气控制电路图

（二）控制回路

从车床的拖动方案可知，控制回路应有三个基本控制环节，即正反转控制环节来控制主轴拖动电动机 M1 的正反转；单向控制环节用来起动润滑泵电动机 M2；连锁环节用来避免元件误动作造成电源短路和保证主轴箱润滑良好。为了完成以上所述功能，用经验设计法确定出控制回路电路，见图 5-14 右半部分。

用微动开关与机械手柄组成的控制开关 SA1 有三档位置。当 SA1 在中位档时，SA1-1 闭合，中间继电器 KA 得电自锁，主轴电动机起动前，应先合开关 S1，使润滑泵电动机接触器 KM3 得电，M2 起动，为主运动电动机起动作准备。

当需要主轴正转时，将控制开关打到正档，使 SA1-2 闭合，主轴电动机 M1 正转起动。当需要主轴反转时，控制开关打到反档，使 SA1-3 闭合，主轴电动机反向起动。由于 SA1-2、SA1-3 不能同时闭合，故形成电气上互锁。中间继电器 KA 的主要作用是失压保护。当电压过低或断电时，KA 释放；重新供电时，需将控制开关打到中位使 KA 重新得电自锁，才能重新起动主轴。

局部照明用变压器 TC 降至 36V 供电，以保护操作安全。

三、电气元件的选择

（1）电源开关 Q1 和 Q2　均选用三极组合开关。根据工作电流，并保证留有足够的余量，可选用型号为 HZ10—25/3 型。

（2）熔断器 FU1，FU2，FU3 的选择　FU1 为保护主电动机的，其熔体电流可按下式选：$I_{VF} \geqslant 2.5 \times 4.9A = 12.25A$，的以选 RL1—15 型熔断器，配 15A 的熔体；FU2 为保护润滑泵和冷却泵电动机及控制回路的，所以选 RL1—15 型熔断器，配用 2A 的熔体；FU3 为照明变压器的二次保护，可选 RL1—15 型熔断器，配用 2A 的熔体。

（3）接触器的选择　根据电动机 M1 和 M2 的额定电流情况，接触器 KM1、KM2 和 KM3 均选用 CJ10-10 型交流接触器，线圈电压为 380V。中间继电器 KA 选用 JZ7—44 交流中间继电器，线圈电压为 380V。

（4）热继电器的选择　用于主轴电动机 M1 的过载保护时，选 JR20—20/3 型热继电器，热元件电流可调至 7.2A；用于润滑泵电动机 M2 的过载保护时，选 JR20—10 型热继电器，热元件电流可调至 0.43A。

（5）照明变压器的选择　局部照明灯为 40W，所以可选用 BK—50 型控制变压器，一次电压 380V，二次电压 36V 和 6.3V。

四　元件明细表

见表 5-7。

表 5-7　C6132 卧式车床电气元件

符　号	名　称	型　号	规　格	数　量
M1	异步电动机	JO2—22—4	2.2kW　380V　1450r/min	1
M2、M3	冷却泵电动机	JCB—22	0.125kW　380V　2700r/min	2
Q1、Q2	组合开关	HZ10—25/3	500V　25A	2
FU1	熔断器	RL1—15	500V　10A	3
FU2、FU3	熔断器	RL1—15	500V　2A	4

（续）

符　　号	名　　称	型　　号	规　　格	数　量
KM1、KM2、KM3	交流接触器	CJ10—10	380V　10A	3
KA	中间继电器	JZ7—44	380V　5A	1
TC	控制变压器	BK—50	50VA　380V/36V、6.3V	1
HL	指示信号灯	ZSD—0	6.3V	1
EL	照明灯		40W　36V	1

习　题

5-1　叙述电动机容量的选择方法及步骤。

5-2　什么叫寄生电路？设计电路时应如何防止产生寄生电路，并举例说明。

5-3　接触器两个线圈为何不允许串联后接于控制电路中？

5-4　如何选用熔断与热继电器？

5-5　如何选用接触器与中间继电器？

5-6　机床电器的布置应遵循哪些基本原则？

5-7　如何确定接制变压器的容量？

5-8　有一台 7kW 做家载起动的电动机，用熔断器作短路保护，试选择熔断器型号和熔体的额定电流等级。

5-9　某机床有 3 台电动机，其容量为 2.8kW、0.6kW 和 1.1kW，采用熔断器作短路保护，试选择总电源熔芯的电流等级和熔断器型号。

5-10　按 5-8、5-9 两题要求，分别选择用用总电源开关的断路器。

附录 A 常用电气图形及文字符号新旧对照表

名　称	新　符　号		旧　符　号	
	GB 4728—85 图 形 符 号	GB 7159—87 文 字 符 号	GB 312—64 图 形 符 号	GB 1203—75 文 字 符 号
直 流 电	——		——	
交 流 电	∼		∼	
交直流电	≃		≃	
正、负极	＋ —		＋ —	
三角形联结的 三相绕组	△		△	
星形联结的 三相绕组	Y		Y	
导　线	——		——	
三根导线	⫲ ／	·	⫲ ≡	
导线联接	● ⊥		● ⊥	
端　子	○		○	
可拆卸的端子	∅		∅	
端子板	1 2 3 4 5 6 7 8	XT	1 2 3 4 5 6 7 8	JX
接　地	⏚	E	⏚	
插　座	⊸	XS	⊸	CZ

（续）

名　称	新　　符　　号		旧　　符　　号	
	GB 4728—85 图 形 符 号	GB 7159—87 文 字 符 号	GB 312—64 图 形 符 号	GB 1203—75 文 字 符 号
插　头		XP		CT
滑动(滚动)连接器		E		
电阻器一般符号		R		R
可变(可调)电阻器		R		R
滑动触点电位器		RP		W
电容器一般符号		C		C
极性电容器		C		C
电感器、线圈、 绕组、扼流圈		L		L
带铁心的电感器		L		L
电　抗　器		L		K
可调压的单相 自耦变压器		T		ZOB
有铁心的双 绕组变压器		T		B
三相自耦变压 器星形连结		T		ZOB

（续）

名　称	新　符　号		旧　符　号	
	GB 4728—85 图 形 符 号	GB 7159—87 文 字 符 号	GB 312—64 图 形 符 号	GB 1203—75 文 字 符 号
电流互感器		TA		LH
电动机放大机		AG		JF
串励直流电动机		M		ZD
并励直流电动机		M		ZD
他励直流电动机		M		ZD
三 相 笼 型 异步电动机		M 3～		JD
三相绕线型 异步电动机		M 3～		JD
永磁式直流 测速发电机		BR		SF
普通刀开关		Q		K

（续）

名　　称	新　　　符　　　号		旧　　　符　　　号	
	GB 4728—85 图 形 符 号	GB 7159—87 文 字 符 号	GB 312—64 图 形 符 号	GB 1203—75 文 字 符 号
普通三相刀开关		Q		K
断　路　器		QF		ZK
按钮开关动合触点 （起动按钮）		SB		QA
按钮开关动断触点 （停止按钮）		SB		TA
位置开关动合触点		SQ		XK
位置开关动断触点		SQ		XK
熔　断　器		FU		RD
接触器动合主触点		KM		C
接触器动合 辅助触点				

名　　称	新　符　号		旧　符　号	
	GB 4728—85 图形符号	GB 7159—87 文字符号	GB 312—64 图形符号	GB 1203—75 文字符号
接触器动断主触点		KM		C
接触器动断 辅助触点				
继电器动合触点		KA		J
继电器动断触点		KA		J
热继电器动合触点		FR		JR
热继电器动断触点		FR		JR
延时闭合的 动合触点		KT		SJ
延时断开的 动合触点		KT		SJ
延时闭合的 动断触点		KT		SJ
延时断开的 动断触点		KT		SJ

（续）

名　　称	新　符　号		旧　符　号	
	GB 4728—85 图形符号	GB 7159—87 文字符号	GB 312—64 图形符号	GB 1203—75 文字符号
接近开关动合触点		SQ		XK
接近开关动断触点		SQ		XK
气压式液压继电器动合触点		SP		YJ
气压式液压继电器动断触点		SP		YJ
速度继电器动合触点		KV		SDJ
速度继电器动断触点		KV		SDJ
操作器件一般符号接触器线圈		KM		C
缓慢释放继电器的线圈		KT		SJ
缓慢吸合继电器的线圈		KT		SJ
热继电器的驱动器件		FR		JR
电磁离合器		YC		CH

（续）

名　称	新　符　号		旧　符　号	
	GB 4728—85 图形符号	GB 7159—87 文字符号	GB 312—64 图形符号	GB 1203—75 文字符号
电磁阀		YV		YD
电磁制动器		YB		ZC
电磁铁		YA		DT
照明灯一般符号		EL		ZD
指示灯 信号灯 一般符号		HL		$\dfrac{ZSD}{XD}$
电　铃		HA		DL
电　喇　叭		HA		LB
蜂　鸣　器		HA		FM
电警笛、报警器		HA		JD
普通二极管		VD		D
普通晶闸管		VT		T SCR KP
稳压二极管		V		DW CW

（续）

名　称	新　符　号		旧　符　号	
	GB 4728—85 图形符号	GB 7159—87 文字符号	GB 312—64 图形符号	GB 1203—75 文字符号
PNP 三极管		V		BG
NPN 三极管		V		BG
单结晶体管		V		BT
运算放大器		N		BG

附录 B 常用低压电器技术数据表

附表 B-1 熔断器的技术数据

型 号	额定电压(V)	支持件额定电流(A)	熔断体额定电流(A)	极限分断能力(kA)
RC1A	380	5	2、4、5	0.5~3
		10	2、4、6、10	
		15	6、10、15	
		30	15、20、25、30	
		60	30、40、50、60	
		100	60、80、100	
		200	100、120、150、200	
RL7	660	25	2、4、6、10、16、20、25	25 (660V，cosφ=0.1~0.2)
		63	35、50、63	
		100	80、100	
RLS2	500	30	16、20、25、30	50 (cosφ=0.1~0.2)
		63	35、(45)、50、63	
		100	(75)、85、(90)、100	
RT14	380	20	2、4、6、10、16、20	100 (cosφ=0.1~0.2)
		32	2、4、6、10、16、20、25、32	
		63	10、16、20、25、32、40、50、63	

附表 B-2 HK2 系列胶盖刀开关的技术数据

额定电压	额定电流 (A)	极 数	最大分断电流（熔断器极限分断电流） (A)	控制电动机功率 (kW)	机械寿命（万次）	电寿命（万次）
250V	10	2	500	1.1	10000	2000
	15	2	500	1.5		
	30	2	1000	3.0		
380V	15	3	500	2.2	10000	2000
	30	3	1000	4.0		
	60	3	1000	5.5		

附表 B-3 HR5 系列熔断器式刀开关的技术数据

额定电压（V）	500、660			
约定发热电流（A）	100	200	400	630
可配熔断体额定电流（A）	4、6、10、15、20、25、32、35、40、50、63、80、100、125、160	80、100、125、160、200、224、250	125、160、224、250、300、315、355、400	315、355、400、425、500、630

附表 B-4　HZ10 系列组合开关的额定电压及额定电流

额定电压（V） 型号 极　数		HZ10—10	HZ10—25	HZ10—80	HZ10—100
		单极	二　极 、三　极		
直　流	交　流	额　定　电　流　（A）			
220	380	6　　10	25	60	100

附表 B-5　LW2 系列转换开关技术数据

负 荷 性 质	电　流　种　类			
	交　　流		直　　流	
	电　　压　（V）			
	220	127	220	110
	允　许　分　断　电　流　（A）			
电阻性	A　正　常　运　行			
电感性	30 12	35 18	3 1.5	8 5
电阻性	B　事　故　状　态			
电感性	40 15	45 23	4 2	10 7

注：1. 额定电压 220V 常闭触头的长期允许接通电流为 10A（当电流不超过 0.1A 时，允许使用于 380V 的电路中）。

2. 正常运行下转换频率不超过 10 次/小时。当分、合次数达 10 次/小时时，断开电流不超过表中事故电流的 80%。当转换频率为 100 次/小时时，断开电流应不超过表中事故电流的 50%。

3. 带信号灯的手柄，其灯泡容量为 115V8W。

附表 B-6　LA18 系列控制按钮技术数据

型　　号	额定电压 （V）	额定电流 （A）	结构型式	触头数量		按　　钮		备　　注
				常开	常闭	钮数	颜色	
LA18—22 LA18—44 LA18—66	交流 380 直流 220	5	揿压式	2 4 6	2 4 6	1 1 1	红、绿、 黑或白	
LA18—22J LA18—44J LA18—66J			紧急式	2 4 6	2 4 6	1 1 1	红	
LA18—22Y LA18—44Y LA18—66Y			钥匙式	2 4 6	2 4 6.	1 1 1	金属件	
LA18—22X$_3^2$[①] LA18—44X LA18—66X			旋钮式	2 4 6	2 4 6	1 1 1	黑	

① 2 为二位式、3 为三位式

附表 B-7 LA19 系列控制按钮技术数据

型　号	额定电压（V）	额定电流（A）	结构型式	触点数量		信号灯		按　　钮	
				常开	常闭	电压（V）	功率（W）	钮数	颜　　色
LA19—11	交流 380 直流 220	5	揿压式	1	1	—	—	1	红、黄、蓝、白、绿
LA19—11J			紧急式	1	1	—	—	1	红
LA19—11D			带信号灯	1	1	6	1	1	红、黄、蓝、白、绿
LA19—11DJ			带灯紧急式	1	1	6	1	1	红

附表 B-8 LA20 系列控制按钮技术数据

型　号	额定电压（V）	额定电流（A）	结构型式	触点数量		信号灯		按　　钮		
				常开	常闭	电压（V）	功率（W）	钮数	颜　　色	标　　志
LA20—11	交流 380 直流 220	5	揿压式	1	1	—	—	1	红、绿、黄、蓝、白	—
LA20—11J			紧急式	1	1	—	—	1	红	—
LA20—11D			带信号灯	1	1	6	1	1	红、绿、黄、蓝、白	—
LA20—11DJ			带灯紧急式	1	1	6	1	1	红	—
LA20—22			揿压式	2	2	—	—	1	红、绿、黄、蓝、白	—
LA20—22J			紧急式	2	2	—	—	1	红	—
LA20—22D			带信号灯	2	2	6	1	1	红、绿、黄、蓝、白	—
LA20—22DJ			带灯紧急式	2	2	6	1	1	红	—
LA20—2K			二组开启式	2	2			2	红—白	起动—停止
LA20—3K			三组开启式	3	3			3	红—绿—白	向前—向后—停止
LA20—2H			二组保护式	2	2			2	红—白	起动—停止
LA20—3H			三组保护式	3	3			3	红—绿—白	向前—向后—停止

附表 B-9 LX19 系列位置开关技术数据

型　号	规　格	结　构　型　式	触点对数		工作行程	超行程	触头转换时间（s）
			常开	常闭			
LX19K		元件	1	1	3mm	1mm	≤0.04
LX19—111		单轮，滚轮装在传动杆内侧，能自动复位	1	1	≈30°	≈20°	≤0.04
LX19—121		单轮，滚轮装在传动杆外侧，能自动复位	1	1	≈30°	≈20°	≤0.04
LX19—131		单轮，滚轮装在传动杆凹槽内，能自动复位	1	1	≈30°	≈20°	≤0.04
LX19—212	380V、5A	双轮，滚轮装在 U 形传动杆内侧，不能自动复位	1	1	≈30°	≈15°	≤0.04
LX19—222		双轮，滚轮装在 U 形传动杆外侧，不能自动复位	1	1	≈30°	≈15°	≤0.04
LX19—232		双轮，滚轮装在 U 形传动杆内外侧各 1，不能自动复位	1	1	≈30°	≈15°	≤0.04
LX19—001		无滚轮，仅径向传动杆，能自动复位	1	1	<4mm	>3mm	≤0.04

附表 B-10 LX32 系列位置开关主要技术参数

额定工作电压（V）		额定发热电流（A）	额定工作电流（A）		额定操作频率（次/h）
直　流	交　流		直　流	交　流	
220、110、24	380、220	6	0.046（220V 时）	0.79（380V 时）	1200

附表 B-11　JW 系列微动开关技术数据

型　　号	型　　式	额定电压 （V）	额定电流 （A）	工作压力 （kg）	工作行程 （mm）	触头数量 常开	触头数量 常闭
JW—11	基　型	380	3	0.15～0.35	0.8～1.25	1	1
JWL1—11	带　轮	380	3	0.2～0.4	0.8～1.25	1	1
JWL2—11	带　轮	380	3	0.04～0.08	4.3～6.8	1	1
JWL2—22	带轮，二个基型	380	3	0.08～0.16	4.3～6.8	2	2

附表 B-12　LXJ6 系列接近开关技术数据

参数 型号	作用距离 （mm）	复位行程差 （mm）	额定交流 工作电压 （AC、V）	输出能力（mA）长　期	输出能力（mA）瞬　时	重复定位精度	开关交流压降 （AC、V）
LXJ6—4/22	4±1	≤2	100～250	30～200mA	1A （$t<20ms$）	≤±0.15	≤9
LXJ6—6/22	6±1	≤2					

附表 B-13　CJ12 系列交流接触器技术数据

型　　号	额定电流（A）	极数	每小时操作次数 额定容量时	每小时操作次数 短时降低容量时	机械寿命（万次）	主触点电寿命（万次）	辅助触点 额定电压（V）	辅助触点 额定电流（A）	辅助触点 组合情况	备　注
CJ12—100	100	2、3、4、5	600	2000	300	操作频率600 次/时通电持续率40%	交流 380 或 直流 220	10	六对触点可组合成五常开一常闭，四常开二常闭或三常开三常闭等	若用直流吸引线圈则需占用一对常闭辅助触点，故剩下五对
CJ12—150	150									
CJ12—250	250				15					
CJ12—400	400		300	1200	200	操作频率300 次/时通电持续率40%				
CJ12—600	600				10					

注：主触点电寿命的条件是：在额定电压及功率因数为 0.65 时，接通和开断 2.5 倍额定电流。

附表 B-14　CJ20 系列交流接触器技术数据

型　　号		CJ20-63		CJ20-160		CJ20-160/11	CJ20-250	CJ20-250/06	CJ20-630	CJ20-630/11
额定工作电压（V）		380	660	380	660	1140	380	660	380	1140
额定工作电流（A）		63	40	160	100	80	250	200	630	400
接触器额定控制功率（kW）	220V	18		48		—	80	80	175	—
	380V	30		85		—	132	132	300	—
	660V	35		85		85	—	190	—	—
	1140V	—		85		85	—	—	—	400
在额定负荷下，各种接触器使用类别的额定操作频率（次/h）	AC—2 380V	—		300		—	300	—	300	—
	AC—2 660V	—		120		—	—	120	—	120
	AC—2 1140V	—		—		60	—	—	—	60
	AC—3 380V	1200		1200		—	600	—	600	—
	AC—3 660V	600		600		—	—	300	—	300
	AC—3 1140V	—		—		300	—	—	—	120
	AC—4 380V	300		300		—	120	—	120	—
	AC—4 660V	120		120		—	—	60	—	60
	AC—4 1140V	—		—		60	—	—	—	30

（续）

型　　　号		CJ20-63	CJ20-160	CJ20-160/11	CJ20-250	CJ20-250/06	CJ20-630	CJ20-630/11
在不同使用类别下的电寿命（万次）	AC—2 380V	—	15	—	10	—	10	—
	AC—3 380V	120	120	—	60	—	60	—
	AC—4 380V	8	1.5	—	1	—	0.5	—
	AC—4 660V	1	1	1	—	1	—	—
	AC—4 1140V	—	—	—	—	—	—	1

附表 B-15　CJX2 系列小容量交流接触器技术数据

型　号	操作频率（次/h）		通电持续率（%）	AC-3 使用类别						辅助触点①			吸引线圈		
				额定工作电流 I_N（A）		可控制三相异步电动机的功率 P（kW）				额定发热电流（A）	控制功率		功率 P（W）		额定控制电压 U_N（V）
	AC-3	AC-4		380V	660V	220V	380V	500V	660V		AC	DC	起动	吸持	
CJX2—9	1200	300	40	9	7	2.2	4	5.5	5.5	6	300VA	30W	80	8	24,(36)、48、110、127、220、380、660、
CJX2—12	1200	300		12	9	3	5.5	5.5	7.5				80	8	
CJX2—16	600	120		16	12	4	7.5	9	9				100	9	
CJX2—25	600	120		25	(18.5)	5	11	11	15				100	9	

① 辅助触点有九种组合形式，它们的组合形式代号为：10，01，12，21，30，32，23，50，41。第一位数为常开触点数，第二位数为常闭触点数。若不够用，还可在接触器上方加装辅助接触组，辅助接触组有 F-11，F-20，F-22，F-40 等四种，数字也是代表常开、常闭触点数。

附表 B-16　CZ18 系列直流接触器的主要技术数据

额定工作电压 U_N（V）			440				
额定工作电流 I_N（A）			40	80	160	315	630
主触点接通与分断能力		接　通	$4I_N$，$1.1U_N$，25 次				
		分　断	$4I_N$，$1.1U_N$，25 次				
额定操作频率（次/h）			1200			600	
电寿命（DC-3）（万次）			50			30	
机械寿命（万次）			500			300	
辅助触点	组合情况		二常开		二常闭		
	额定发热电流 I（A）		6		10		
	电寿命（万次）		50		30		
吸合电压			$85\% \sim 110\% U_N$				
释放电压			$10\% \sim 75\% U_N$				

附表 B-17　JZ7 系列中间继电器型号规格技术数据

型　号	触点额定电压（V）		触点额定电流（A）	触点数量		额定操作频率（次/h）	通电持续率（%）	吸引线圈电压（V）		吸引线圈消耗功率（VA）	
	交流	直流		常开	常闭			50Hz	60Hz	起动	吸持
JZ7—44 JZ7—62 JZ7—80	500	440	5	4 6 8	4 2 0	1200	40	12,24,36,48,110,127,220,380,420,440,500	12, 36, 110,127, 220, 380,440	75	12

注：继电器的吸引线圈当加上 $85\% \sim 105\%$ 额定电压时应能可靠工作。

附表 B-18　JZ11 系列中间继电器型号规格技术数据

型　号	电压种类	触点电压(V)	触点额定电流(A)	触点组合	额定操作频率(次/h)	通电持续率(%)	吸引线圈电压(V)	吸引线圈消耗功率
JZ11—□□J/□ JZ11—□□JS/□ JZ11—□□JP/□	交流	500	5	6常开2常闭，4常开4常闭，2常开6常闭 （对于 JZ11-P 除有上述接点组合外，还有8常开的规格）	2000	60	110，127，220，380	10（VA）
JZ11—□□Z/□ JZ11—□□ZS/□ JZ11—□□ZP/□	直流	440					12，24，48，110，220	7.5（W）

注: 1. 继电器的吸引线圈应能在 85%～105% 额定电压的范围内可靠工作；

　　2. 继电器的吸合和释放的固有时间不大于 0.05s；

　　3. JZ11-P 继电器仅适用于反复短时工作制（持续通电时间最大为 6min）。

附表 B-19　JZ15 系列中间继电器型号规格技术数据

型　号	触点额定电压 U_N(V)		约定发热电流 I(A)	触点组合形式		触点额定控制容量		额定操作频率(次/h)	吸引线圈额定电压 U_N(V)		线圈吸持功率		动作时间(s)
	交流	直流		常开	常闭	交流 S_N(VA)	直流 P(W)		交流	直流	交流(VA)	直流(W)	
JZ15—62	127、220、380	48、110、220	10	6	2	1000	90	1200	127、220、380	48、110、220	12	11	≤0.05
JZ15—26				2	6								
JZ15—44				4	4								

附表 B-20　JT3 系列电磁继电器型号规格技术数据

继电器类型	型　号	可调参数调整范围	延时可调范围(s) 断电/短路	标准误差	触点数量	吸引线圈额定电压(或电流)	消耗功率(W)	机械寿命(万次)	电寿命(万次)	重量(kg)
电压	JT3—□□/A	吸合电压 30%～50%U_e 或释放电压 7%～20%U_e	—	±10%	一常开、一常闭或二常开、二常闭 最多为四对触点可任意组合	直流 12，24，48，110，220 和 440V 共六种规格； 直流 1.5，2.5，5，10，25，50，100，150，300，600A 共十种规格	20	100	10	2.5
	JT3—□□									
电流	JT3—□□L	吸合电流 30%～65%I_e 或释放电流 10%～20%I_e	—							2.7
时间	JT3—□□/1		0.3～0.9 / 0.3～1.5				16			2.5
	JT3—□□/3	—	0.8～3 / 1～3.5							2.1
间	JT3—□□/5		2.5～5 / 3～3.5							2.5

（续）

继电器类型	型　号	可调参数 调整范围	延时可调范围 (s) 断电 短路	标准 误差	触点数量	吸　引　线　圈 额定电压 （或电流）	消耗 功率 (W)	机械 寿命 (万次)	电寿命 (万次)	重量 (kg)
双 线 圈	JT3—□□S	释放电压 7％～20％U_e （此时保持线圈 不通电）	—	±10％	最多 为四对 触点可 任意组 合	直流12，24， 48，110，220 和 440V 共六种规 格	16	100	10	2.5
	JT3—□□S/8	释放线圈上所 加释放电压越 高，延时越短； 当释放电压为 6V 时，延时大 于 8s	—			直流1.5，2.5， 5，10，25，50， 100，150，300， 600A 共十种规 格				

注：1. U_e 为吸引线圈额定电压，I_e 为吸引线圈额定电流；

2. 表中所列参数调整范围均为 20±5℃ 环境中，冷态下且触点数量在二对以下时的数据。当触点数量多于两对时，电压继电器吸合电压可调范围为 35％～50％，电流继电器吸合电流可调范围为 35％～65％，时间继电器延时范围的上限值较表中数据降低 30％；

3. 双线圈继电器的保持（或释放）线圈额定电压有 45V 和 85V 两种规格，消耗功率约 2W，表中未列入。

型号说明：

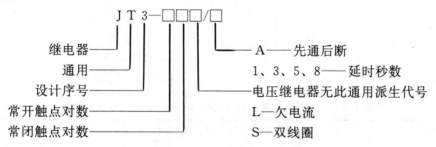

附表 B-21　JT4 系列电磁继电器型号规格技术数据

型　号	可调参数 调整范围	标称误差	返回系数	触点数量	吸　引　线　圈 额定电压 （或电流）	消耗 功率	复位 方式	机械 寿命 (万次)	电寿命 (万次)	重量 (kg)
JT4—□□A 过电压继电器	吸合电压105％～ 120％U_e	±10％	0.1～0.3	一常开、 一常闭	110，220，380V	75VA	自动	1.5	1.5	2.1
JT4—□□P 零电压（或中 间）继电器	吸合电压60％～ 85％U_e 或释放电压 10％～35％U_e		0.2～0.4	一常开、 一常闭或二 常开或二常 闭	110，127，220， 380V			100	10	1.8
JT4—□□L 过电流继电器	吸合电流110％～ 350％I_e				5，10，15，20， 40，80，150，300， 600A	5W		1.5	1.5	1.7
JT4—□□S 手动过电流 继电器			0.1～0.3				手动	1.5	1.5	1.7

注：1. U_e 为吸引线圈额定电压，I_e 为吸引线圈额定电流；

2. 可调参数调整范围、标称误差和返回系数均指 20±5℃ 冷态。

型号说明：

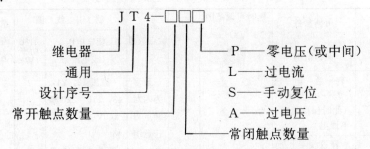

附表 B-22　JT17 系列电磁继电器规格型号技术数据

型　　号	吸引线圈额定电流 I_e（A）	吸合电流调整范围	触点组合型式
JT17-11J	1.5，2.5，5，10，15，20，30，40，60，80，100，150，300，400，600，1200	110%～350%I_e	一常开、一常闭

注：1. 动作误差±10%；

　　2. 固有动作时间 0.05s。

型号说明：

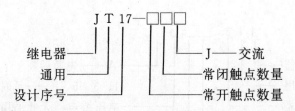

附表 B-23　JT18 系列直流电磁式通用继电器型号规格技术数据

额定工作电压 U_N（V）	24、48、110、220、440（电压、时间继电器）		
额定电流 I_N（A）	1.6、2.5、4、6、10、16、25、40、63、100、160、250　400、630（欠流继电器）		
延时等级 t（s）	1、3、5（时间继电器）		
额定操作频率（次/h）	1200（时间继电器除外）额定通电持续率为 40%		
动作特性（1/h）	电压继电器	冷态线圈：吸引电压：30%～50%U_N（可调） 释放电压：7%～20%U_N（可调）	
	时间继电器	0.3～0.9s 断电延时0.8～3s 2.5～5s	
	欠流继电器	吸引电流：30%～65%I_N（可调）	
误差	延时误差	重复误差<±9%温度误差<±20% 电流波动误差<±15%精度稳定误差<±20%	
	电压、欠流继电器误差	重复误差<±10%整定值误差<±15%	
触点参数	约定发热电流	10A	
	额定工作电压	AC：380V　　DC：220V	

附表 B-24　JL14 系列电流继电器规格型号技术数据

电流种类	型　号	吸引线圈额定电流 I_e（A）	吸合电流调整范围	触点组合型式	备　注
直流	JL14—□□Z	1，1.5，2.5，5，10，15，25，40，60，100，150，300，600，1200，1500	70%～300%I_e	三常开；三常闭；二常开、一常闭；一常开、二常闭；一常开、一常闭；二常开；二常闭；一常开；一常闭	
	JL14—□□ZS				手动复位
	JL14—□□ZQ		30%～65%I_e 或释放电流在 10%～20%I_e 范围调整		欠电流
交流	JL14—□□J		110%～400%I_e		
	JL14—□□JS				手动复位
	JL14—□□JG			一常开、一常闭	返回系数大于 0.65

注：JL14—□□JG 型吸引线圈额定电流无 1200、1500A，JL14—□□J、JL14—□□JS 型吸引线圈额定电流无 1500A。

型号说明：

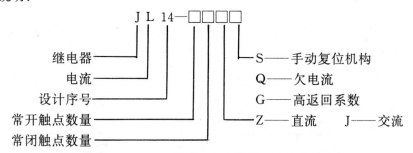

附表 B-25　JL15 系列电流继电器规格型号技术数据

电流种类	型　号	吸引线圈额定电流 I_e（A）	吸合电流调整范围	触点组合型式	接线方式	备　注
直流或交流	JL15—□/01 JL15—□/11 JL15—□S/01 JL15—□S/11	1.5，2.5，5，10，15，20，30，40，60，80，100，150，250，300，400，600，800，1200	80%～300%I_e	一常闭 一常开、一常闭	60A 及以下板前接线，80A 及以上板前或板后接线	
	JL15—□/02 JL15—□/22 JL15—□S/02 JL15—□S/22		120%～400%I_e	二常闭 二常开、二常闭		
交流	JL15—□F/01 JL15—□F/11		120%～400%I_e	一常闭 一常开、一常闭		返回系数为 0.6～0.85，对 600A 和 1200A 者，当整定电流大于两倍额定电流时，允许降 10%

型号说明：

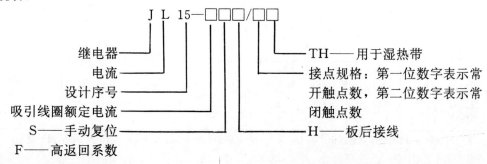

附表 B-26　JL18 系列过电流继电器型号规格技术数据

额定工作电压 U_N（V）	AC：380　DC：　220
线圈额定工作电流 I_N（A）	1.0、1.6、2.5、4.0、6.3、10、16、25、40、63、100、160、250、400、630
触点主要额定参数	额定工作电压：AC：380V　DC：　220V 约定发热电流：10A 额定工作电流：AC：2.6A，DC：0.27A 额定控制容量：AC：1000VA，DC：60W
调整范围	交流：吸合动作电流值为110%～350%I_N 直流：吸合动作电流值为70%～300%I_N
动作与整定误差	≤±10%
返回系数	高返回系数型＞0.65 普通类型不作规定
操作频率（1/h）	12
复位方式	自动及手动
触点对数	一对常开触点，一对常闭触点

附表 B-27　JS7-A 等系列空气式时间继电器型号规格技术数据

型　号	不带延时触点数量		有延时的触点数量				触点额定电压（V）	触点额定电流（A）	线圈电压（V）	延时范围（s）	额定操作频率（次/h）
			通电延时		断电延时						
	常开	常闭	常开	常闭	常开	常闭					
JS7—1A	—	—	1	1	—	—	380	5	50Hz：36，110，127，220，380 60Hz：36，110，127，220，380，440	0.4～60	600
JS7—2A	1	1	1	1	—	—					
JS7—3A	—	—	—	—	1	1				0.4～180	
JS7—4A	1	1	—	—	1	1					
JS7—1B	—	—	1	1	—	—	380	5	50Hz：36，110，127，220，380 60Hz：36，110，127，220，380，440	0.4～60	600
JS7—2B	1	1	1	1	—	—					
JS7—3B	—	—	—	—	1	1				0.4～180	
JS7—4B	1	1	—	—	1	1					
JSK1—1	—	—	1	1	—	—	380	5	50Hz：36，110，127，220，380	0.4～60	600
JSK1—2	1	1	1	1	—	—					
JSK1—3	—	—	—	—	1	1				0.4～180	
JSK1—4	1	1	—	—	1	1					
JJSK2—1	—	—	1	1	—	—	380	5	50Hz：12，36，110，127，220，380	0.4～60	600
JJSK2—2	1	1	1	1	—	—					
JJSK2—3	—	—	—	—	1	1				0.4～180	
JJSK2—4	1	1	—	—	1	1					

注：苏州、杭州机床电器厂生产的 JS7-A 系列产品吸引线圈电压还有 50Hz、24V 及 420V 两种规格。

附表 B-28　JS20 系列继电器型号规格技术数据

型　号	结构型式	元件位置	延时范围 (s)	延时触点数量 通电延时 常开	常闭	断电延时 常开	常闭	不延时触点数量 常开	常闭	误差（%） 重复	综合	环境温度 （℃）	工作电压 （V）
JS20—□/00	装置式	内　接		2	2								
JS20—□/01	面板式	内　接		2	2	—	—	—	—				
JS20—□/02	装置式	外　接	0.1～300	2	2								
JS20—□/03	装置式	内　接		1	1			1	1				
JS20—□/04	面板式	内　接		1	1	—	—	1	1				
JS20—□/05	装置式	外　接		1	1			1	1				
JS20—□/10	装置式	内　接		2	2								交流：50Hz
JS20—□/11	面板式	内　接		2	2	—	—	—	—	±3	±10	—10～+40	36，127，220，380
JS20—□/12	装置式	外　接	0.1～3600	2	2								直流：24
JS20—□/13	装置式	内　接		1	1			1	1				
JS20—□/14	面板式	内　接		1	1	—	—	1	1				
JS20—□/15	装置式	外　接		1	1			1	1				
JS20—□D/00	装置式	内　接				2	2						
JS20—□D/01	面板式	内　接	0.1～180	—	—	2	2	—	—				
JS20—□D/02	装置式	外　接				2	2						

附表 B-29　JS23 系列空气式时间继电器型号规格技术数据

额定工作电压 U_N（V）		AC：380　DC：220					
额定工作电流 I_N（A）		AC，380V 时：0.79A，DC，220V 时：瞬动 0.27A					
触点对数及组合	型　　号	延时动作触点数量 通电延时 常　开	常　闭	断电延时 常　开	常　闭	瞬动触点数量 常　开	常　闭
	JS23—1□/□	1	1	—	—	4	0
	JS23—2□/□	1	1	—	—	3	1
	JS23—3□/□	1	1	—	—	2	2
	JS23—4□/□	—	—	1	1	4	0
	JS23—5□/□	—	—	1	1	3	1
	JS23—6□/□	—	—	1	1	2	2
延时范围		0.2～30 s　　10～180 s					
线圈额定电压 U_N（V）		AC110、220、380					
电寿命		瞬动触点：100 万次（交、直流） 延时触点：交流 100 万次、直流 50 万次					
操作频率（次/h）		1200					
安装方式		卡轨安装式、螺钉安装式					

附表 B-30　JS11 系列电动式时间继电器主要技术数据

线圈额定电压 U_N（V）	交流 110、220、380					
触点通断能力	交流：接通 3A、分断 0.3A					

触点组合	型　号	延时动作触点数量				瞬动触点数量	
		通电延时		断电延时			
		常 开	常 闭	常 开	常 闭	常 开	常 闭
	JS11—□1	3	2	—	—	1	1
	JS11—□2	—	—	3	2	1	1

延时范围	JS11—1□：0～8s　JS11—2□：0～40s　JS11—3□：0～4min JS11—4□：0～20min　JS11—5□：0～2h　JS11—6□：0～12h JS11—7□：0～72h
操作频率（次/h）	1200
误差	≤±1%

附表 B-31　JSJ 系列晶体管时间继电器型号规格技术数据

型　号	延时范围（s）	触点容量				触点数量		重复误差（%）	环境温度（℃）	工作电压（V）	功率消耗（交流 VA 直流 W）
		交　流		直　流		常开	常闭				
		电压（V）	电流（A）	电压（V）	电流（A）						
JSJ—001、001Y	1	380	0.5	24	2	1	1	±3	0～+40	交流 50Hz：36，110，127，220，380　直流：24，48，110	1
JSJ—01、01Y	10										
JSJ—03、03Y	30										
JSJ—1、1Y	60										
JSJ—2、2Y	120										
JSJ—3、3Y	180										
JSJ—4、4Y	240							±6			
JSJ—5、5Y	300										
JSJ—10、10Y	600										

注：型号后面带有 Y 者，为电位器外接型。

附表 B-32　JR16 系列热继电器热元件规格表

热继电器型号	热继电器额定电流值 I（A）	热元件规格		
		编　号	额定电流值 I（A）	刻度电流调节范围值 I（A）
JR16—20/3 JR16—20/3D	20	1	0.35	0.25～0.3～0.35
		2	0.5	0.32～0.4～0.5
		3	0.72	0.45～0.6～0.72
		4	1.1	0.68～0.9～1.1
		5	1.6	1.0～1.3～1.6
		6	2.4	1.5～2.0～2.4
		7	3.5	2.2～2.8～3.5
		8	5.0	3.2～4.0～5.0
		9	7.2	4.5～6.0～7.2
		10	11.0	6.8～9.0～11.0
		11	16.0	10.0～13.0～16.0
		12	22.0	14.0～18.0～22.0

（续）

热继电器型号	热继电器额定电流值 I（A）	热 元 件 规 格		
		编 号	额定电流值 I（A）	刻度电流调节范围值 I（A）
JR16—60/3 JR16—60/3D	60	13	22.0	14.0～18.0～22.0
		14	32.0	20.0～26.0～32.0
		15	45.0	28.0～36.0～45.0
		16	63.0	40.0～50.0～63.0
JR16—150/3 JR16—150/3D	150	17	63.0	40.0～50.0～63.0
		18	85.0	53.0～70.0～85.0
		19	120.0	75.0～100.0～120.0
		20	160.0	100.0～130.0～160.0

附表 B-33　JRS1 系列热继电器的技术数据

型　号	主电路	控 制 触 点		热 元 件		
	额定电流(A)	额定电压(V)	额定电流(A)	编 号	额定电流(A)	整定电流调节范围(A)
JRS1—12/Z	12	220	4	1	0.15	0.11～0.13～0.15
				2	0.22	0.15～0.18～0.22
				3	0.32	0.22～0.27～0.32
		380	3	4	0.47	0.32～0.40～0.47
				5	0.72	0.47～0.60～0.72
				6	1.1	0.72～0.90～1.1
				7	1.6	1.1～1.3～1.6
				8	2.4	1.6～2.0～2.4
				9	3.5	2.4～3.0～3.5
		500	2	10	5.0	3.5～4.2～5.0
				11	7.2	5.0～6.0～7.2
JRS1—12/F				12	9.4	6.8～8.2～9.4
				13	12.5	9.0～11～12.5
JRS1—25/Z	25	220	4	14	12.5	9.0～11～12.5
		380	3	15	18	12.5～15～18
JRS1—25/F		500	2	16	25	18～22～25

附表 B-34　断路器技术数据

型　号	极　数	额定电压 （V）	脱扣器额定电流 （A）	通断能力 （kA） 有 效 值	电 寿 命 （次）	机械寿命 （次）
DZ6—60/1	1	240/415	6，10，15，20，25，30， 40，50，60	3	6000	10000
DZ6—60/2	2		10，15，20，25，30，40， 50，60			
DZ6—60/3	3					
DZ12—60/1	1	120	6，10，15，20，25，30， 40，50，60	5		
		120/240		5		
DZ13—70		240/415		3		

（续）

型号	极数	额定电压 （V）	脱扣器额定电流 （A）	通断能力 （kA） 有效值	电寿命 （次）	机械寿命 （次）
DZ12—60/2	2	120/240	15，20，30，40，50，60	5	6000	10000
		240		2.5		
		240/415		3		
DZ12—60/3	3	240	15，20，30，40，50，60	2.5		
		415		3		

注：DZ13—70型断路器脱扣器额定电流最大为70A。

附表 B-35　DZ6—60型断路器脱扣器延时特性

脱扣器额定电流 （A）	试验电流 脱扣器整定电流	动作时间
6，10	1.5	<1h
	2.5	1～60s
15，20，25，30	1.35	<1h
40，50，60	2.5	1～60s

附表 B-36　DZ13—70型断路器脱扣器延时特性

脱扣器额定电流 （A）	试验电流 脱扣器整定电流	动作时间
6，10	1.5	<1h
	2	<4min
15，20，25，30	1.35	<1h
40，50，60，70	2	<4min

附表 B-37　DZ10系列断路器技术数据

型号	脱扣器额定电流 （A）	通断能力（A）			电寿命 （次）	机械寿命 （次）
		直流220V （T=0.008s）	交流380V 峰值 （cosφ≥0.5）	交流500V 峰值 （cosφ≥0.5）		
DZ10—100	15，20	7000	7000	6000	5000	10000
	25～40	9000	9000	7000		
	50～100	12000	12000	10000		
DZ10—250	100～250	20000	30000	25000	4000	8000
DZ10—600	200～600	25000	40000	40000	2000	7000

附表 B-38　DZ10系列断路器复式脱扣器及电磁脱扣器瞬时动作整定值

型号	复式脱扣器		电磁脱扣器	
	额定电流 （A）	瞬时动作整定电流 （A）	额定电流 （A）	瞬时动作整定电流 （A）
DZ10—100	15、20、25 30、40、50 60、80、100	$10I_e$	15、20、25 30、40、50	$10I_e$
			100	$(6\sim10)I_e$
DZ10—250	100	$(5\sim10)I_e$	250	$(2\sim7)I_e$
	120	$(4\sim10)I_e$		$(2.5\sim8)I_e$
	140、170 200、250	$(3\sim6)I_e$ 或 $(>6\sim10)I_e$		$(3\sim6)I_e$ 或 $(>6\sim10)I_e$

（续）

型　号	复　式　脱　扣　器		电　磁　脱　扣　器	
	额定电流 （A）	瞬时动作整定电流 （A）	额定电流 （A）	瞬时动作整定电流 （A）
DZ10—600	200、250 300、350 400、500 600	（3～10）I_e	400	（2～7）I_e 或 （2.5～8）I_e 或 （3～10）I_e
			600	（2～7）I_e 或 （2.5～8）I_e 或 （3～10）I_e

注：1. 表中 I_e 是指脱扣器的额定电流。
2. 断路器的瞬时动作整定电流，厂家一般均整定在 $10I_e$ 或按表中规定的范围的最大倍数。若用户需要整定在表中规定范围内的其他数值时，必须在订货时注明。

附表 B-39　DZ10 系列断路器热脱扣器延时特性

$\dfrac{试验电流}{脱扣器整定电流}$	冷　态　下　热　元　件　动　作　时　间　（h）	
	DZ10—100，DZ10—250	DZ10—600
1.1	＞2	＞3
1.45	＜1	＜1

附表 B-40　DZ15 系列塑壳式断路器技术数据

型　　号	壳架额定电流 （A）	额定电压 （V）	极　数	脱扣器额定电流 （A）	额定短路通断能力 （kA）	电气、机械寿命 （次）
DZ15—40/1901	40	220	1	6、10、16、20、 25、32、40	3 （cosφ=0.9）	15000
DZ15—40/2901		380	2			
DZ15—40/$\frac{3901}{3902}$			3			
DZ15—40/4901			4			
DZ15—63/1901	63	220	1	10,16,20,25, 32、40、50、63	5 （cosφ=0.7）	10000
DZ15—63/2901		380	2			
DZ15—63/$\frac{3901}{3902}$			3			
DZ15—63/4901			4			

附表 B-41　DZ15 系列塑壳式断路器脱扣性能

配　电　用　断　路　器			保护电动机用断路器			周围空气温度 —
I/I_N		脱扣时间	起始状态	I/I_N		脱扣时间	起始状态	
X	1.05	1h 内不脱扣	冷态	X	1.05	2h 内不脱扣	冷态	
Y	1.30	1h 内脱扣	热态	Y	1.20	2h 内脱扣	热态	+20℃高温或低温季节时的参数可查产品说明书
					6.00	可返回时间≥1s	冷态	
10.00		＜0.2s	冷态	12.00		＜0.2s	冷态	

注：表中 X 为约定不脱扣电流倍数，Y 为约定脱扣电流倍数。

附表 B-42　DZX10 系列断路器技术数据及参考价格

型　号	开关额定电流（A）	脱扣器额定电流（A）	瞬时动作整定电流（A）	通断能力(kA)交流380V,有效值	一次极限通断能力(kA)	电寿命（次）	机械寿命（次）
DZX10—100	100	60，80，100	$10I_e$	30 cosφ=0.3	50 cosφ=0.25	5000	
DZX10—200	200	100，120	$5\sim10I_e$	40 cosφ=0.3	60 cosφ=0.25	5000	10000
		140，170，200	$3\sim10I_e$				
DZX10—400	400	200，250	$5\sim10I_e$	50 cosφ=0.25	80 cosφ=0.25	2500	
		300，350，400	$3\sim10I_e$				
DZX10—600	600	400，500，600	$3\sim10I_e$	60 cosφ=0.25	80 cosφ=0.25	2500	

注：表中 I_e 为脱扣器额定电流。

附表 B-43　DZX19 系列导线保护用限流型断路器技术数据

额定电压（V）	单极 220/380			双极与三极 380
壳架额定电流（A）	63			
脱扣器额定电流（A）	6，10，20，32，40，50，63			20，32，40，50，63
额定短路分断能力（kA）	6（额定电流 6A，cosφ=0.45～0.55）			
	10（额定电流 10～63A，cosφ=0.65～0.75）			
脱扣器型式	热、磁脱扣器			
保护动作特性	试验电流（A）	脱扣时间	起始状态	环境温度
	$1.13I_N$	$t\geq1$h 不脱扣	冷　态	
	$1.45I_N$	$t<1$h 脱扣	热　态	
	$2.55I_N$ $(I_N\leq32A)$ $(I_N>32A)$	1s<t<60s 脱扣 1s<t<120s	冷　态	+30℃
	$5I_N$ $(I_N\leq32A)$ $10I_N$ $(I_N>32A)$	$t\geq0.1$s 不脱扣	冷　态	
	$10I_N$ $(I_N\leq32A)$ $50I_N$ $(I_N>32A)$	$t<0.1$s 脱扣	冷　态	

附表 B-44　漏电断路器技术数据

型　号	DZ15L—40		DZ5—20L
额定电压 U_N（V）	380		380
极数	3	4	3
过流脱扣器额定电流（A）	40，30，15，10	20，（6）	20，15，10，6.5，4.5，3，2，1.5，1
额定漏电动作电流（mA）	30，50，75	50，75，100	30，50，75
额定漏电不动作电流（mA）	15，25，40	25，40，50	15，25，40
漏电脱扣全部动作时间（s）	≤0.1		≤0.1
极限通断能力	（380Vcosφ=0.7）　2.5kA		（380Vcosφ=0.8）　1.5kA

（续）

型　　号			DZ15L—40	DZ5—20L
寿命	机　　械		1.5	1.5
（千次）	电气	电动机用	1.5	2.0
		配电用	0.5	0.5
型　号　含　义			DZ　15　L—40　额定电流／漏电断路器／设计代号	DZ　5—20　L　漏电断路器／额定电流／设计代号

附表 B-45　BK 系列控制变压器

型　　号	额定功率 （VA）	初　级　额　定　电　压 （V）	次　级　额　定　电　压 （V）
BK—50	50	(1) 110　　(2) 220 (3) 380　　(4) 420 (5) 440～220　(6) 380～220	(1) 12、24　　(2) 36、6.3 (3) 36～6.3　　(4) 127、110 (5) 127～6.3
BK—100	100	(1) 110　　(2) 220 (3) 380　　(4) 420 (5) 440～220　(6) 380～220	(1) 12、24、6.3　(2) 36 (3) 36～6.3　　(4) 127 (5) 127～6.3　　(6) 127～12 (7) 127～36　　(8) 127～36～6.3
BK—150	150	(1) 220、110　(2) 380 (3) 420　　(4) 440～220 (5) 380～220	(1) 36～6.3　　(2) 127～6.3 (3) 127～12～6.3 (4) 127～36～6.3
BK—300	300	(1) 220、110 (2) 380　　(3) 420 (4) 440～220 (5) 380～220	(1) 36～6.3、12、24、36 (2) 127～6.3 (3) 127～12～6.3 (4) 127～36～6.3
BK—400	400	(1) 220、110　(2) 380 (3) 420　　(4) 440～220 (5) 380～220	(1) 127～6.3 (2) 127～12～6.3 (3) 127～36～6.3
BK—500	500	(1) 220、110　(2) 380 (3) 420　　(4) 440～220 (5) 380～220	(1) 24、36、127 (2) 127～12～6.3 (3) 127～36～6.3 (4) 127～6.3
BK—1000	1000	(1) 220、110　(2) 380 (3) 420　　(4) 440～220 (5) 380～220	(1) 36、127　　(2) 127～6.3 (3) 127～12～6.3 (4) 127～36～6.3

附录 C 编程器的使用

PC 编程器（以下简称 PC）是用于人机对话的工具。其主要功能是用作用户程序的输入、检查和修改。利用编程器的监视功能，还可在线监视程序运行状态，了解程序运行中各元件工作状态。所以，掌握编程器的操作使用是应用 PC 的基本要求，是程序正确输入和灵活调试的保证。

现以与 F 系例 PC 配套的 F-20P 型简易编程器为例。

一、F-20P 编程器面板布置及说明

附图 C-1 为 F-20P 的面板布置。各部分功能说明如下：

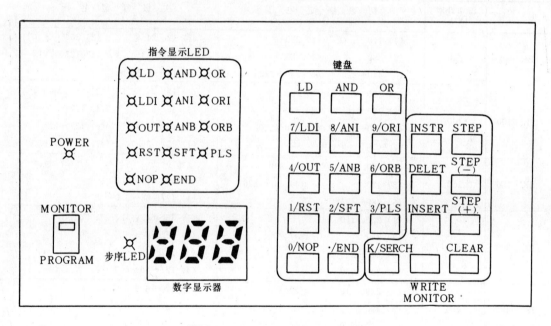

附图 C-1 F-20P 编程器面板的布置

（一）工作状态切换开关

当状态切换开关位于 PROGRAM（编程）位置时，如果 PC 处于 RUN（运行）状态，PC 程序仍继续运行，不能进行编程。只有当 PC 处于 STOP（停止）状态，才能进行编程。

当状态切换开关位于 MONITOR（监视）位置时，如果 PC 处于运行状态，可以监视用户程序执行期间各元件的工作状态。如果 PC 处于停止状态时，可以检查程序停止执行后有关元件的状态。

注意，当开关置于 PROGRAM 位置时，虽 PC 由停止状态转入运行状态，但不会执行用户程序。

（二）发光二极管（LED）

POWER（电源）的 LED 是用来显示 PC 或编程器电源的通断情况，LED 亮表示电源接通。

STEP（步序）的 LED 亮时，表示数字显示器显示的数字为步序号，否则，为元件号或常数。

指令显示 LED 共 14 个，在编程时用来显示写入或读出的程序步中的指令类型。注意，指令 S、MC、CJP 共用 NOP LED 显示；指令 R、MCR、EJP 共用 END LED 显示，但它们的目标元件号不同。在监视状态时，用 OUT LED 和数字显示器显示的元件号来表示相应元件的状态。OUT LED 亮则表示某元件接通，或表示计数器当前值为零，或定时器定时时间到。

（三）数字显示器

由三位数码管组成，用来显示步序号、元件号或常数值。当步序 LED 亮时，显示步序号，当指令 LED 亮时，显示元件号，当步序及指令 LED 均不亮时，则显示常数值。

（四）指令键（兼作数字键）

指令键与指令 LED 一样，共 14 个，与 14 条基本指令相对应。其余 6 条指令（S、R、MC、MCR、CJP、EJP）没有专门指令键，而且共用 NOP 或 END 键，可用下列方法实现这 6 条指令的编程，即：

NOP M200～M377 相当于 S M200～M377

END M200～M377 相当于 R M200～M377

NOP M100～M177 相当于 MC M100～M177

END M100～M177 相当于 MCR M100～M177

NOP 700～777 相当于 CJP 700～777

END 700～777 相当于 EJP 700～777

这些键除作为指令键外，又兼作数字键，是双重功能键，但其功能可以自动区别，不需要使用者切换。

（五）操作键

操作键功能说明如下：

键 记 号	功　　　　能
INSTR	对任意给定的步序，按此键即由步序显示转为指令显示
STER	将一个指令的步序改为另一步序，显示或确定某一指令的步序号
CLEAR	将程序方式由指令方式改为步序方式，设定步序显示返回 000
STEP（+）	按程序的顺序向前一步显示步序号或指令
STEP（−）	按程序的顺序向后一步显示步序号或指令
WRITE/MONITOR	编程工作方式时将指令写入存贮器，运行状态时监视某个独立单元
INSERT	在已有程序中插入一条新指令
DELETE	在程序中删去一条指令
K/SEARCH	用 K 键时输入定时器和计数器的常数，用 SEARCH 键时，从程序中搜索某个给定步序的指令或某一给定指令的步序号

二、F—20P 编程器的使用方法

（一）清除用户存储器的全部内容

每次在写入新程序之前，应将用户程序存储器内容全部清除。操作如下：

将状态切换开关置 PROGRAM 位置，然后按顺序按各键：

CLEAR → STEP → 0 → STEP → 8|8|9 → DELETE

按上述操作，用户程序存储器内容全部变成 NOP，同时，有掉电保持的辅助继电器全部处于断开状态，计数器、移位寄存器等均被复位。

上述操作中的 8|8|9 是对 F—40 而言的，而对于 F—20，其用户程序最后步序为 477，故要键入 4|7|7 。

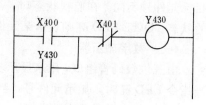

在键操作中，若要取消前面键操作，可按 CLEAR 键。注意，该键不是用来清除存储器内容的。

（二）程序的写入

按 CLEAR → STEP → | | （程序起始步序

附图 C-2　梯形图

号）→ INSTR →键入一条指令（如 LD → 4|0|0 ）→ WRITE →键入下一条指令……。以后重复按指令→元件号→ WRITE 。键入元件号时，不必将元件符号（如 X、Y 等）键入，因为各种不同种类的元件的元件号互不重迭。

设图附 C-2 的程序从第 100 步开始写入，按键操作步骤如下：

CLEAR → STEP → 1|0|0 　　（指定起始步序号）

INSTR 　　　　　　　　　（转入指令显示）

LD 　4|0|0 　 WRITE 　（写入第一条指令）

OR 　4|3|0 　 WRITE 　（写入第二条指令）

ANI 　4|0|1 　 WRITE

OUT 　4|3|0 　 WRITE

在按下写入键 WRITE 之后，步序号自动加 1。

在按下 WRITE 键之前，如果希望变更指令或元件号，可以按 INSTR 键，然后写入新的指令或元件号。

在按下 WRITE 键之后，如果希望变更指令或元件号，可以按 STEP（一）键，然后写入新指令或元件号。

（三）程序的读出

程序写入结束后，为了检查写入的程序是否正确，需要将程序读出。操作如下：

按 CLEAR → STEP → | | （指定步序号），然后按 INSTR 键，则显示出该步的指令内容。要读出后续指令，则按 STEP（＋），每按一次显示下一条指令内容。如果要读前面指令，则按 STEP（一）键。

（四）程序的搜索

程序搜索有两种方式：

1. 指定步序号，搜索指令内容　按 CLEAR → STEP → | | （键入指定步序号），然后按搜索键 SEARCH ，则指令 LED 会显示出指定步序的指令。

2. 指定指令内容，搜步序号　按 CLEAR →指令→元件号（键入指令内容），然后按搜索键 SEARCH ，就可以在数字显示器上显示出要搜索的步序号。如果想搜索该步序号之后是否还有相同指令，可再按 SEARCH 键，继续搜索。如果没有搜索到，则显示出最后的步序。如果中止搜索，只要按 INSTR 键。

（五）程序的更改、删除、插入和常数设定

搜索到指定的指令后，可以方便地更改、删除和插入指令。

1. 程序更改　显示出要更改的指令后，写入新指令，该步内容即变为新指令，原指令自然消失。

2. 程序删除　显示出要删除的指令后，按下删除键 DELETE ，该指令便被删除，后面指令的步序自动接上。

3. 指令插入　待显示出要插入指令的后一步指令，然后键入要插入的指令，再按插入键 INSERT ，该指令便插入到原指令之前，其步序号为原指令步序号，而原指令及其后的各条指令的步序号均自动加1。插入后显示的是原指令。

在删除或插入一条定时器或计数器的OUT指令时，其常数也应随着删除或插入。

检查它们的常数时，应先搜索到相应的OUT指令，而按 STEP（+）键，而不能直接搜索常数。

（六）状态监视

在PC运行时或停止运行后，可以用编程器监视任意一个元件的状态。但此时编程器的工作状态切换开关应位于监视（MONITOR）位置。

1. 输入继电器、输出继电器及辅助继电器的通/断状态监视　例如要监视X400的状态。只要按 CLEAR →4|0|0→ MONITOR （监视键）即可。

按完键后，数字显示器显示400，如果OUT LED亮，则表示X400接通，不亮则表示X400断开。

按 STEP（+）或 STEP（-）键，可以监视元件号相邻的元件状态。

2. 定时器的监视　设要监视T450的工作状态（设定值为10），则按 CLEAR →4|5|0→ MONITOR 。

如果没开始定时，显示器显示的是设定值20。定时开始后，显示器动态地显示剩余的时间，当定时到，显示000，并保持不变，同时OUT LED亮。当定时器线圈断开时，OUT LED熄灭，同时显示值显示设定值10。

3. 计数器的监视　操作步骤和显示情况与定时器监视相似，只是显示器显示的是计数器的当前值和设定值。

除以上功能外，F—20P编程器还有一些补充功能，如计数器和定时器在线修改设定值，定时器、计数器和保持继电器的强迫置位、复位等，这里不再一一叙述。具体操作方法可参阅有关技术手册。

参 考 文 献

1 许翏主编·工厂电气控制设备·北京：机械工业出版社，1990.

2 赵明主编·工厂电气控制设备·北京：机械工业出版社，1985 年.

3 安善之主编·机床电气控制·北京：宇航出版社，1989.

4 方承远主编·工厂电气控制技术·北京：机械工业出版社，1992.

5 杨长能，张兴毅编著·可编程序控制器（PC）基础及应用·重庆：重庆大学出版社，1992.

6 廖常初编著·可编程序控制器应用技术·重庆：重庆大学出版社，1992.

7 耿文学，华熔编·微机可编程序控制器原理、使用及应用实例·北京：电子工业出版社，1990.

8 陈春雨，李景学编著·可编程序控制器应用软件设计方法与技巧·北京：电子工业出版社，1992.